Das Geographische Seminar

Herausgegeben von Prof. Dr. Edwin Fels (bis 1976)
Prof. Dr. Hartmut Leser (seit 1977)
Prof. Dr. Ernst Weigt
und Prof. Dr. Herbert Wilhelmy

Prof. Dr. Erik Arnberger

Thematische Kartographie

Mit einer Kurzeinführung über
Automation in der thematischen
Kartographie

westermann

Druckerei und Kartographische Anstalt GmbH & Co.
Braunschweig 1977
1. Aufl. 1977
Redaktion: Dipl.-Geogr. Theo Topel
Layout und Herstellung: Peter Hudy
Einbandgestalter: Gerd Gücker
Gesamtherstellung: Westermann, Braunschweig 1977

CIP-Kurztitelaufnahme der Deutschen Bibliothek

Arnberger, Erik
Thematische Kartographie: mit e. Kurzeinf. über
Automation in d. themat. Kartographie. –
Braunschweig: Westermann, 1977.
(Das geographische Seminar)

ISBN 3 - 14 - **16 0300** - 6

Inhalt

Vorwort

Thematische Karten und andere kartographische Ausdrucksformen thematischen Inhaltes haben in unserem Jahrhundert in einem ungeahnten Maße an Bedeutung gewonnen. Die Geowissenschaften und insbesondere die Geographie, Raumforschung und Raumplanung können ohne sie nicht auskommen; für diese Wissenschaften sind sie Forschungs- und Darstellungsmittel zugleich. Die kartographische Aussageform ist aber nicht nur in vielen Wissenschaften, sondern auch in der Wirtschaft und in mannigfaltigen Gebieten der Verwaltung zur „zweiten Schrift“ geworden, die besonders geeignet erscheint, Tatsachen der räumlichen Verbreitung und Eigenart exakt und rasch überschaubar wiederzugeben.

Kartographische Darstellungsmethoden haben sich bis in die erste Hälfte unseres Jahrhunderts hinein hauptsächlich aus empirischen Erfahrungen entwikkelt. Erst in der zweiten Hälfte unseres Jahrhunderts erkannte man allgemein das Wesen der Kartographie als Formalwissenschaft, und es setzte der Formalisierungsprozeß in der kartographischen Methodenlehre ein. Dieser wird aber mindestens ein Jahrzehnt benötigen, um die kartographische Entwurfslehre auf eine formal gesicherte Basis stellen zu können, wodurch es dann auch möglich werden wird, daß kartometrische Überlegungen in alle Bereiche kartographischer Auswertungen thematischer Aussagen in exakter Weise Eingang finden werden.

Im vorliegenden Band sollen die wichtigsten methodischen Gesichtspunkte für Kartenentwürfe thematischen Inhalts zusammengefaßt und für die praktische Anwendung aufbereitet werden. Wir müssen uns allerdings bewußt sein, daß die hier enthaltenen Ausführungen stets nur als Teil einer gesamtkartographischen Methodenlehre betrachtet werden dürfen, und der Titel des Bandes lediglich Aspekte des Darstellungsinhaltes hervorhebt.

Daß die Formalwissenschaft Kartographie zugleich auch als interdisziplinäres Fach zu betrachten ist, wird heute niemand mehr bestreiten. Die Formalisierung kartographischer Methoden allein genügt nicht! Da kartographische Ausdrucksformen Informationen vermitteln und die graphische Form der Informationsvermittlung von der visuellen Auffassungsmöglichkeit und -fähigkeit des Informationsempfängers abhängt, hat eine kartographische Methodenlehre informationswissenschaftliche und psychologische Aspekte gleichermaßen zu berücksichtigen. Soweit diesbezüglich bereits gesicherte Ergebnisse vorlagen, wurden diese bei den Ausführungen berücksichtigt.

Die elektronische Datenverarbeitung und die technischen Wege einer Computerkartographie gewinnen auch für unsere Entwurfslehre mehr und mehr an Bedeutung. Sie haben einerseits sehr wesentliche Anstöße zu Beschleunigung des Formalisierungsprozesses in der Kartographie bewirkt, andererseits aber auch erhebliche Mißverständnisse und Fehlbeurteilungen hervorgerufen. Zu letzteren zählt die Meinung, daß eine sogenannte „konventionelle Kartographie“ nun durch ganz neue Methoden abgelöst wird. In Wirklichkeit aber bedient sich auch die Computerkartographie der bisherigen Veranschaulichungsmethoden, fordert aber ihre Formalisierung.

Die Entwicklung und die Möglichkeiten auf diesem Gebiete kann nur verstanden werden, wenn man über die Grundlagen und das Wesen der elektronischen Datenverarbeitung und der Computerkartographie richtige Vorstellungen erhält. Diesem Zweck dient auch die einschlägige Kurzeinführung am Ende dieses Bandes.

Mögen die Ausführungen dazu dienen, den Entwurf aussage- und informationsgerechter kartographischer Ausdrucksformen zu erleichtern.

ERIK ARNBERGER

1 Das Wesen der thematischen Kartographie

Den Begriff „thematische Karte" hatte 1934 R. VON SCHUMACHER[1] eingeführt, und er wurde auch von N. CREUTZBURG anläßlich der Tagung der Deutschen Gesellschaft für Kartographie in Stuttgart 1952 verwendet. Nach dem Zweiten Weltkrieg konnte er sich mehr und mehr durchsetzen, so daß er schließlich die verschiedenen älteren Bezeichnungen – wie „angewandte Karte" (Deutschland, Österreich) oder „Spezialkarte" (Schweiz) – endgültig ablöste.

Wir sprechen also heute von einer *„thematischen Kartographie"* und verstehen darunter die Kartographie jener Karten und anderen kartographischen Ausdrucksformen, welche auf einer inhaltlich entsprechend reduzierten und überarbeiteten topographischen Grundlage spezielle Themen zum Ausdruck bringt, die auf einen ganz bestimmten Aussagezweck abgestimmt sind. Von diesen kartographischen Ausdrucksformen werden im vorliegenden Band die thematischen Karten und die Kartogramme behandelt.

Thematische Karten und Kartogramme dienen als Darstellungsmittel nicht nur der Geographie, sondern allen Wissenschaften und Institutionen, soweit diese örtliche und regionale Verhältnisse mittels adäquater kartographischer Methoden in zweidimensionaler Weise wiedergeben wollen. Auf diesem Wege kann man die Einflußbereiche philosophischer Strömungen, die Verbreitung kultureller Erscheinungen, die Einrichtungen und Wirkungsbereiche von Verwaltung und Gerichtsbarkeit, die regionalen und örtlichen Unterschiede in der Sozialstruktur, im Familienrecht, Erbrecht usw. ebensogut darstellen, wie die Standorte der Industrie, Einzugsbereiche und Absatzgebiete der Märkte, die Verbreitung von Gesteinen, Pflanzen, Tieren oder schließlich die vornehmlichen Verbreitungsräume von Seuchen und Krankheiten. Alles kann man kartographisch sinnvoll auswerten und darstellen, soweit es *räumlich verbreitet* und gleichzeitig *qualitativ oder/und quantitativ unterschiedlich* ist. Die Frage allerdings, ob die kartographische Wiedergabe wissenschaftlich von Bedeutung ist, kann erst auf Grund der Überlegung, ob sich durch sie ein wesentlicher Erkenntnis- oder Informationswert erwarten läßt, beantwortet werden.

Im vorhinein müssen wir uns auch darüber klar sein, daß es meist nicht nur *eine* methodische Möglichkeit und nur *einen* kartographisch guten oder richtigen Weg gibt, sondern die Wahl aus einem breiten Fächer geeigneter kartographischer Informationsmittel und -elemente vorzunehmen ist. Es ist daher vor jeder kartographischen Arbeit das Erkenntnis- und Informationsziel in vollem Umfange klarzustellen, um schließlich durch geeignete kartographische Bearbeitung ein Maximum an Aussagewert und Objektivität zu erreichen. Die kartographische Entwurfsarbeit ist kein „Herumprobieren" nach dem Motto „mal sehen, was herauskommt", sondern eine ernste, verantwortungsbewußte Konstruktionsaufgabe, die zu einem eindeutig auffaß- und auswertbaren Dokument führen muß.

2 Die Wahl einer zweckentsprechenden Ausdrucksform und geeigneten Aussageweise

2.1 Karte und Kartogramm

Unter dem oben zitierten Begriff „*kartographische Ausdrucksformen*“ verstehen wir jene zwei- oder dreidimensionalen Wiedergaben der Erdoberfläche, welche zur Wahrung der Lagebeziehungen nach vorgegebenen geometrischen Gesetzmäßigkeiten in einem bestimmten Verkleinerungsverhältnis nach kartographischen Prinzipien entworfen sind. Globen und Geländemodelle gehören also ebenso zu den kartographischen Ausdrucksformen, wie Blockbilder, Panoramen und Profile. Zu den bedeutendsten und meistgebrauchten zählen allerdings die zweidimensionalen Karten und Kartogramme.

Die Wahl der aussagekräftigsten kartographischen Ausdrucksform ist die erste und grundlegendste Entscheidung, die wir vor Beginn unserer Entwurfsarbeiten zu fällen haben. Ob wir der Karte oder dem Kartogramm den Vorzug geben, hängt ganz vom Aussageziel und dem auszuwertenden Grundlagenmaterial ab. Allerdings müssen wir uns die wesentlichen Eigenschaften beider Ausdrucksformen sehr genau vor Augen halten!

Unter *Karte* versteht man nach der allgemein gebräuchlichen Definition das verebnete, verkleinerte und erläuterte Grundrißbild der Erdoberfläche. Eine sehr wesentliche Eigenschaft dieser Ausdrucksform ist eine, dem jeweils gewählten Maßstab entsprechende, *maximale Lagegenauigkeit* der Darstellungsinhalte, die in thematischen Karten oft nur unter Verzicht auf eine qualitativ und quantitativ reicher untergliederte Aussage erreicht werden kann.

Das *Kartogramm* hingegen ist eine zweidimensionale kartographische Ausdrucksform, in welcher auf einer meist sehr vereinfachten topographischen Grundlage flächenhafte Aussagen derart vorgenommen sind, daß sich die kartographische Darstellungsfläche bzw. die rechnerische Bezugsfläche nicht mit dem tatsächlichen Verbreitungsraum deckt und ortsgebundene Aussagen ebenfalls nicht streng lagetreu wiedergegeben sind. Durch den *Verzicht auf strenge Lagetreue* kann eine reichere Aussagemöglichkeit erzielt werden. Bei den thematischen Ausdrucksformen ist also die Karte gegenüber dem Kartogramm nicht unbedingt als höherwertig zu erachten (s. Abb. 1).

Eine spezielle Art des Kartogramms stellen die *Kartodiagramme* dar. Es sind solche Kartogramme, deren spezielle Inhalte in sachlicher oder zeitlicher Auf-

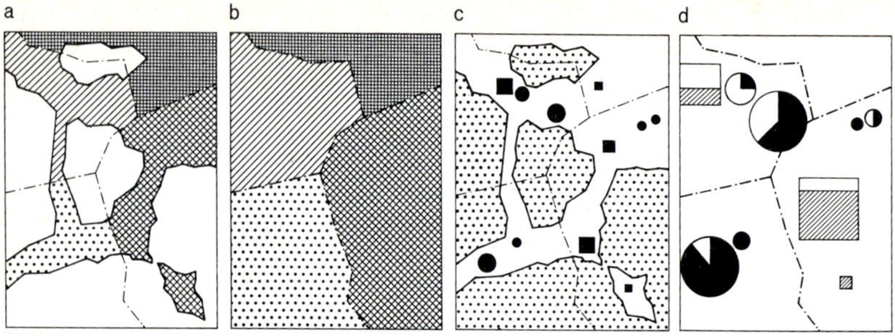

Abb. 1: Die Grenzen zwischen Karte und Kartogramm sind in der thematischen Kartographie nicht immer streng zu ziehen. a) Darstellung des Anteiles des Ackerlandes an der landwirtschaftlich genutzten Fläche. Bearbeitung im Sinne einer Karte. Nichtlandwirtschaftliche Flächen (z. B. Wald) wurden ausgeschieden; b) Dieselbe Aussage: Bearbeitung als Kartogramm. Kartographische Darstellungsfläche deckt sich nicht mit der rechnerischen Bezugsfläche; c) Industriestandorte nach Größenstufen der Produktion. Bearbeitung im Sinne einer Karte unter Wahrung größtmöglicher Lagetreue; d) Dieselbe Aussage: Bearbeitung als Kartogramm mit genauer quantitativer und detaillierter qualitativer Aussage.

gliederung entweder durch Unterteilung oder Aneinanderreihung von Figuren zur Darstellung kommen oder die Genese durch Kurvendiagramme wiedergegeben ist.

Wir unterscheiden weiterhin die *Flächenkartogramme* von den *Figurenkartogrammen* (s. Abb. 2).

Abb. 2: a) Flächenkartogramm; b) Figurenkartogramm; c) Diakartogramm; d) Kombination von Flächen und Figuren im Kartogramm bzw. Kartodiagramm.

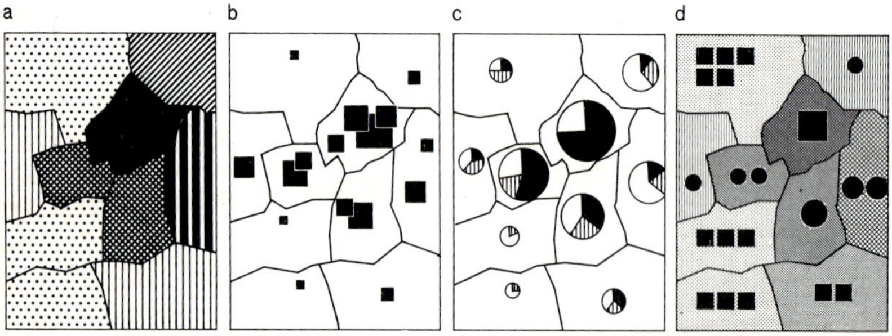

2.2 Analytische, komplexanalytische und synthetische Aussagemöglichkeiten; ein- und mehrschichtige Karten und Kartogramme

Die gesamte kartographische Arbeit wird entscheidend durch die Wahl des Aussageweges und den damit verbundenen sehr unterschiedlichen Informationsgehalt und -wert einer Darstellung bestimmt. Die Wahlmöglichkeit reicht von der elementaranalytischen über die komplexanalytische, die kombinierte komplexanalytisch-synthetische bis zur rein synthetischen Aussage.

Kartographisch einfach sind die elementaranalytischen und die rein synthetischen Aussagen zu lösen. Alle anderen Aussageformen zwingen zu einer kartographisch mehrschichtigen Bearbeitung, deren Schwierigkeiten mit der Zahl der graphischen Schichten und der Dichte der Aussagen wächst (s. Abb. 3).

Als *„einschichtig"* sind solche Karten und Kartogramme zu bezeichnen, in denen es nur ein Nebeneinanderstehen von Signaturen für flächenhafte und ortsgebundene Aussagen aber keine Überlagerung von Signaturenschichten gibt. Hingegen werden in *„mehrschichtigen"* Karten und Kartogrammen durch Überlagerung von Signaturenschichten für Areale und Orte qualitativ und quantitativ verschiedene Aussagen geboten, wobei es dem Betrachter überlassen bleibt, in einem Denkprozeß die Aussagen der einzelnen Schichten zu summieren. Je vielschichtiger eine Karte ist, desto weniger anschaulich bietet sich dem Betrachter der Karteninhalt. Der Entwurf mehrschichtiger Karten verlangt daher vom Entwerfer eine meisterhafte Beherrschung der kartographischen Ausdrucksmittel und der Kartentechnik. Die Abb. 5 bis 7 zeigen noch verhältnismäßig einfache Beispiele für eine Wiedergabe im Einfarbendruck.

Die Tatsache der Einschichtigkeit oder Mehrschichtigkeit einer Ausdrucksform gibt aber noch keine Auskunft, ob es sich um eine analytische oder synthetische Darstellung handelt.

Thematische Karten dienen als Mittel zur regionalen Ordnung und Darstellung raumbezogener Sachinhalte und werden außerdem als wertvolles heuristisches Forschungsmittel herangezogen. Die Forderung nach unbedingt objekti-

Abb. 3: Der Aufbau von drei Aussageschichten in einer Karte. 1. Aussageschicht: Wald, Auengebiet, Gartenland, Ackerland, Topographie; 2. Aussageschicht: Getreideanbaugebiet; 3. Aussageschicht: Weizenanbau und Weinkulturen.

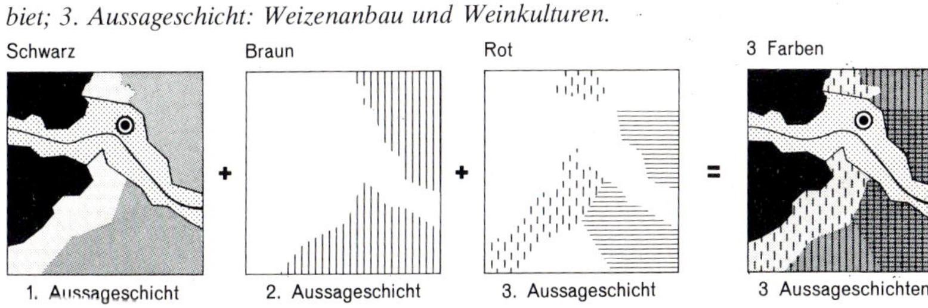

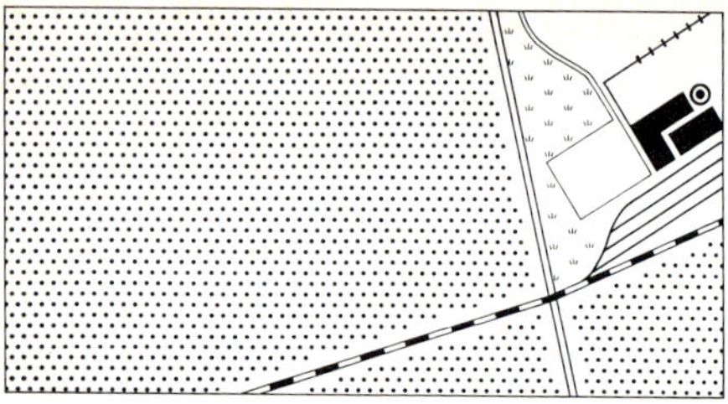

Abb. 4: Elementaranalytische Aussage in einschichtiger Darstellung. Beispiel: Zuckerrübenanbaugebiete und Rübenzuckerproduktionsstätten.

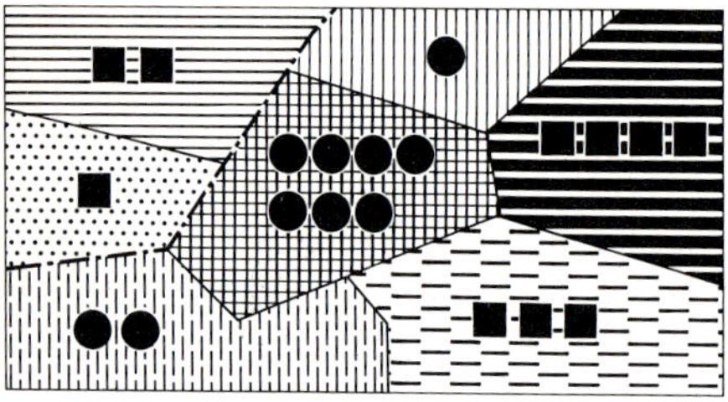

Abb. 5: Elementaranalytische Aussage in mehrschichtiger Darstellung. Beispiel: Bevölkerungsveränderung relativ (Raster) und absolut (Mengensignaturen).

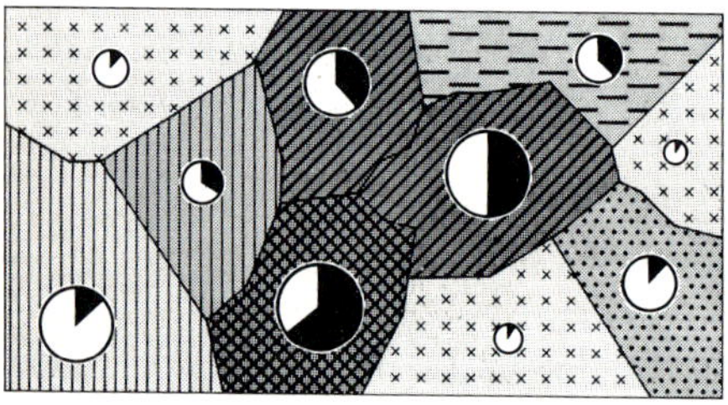

Abb. 6: Komplexanalytische Aussage in mehrschichtiger Darstellung. Beispiel: Bevölkerungsdichte (Tonwertstufen), Berufstätige und Anteile der in Industrie und Gewerbe Beschäftigten (Kreissektorendiagramme) und Gemeindesteueraufkommen (Raster).

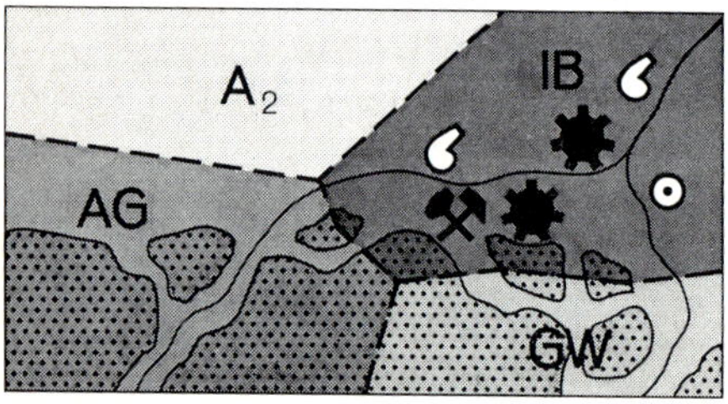

Abb. 7: Kombinierte komplexanalytisch-synthetische Aussage in mehrschichtiger Darstellung. Beispiel: Waldverbreitung (Punktraster), Industrie und Bergbaustandorte (Figurensignaturen und Wirtschaftstypen (A_2, AG, GW, IB).

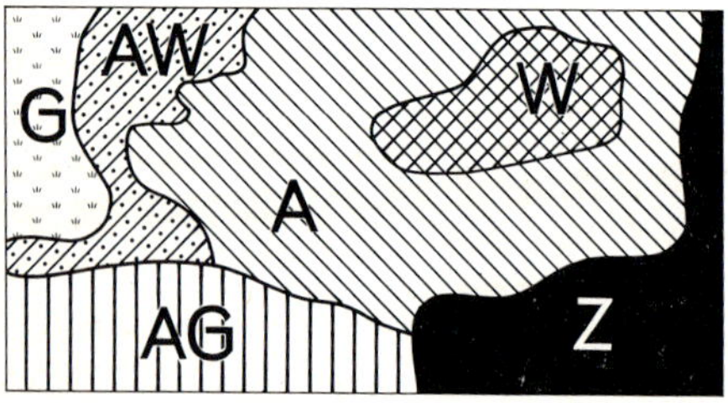

Abb. 8: Synthetische Aussage in einschichtiger Darstellung. Beispiel: Ausschnitt aus einer Bodennutzungstypenkarte (Z = Zuckerrübenanbautypus, A = Ackerbautypus allgemeiner Art, W = Weinbautypus, AW = Acker-Weinbautypus, AG = Acker-Grünlandtypus, G = Grünlandtypus).

ver Auffassungsmöglichkeit ist daher verständlich. Wir müssen uns allerdings klar sein, daß diese lediglich von der analytischen Karte erfüllt werden kann. Die Mehrzahl der thematischen Karten ist daher berechtigterweise analytischer Natur.

Unter *analytischen Karten* verstehen wir solche Karten, welche in zergliedernder und merkmalisolierender Form Einzelerscheinungen darstellen. Je nachdem, ob sich die kartographische Wiedergabe nur auf einen thematischen Sachinhalt oder gleichzeitig auf mehrere qualitativ unterschiedliche Einzelerscheinungen erstreckt, müssen wir zwischen elementaranalytischen und komplexanalytischen Aussageformen unterscheiden. Themen, welche im Wege *elementaranalytischer Aussageformen* gelöst werden könnten, wären z. B. Zuckerrübenanbaugebiete und Rübenzuckerproduktionsstätten (s. Abb. 4), Verbreitung des Ackerlandes, Verbreitung und Standorte einer bestimmten Industrieart mit gleichzeitiger Betriebsgrößenangabe nach der Zahl der Beschäftigten oder der Produktion, Verteilung der Bevölkerung oder Vorkommen eines bestimmten Brauchtums. Hier ist jeweils ein einfacher, in seiner Merkmalsbeschreibung klar abgrenzbarer Sachverhalt in seiner räumlichen Verbreitung oder örtlichen Lage wiederzugeben. Die elementare Aussage kann unschwierig kartographisch objektiv auffaßbar ausgedrückt werden. In den meisten Fällen wird die elementaranalytische Darstellung in einschichtiger Form durchgeführt werden können, sie kann aber auch zwei- oder mehrschichtig sein. Eine Karte z. B., in der die Bevölkerungsveränderungen zwischen zwei Zeitpunkten absolut und relativ veranschaulicht werden sollen, wird graphisch aus zwei übereinanderliegenden Signaturenschichten bestehen und zwar einer mit Rasterstufen für die relative Aussage und einer mit Mengensignaturen für die absolute Aussage. Beide Schichten betreffen aber den sachlich gleichen Inhalt (s. Abb. 5). Auch mehrschichtige elementaranalytische Karten können noch immer leicht auffaßbar gestaltet werden (s. Tafel VI).

Die *komplexanalytische Aussageform* stellt in zergliedernder Weise mehrere verschiedene Einzelerscheinungen dar, die entweder Merkmale eines Begriffes sind (homogen) oder überhaupt losgelöst von jedem Zusammenhang völlig unterschiedliche Natur besitzen (heterogen), aber dem Aussagezweck der kartographischen Ausdrucksform dienen. Auf einer komplexen Heimatkarte z. B. finden sich Signaturen für urgeschichtliche Funde neben solchen für Fabriken, Autobahnen oder für wichtige Aussichtspunkte, interessante geologische Aufschlüsse, floristische Besonderheiten und mehr. Vielfach sind die Inhalte komplexanalytischer Aussageformen zwar heterogen, stehen aber in so engen und wichtigen Kausalbezügen, daß sie schon aus diesem Grund aufgenommen werden müssen (Wirtschaftskarten; s. auch Tafel III, VII und VIII).

Wie wird nun der oft sehr umfangreiche Inhalt solcher Darstellungen, der für eine Reihe elementaranalytischer Karten ausreichen würde, dargeboten? Um den umständlichen Kartenvergleich zu ersparen, werden die verschiedensten Sachinhalte auf einer Karte vereint. Das Gesamtbild des behandelten Themas kann erst durch einen *additiven Denkprozeß* gewonnen werden, wobei es dem Kartenauswerter überlassen bleibt, sich eine richtige Vorstellung über Ursache und Wirkung, über gegenseitige Abhängigkeit und den Grad struktureller Verflochtenheit der Darstellungsinhalte zu bilden. Der große Vorteil solcher komplexanalytischer Bearbeitungen liegt – wie bereits erwähnt – in der Wahrung der Objektivität, ihr unleugbarer Nachteil in der meist schwereren Lesbarkeit und Auffaßbarkeit. Handelt es sich doch um ein abstraktes Mosaik, zusammengesetzt aus Steinchen vielfältiger graphischer Wirkung und Begriffsbedeutung, welches zur richtigen Inhalts- und Kausalitätsvorstellung oft eines längeren Studiums und einer vertieften Betrachtung bedarf. Die so häufig und oft auch unberechtigt verlangte „Information auf den ersten Blick" kann nicht erfüllt werden. Dies zeigen selbst schon die äußerst einfachen Beispiele der Abb. 5 bis 7.

In den letzten 30 Jahren hat man vielfach synthetische Karten bevorzugt und sie gegenüber den analytischen als wissenschaftlich höherwertig erachtet. Zum Teil hat sich allerdings diese Ansicht wieder als unberechtigt erwiesen.

Unter *synthetischen Karten und Kartogrammen* verstehen wir solche, in denen der Signatureninhalt bereits die Zusammenschau von Einzeltatsachen und Erkenntnissen unter Berücksichtigung ihrer ursächlichen Beziehungen und gegenseitigen Verflechtungen zum Ausdruck bringt (s. Abb. 8). Die Einzelelemente, die den vorgenommenen Sachkorrelationen zugrunde lagen, sind der synthetischen Aussage nicht mehr zu entnehmen. Das Kartenbild vermittelt nicht unbedingt objektiv Sachverhalte, sondern Ergebnisse, welche auch subjektiv beeinflußt sein können, bzw. Aussagen im Rahmen mehr oder minder gesicherter Erkenntnisse über bestimmte Objektbeziehungen und Modellvorstellungen. Auch bezüglich der synthetischen Aussageform müssen wir feststellen, daß sich ein gewisser Mangel der kartographischen Ausdrucksform gegenüber der textlichen ergibt. Während die kartographische Form nur das Endergebnis sehr langwieriger und komplizierter Überlegungen über die gegenseitigen Beziehungen von Sachinhalten im Raum wiedergeben kann, ohne Möglichkeit, solche Urteile logisch zu begründen, vermag die textliche Darstellung den ganzen Aufbau der Gedankengänge mit allen Zwischenschlußfolgerungen lückenlos zu entwickeln und zu belegen und daher eine klare Urteilsmöglichkeit über die Richtigkeit oder Wahrscheinlichkeit der erzielten Endaussage zu geben.

Analytische Karten benötigen für ihre Auswertung und Erklärung vielfach keiner zusätzlichen textlichen Erläuterung. Bei synthetischen Karten wird eine solche aber dann unumgänglich notwendig sein, wenn die Korrelationsbedingungen und Begriffsabgrenzungen nicht ohnedies schon durch einschlägige Arbeiten als allgemein bekannt betrachtet werden dürfen. Analytische und synthetische Karten bedürfen oft der gegenseitigen Ergänzung. So sollte eine Folge von analytischen Karten in einem Kartenwerk durch eine synthetische Zusammenschau ergänzt werden, umgekehrt aber vermag manche synthetische Karte ohne analytische Ergänzung allein nicht zu bestehen.

3 Die richtige Wahl des Maßstabes und des Netzentwurfes für die topographische Grundlage

3.1 Maßstabsgruppen und Möglichkeiten einer maßstabentsprechenden Darstellung in der thematischen Kartographie

Die Beurteilung der *Tragfähigkeit einer Karte* oder eines Kartogrammes in bestimmten Maßstabsbereichen kann in der thematischen Kartographie nicht nach den gleichen Grundsätzen wie in der topographischen Kartographie vorgenommen werden. Die Verknüpfung qualitativer und quantitativer Ein- und Mehrfachbeziehungen führt häufig zu einer Überbeanspruchung des Maßstabes. Mit Absicht wird vielfach eine größere Aussagemöglichkeit gegen eine geringere Lagegenauigkeit und Maßstäblichkeit eingetauscht. Im Vordergrund steht die Überlegung, welcher Raum bei einer gegebenen Größenspanne der Signaturen und Figuren benötigt wird, um diese auf der Kartenfläche – entsprechend den Grundsätzen des gewählten Darstellungsprinzips – überhaupt noch unterzubringen. In der thematischen Kartographie ist es häufig nicht möglich und oft auch gar nicht beabsichtigt, den Signaturenmaßstab mit dem Kartenmaßstab in Einklang zu bringen. Die Maßstabsgrenzen bei der Einteilung der Grundrißdarstellungen nach Maßstabsgruppen in der thematischen Kartographie sind daher noch viel fließender als in der topographischen Kartographie. Vielleicht ist dies auch die Ursache, weshalb sich noch niemand gefunden hat, der sich an eine Kartometrie der thematischen Karten heranwagt.

Die *Einteilung nach Maßstabsgruppen kann* sich daher auf folgende Grobgliederung beschränken:

Thematische Plankarten:	größer als 1 : 10 000
Thematische Karten großer Maßstäbe:	1 : 10 000 bis größer als 1 : 100 000
Thematische Karten mittlerer Maßstäbe:	1 : 100 000 bis größer als 1 : 1 Million
Thematische Karten kleiner Maßstäbe:	1 : 1 Million und kleiner
Kartogramme und Kartodiagramme:	Alle Maßstäbe, meist aber mittlere und kleine Maßstäbe
Thematische Bilderkarten:	Meist mittlere und kleine Maßstäbe

3.2 Maßstabswahl

Welche *Tragfähigkeit* der Kartenfläche sich nun mit jedem Maßstab verbindet, hängt einerseits von der Struktur der Darstellungsobjekte ab, andererseits aber auch von der Art der quantitativen Wiedergabe und dem Signaturenmaßstab. Je detaillierter und genauer die Größenwiedergabe ortsgebundener Objekte erfolgen soll und je größer deren Wertspannen sind, desto größer muß auch der Maßstab der topographischen Grundlage gewählt werden.

Die Wahl des Maßstabes wird aber außerdem noch nach der *durchschnittlichen Dichte und der Struktur der Darstellungsobjekte* vorgenommen. Wir müssen dabei zwischen ortsgebundenen, flächenhaft verbreiteten und linearen Erscheinungsformen unterscheiden.

Für *ortsgebundene Objekte* richtet sich die Maßstabswahl nach der durchschnittlichen Dichte häufig vorkommender Objektballungen. Eine einzeln vorkommende Objektballung bleibt dabei unberücksichtigt. Dies ist schon deshalb notwendig, um zu große Maßstäbe zu vermeiden und handliche Formate einhalten zu können. Zur Wiedergabe eines einzeln vorkommenden Ballungsgebietes gibt es im Rahmen der Generalisierungsregeln und der Signaturenstellungsmöglichkeiten besondere Lösungen, auf die wir später (s. 13.3.2) eingehen werden. Übersteigt die Objektdichte in einem Raum ausnahmsweise auch diese Auswege, dann muß auf ein Nebenkärtchen ausgewichen werden. Nur in solchen Fällen, in denen Objektballungen häufig vorkommen und detailliert wiedergegeben werden sollen, ist für die Maßstabswahl die durchschnittliche Dichte in den Ballungsgebieten maßgebend (s. Abb. 9).

Wo es sich um *flächenhafte Verbreitungen* handelt, gelten für die Maßstabswahl der topographischen Grundlage ähnliche Überlegungen. Je größer und geschlossener die Flächen und je weniger gegliedert ihre Umgrenzungslinien sind, desto kleiner kann der Maßstab sein. Auch hier betrachten wir die durchschnittlichen Strukturen, und für einzelne extreme Abweichungen müssen Sonderlösungen gesucht oder Nebenkärtchen verwendet werden.

Bei den *linienhaft reduzierten Darstellungsobjekten* ist die Dichte des Liniengewebes und der durchschnittlich vorkommende Linienverlauf für die Maßstabswahl maßgebend (s. Abb. 10).

Der *Informationsgehalt* einer Karte oder eines Kartogrammes sollte mit größer werdendem Maßstab zunehmen. Er kann dies, muß es aber nicht, und es gibt viele Gründe, größere Maßstäbe – als sie dem inneren Wert der thematischen Aussage entsprechen – zu verwenden. Vor allem in Kartensammelwerken und Atlanten versucht man aus Gründen einer leichteren Vergleichbarkeit mit einem oder mit wenigen Maßstäben durchzuhalten und Aussagen, für die die Grundlagen einer großmaßstäbigen Bearbeitung fehlen, dennoch in nicht aussageadäquaten Maßstäben, darzustellen. Ein typisches Beispiel sind die Klimakarten! Abzulehnen ist jedoch ein Vortäuschen einer Genauigkeit, die von vornherein gar nicht erreicht werden kann, im speziell angeführten Fall z. B. durch Anlehnung der Isolinien der Klimawerte an die Höhenlinien.

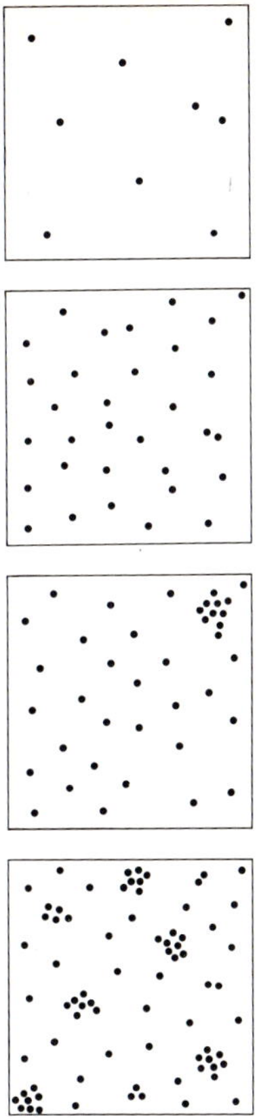

Gleichmäßige Streuung von Einzelobjekten und geringe Dichte, daher kleine Maßstäbe möglich.

Gleichmäßige Streuung von Einzelobjekten und mittlere Dichte, daher mittlere Maßstäbe.

Gleichmäßige Streuung von Einzelobjekten, nur ausnahmsweise eine Ballung. Durchschnittlich mittlere Dichte, daher mittlere Maßstäbe.
Für Ballung Sonderlösung.

Streuung von Einzelobjekten und von Ballungen. Für die Maßstabswahl ist die mittlere Dichte in den Ballungen maßgebend, daher größere Maßstäbe.

Abb. 9: Maßstabswahl nach der Streuung ortsgebundener Objekte

3.3 Beurteilung der Eignung von Netzentwürfen aus der Sicht der Themenstellung und Zweckbestimmung

Mit der Eignung und richtigen Wahl von Kartennetzen für den Entwurf thematischer Karten hat sich in jüngerer Zeit I. KRETSCHMER (1970) beschäftigt und hierfür die Grundsätze in einer zusammenfassenden kurzen Arbeit dargelegt[2]. Sie hat damit ein seitens der Geographie leider recht vernachlässigtes Untersuchungsgebiet aufgegriffen, dessen Bedeutung für uns weniger im Hinblick auf die Neukonstruktion von Netzen, sondern vor allem hinsichtlich der *Beurteilungskriterien* für eine richtige Auswahl aus verschiedenen bereits vorhandenen Entwürfen zu betrachten ist.

Wir müssen uns klar sein, daß jede Verebnung der Erdoberfläche Verzerrungen mit sich bringen muß und wir je nach einer flächen-, winkel- oder

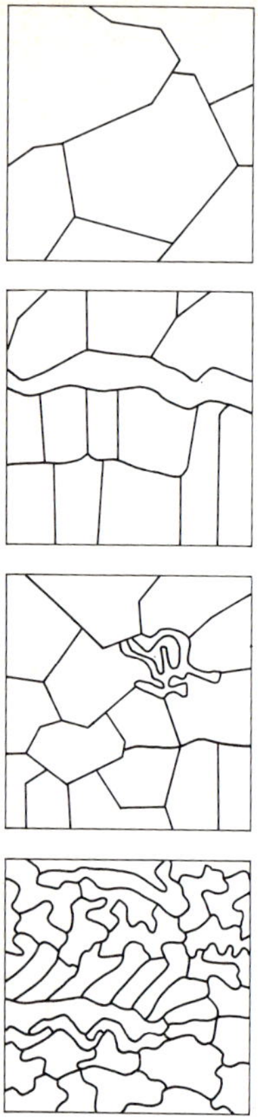

Große geschlossene Flächen mit wenig gegliederten Umgrenzungslinien. Linienhaft reduzierte Objekte mit geringen Richtungsänderungen. Einfache und einheitliche Struktur, daher kleiner Maßstab.

Kleinflächige Aufgliederung einfacher Struktur. Dichteres Liniengewebe mit weitgehend einfachem Linienverlauf. Größere Liniendichte, daher mittlere Maßstäbe.

Kleinerflächige Aufgliederung mit durchschnittlich einfacher Struktur. Nur ausnahmsweise kleinflächige Objekte mit kompliziertem Grenzverlauf oder kompliziert verlaufende linienhaft reduzierte Elemente. Letztere unterliegen dem Generalisierungsprozeß und Sonderlösungen. Mittlere Maßstäbe.

Kleinflächige Aufgliederung, komplizierter Grenzverlauf, dichtes Liniengewebe mit vielen Knicken und Schlingen. Große Dichte und komplizierte Struktur, daher große Maßstäbe.

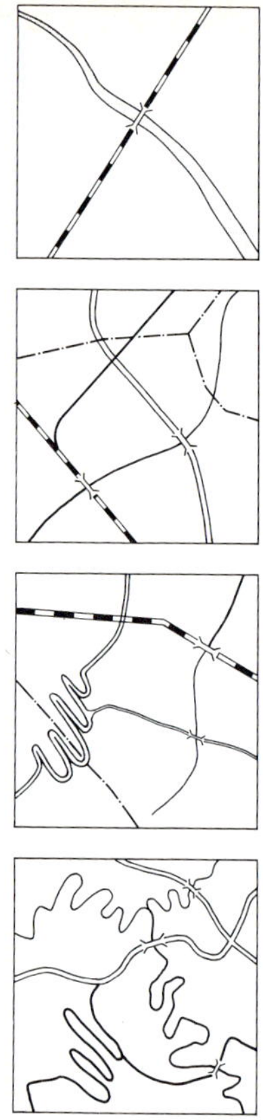

Abb. 10: Maßstabswahl nach der Größe und Struktur flächenhaft verbreiteter und linienhafter oder linienhaft reduzierter Objekte

abstandstreuen Übertragung des Gradnetzes in die Ebene wieder nur flächen- oder winkel- oder abstandstreue Karten erhalten können. Die vollständige Erfüllung aller drei *Treueeigenschaften* in einer Karte ist unmöglich. Flächen- und Winkeltreue schließen sich aus!

Für die richtige Wahl eines Netzes kann als Begründung daher nicht immer das Fehlen einer bestimmten, für den gegebenen Verwendungszweck gar nicht wesentlichen Eigenschaft angeführt werden, sondern es ist lediglich die Überlegung maßgebend, welchen Eigenschaften grundlegendes Gewicht zukommt und welches Ausmaß an Verzerrungen für einen vorgegebenen Verwendungszweck und die Darstellung eines bestimmten Inhaltes hingenommen werden kann, und wie das *Erscheinungsbild der Meridiane und Breitenkreise,* des Poles und der Umrißgestalt (Erdkarten und Erdteilkarten) aussehen darf oder nicht aussehen soll.

3.3.1 Gesichtspunkte für die Netzentwurfswahl

Die Netzentwurfswahl für die topographische Grundlage thematischer Karten und Kartogramme ist abhängig:

a) vom Maßstab,

b) vom thematischen Darstellungsinhalt und dem Verwendungszweck,

c) von der Lage, Gestalt und Größe des darzustellenden Gebietes.

a) *Netzentwurfswahl nach dem Maßstab*

In den Bereichen der großen und mittleren Maßstäbe enthebt uns die staatliche Kartographie fast immer der Notwendigkeit einer Netzentwurfswahl. Die Pläne und Spezialkartenwerke der Originalkartographie basieren auf geodätischen Netzen, bei denen sich ein Höchstmaß an Exaktheit mit einem Minimum an Verzerrungen, die oft noch unter einer erreichbaren Zeichengenauigkeit liegen, verbindet.

Auch für die aus den Originalkartenwerken abgeleiteten Übersichtskarten der staatlichen Kartographie ist die Frage des Netzentwurfes für uns noch bedeutungslos. Wir können diese Karten und ihre Netze fast ausnahmslos für den Entwurf unserer topographischen Grundlage verwenden. Mitunter werden sogar Phasenzusammendrucke geeigneter Farbgebung in verschiedensten Inhaltskombinationen (s. S. 47f) als Entwurfsgrundlage thematischer Karten hergestellt und herausgegeben.

Je kleiner der Maßstab, desto mehr treten im Hinblick auf den thematischen Inhalt die besonderen Eigenschaften der Netzentwürfe in Erscheinung! Der Maßstab 1:1 Million scheint kartographisch auch diesbezüglich ein Grenzmaßstab zu sein. Vollzieht sich doch etwa in seinem Bereich der Übergang von den geodätischen (Bezugsfläche Erdellipsoid, rechtwinkelige Koordination) zu den geographischen oder kartographischen Netzen (Bezugsfläche: Kugel). Mit kleiner werdendem Maßstab und zugleich größer werdendem Darstellungsraum (größere Teile von Erdteilen → Erdteile → ganze Erde) spielen für die Verwendbarkeit die mit den einzelnen Netzentwurfsarten verbundenen Eigenschaften eine immer größere Rolle. *Verzerrungen* werden in nicht übersehbarem Maße offensichtlich.

b) *Netzentwurfswahl nach dem thematischen Darstellungsinhalt und dem Verwendungszweck*

Zwei Themengruppen stellen an die Eigenschaften der Netzentwürfe ganz bestimmte, nicht ersetzbare Ansprüche. Es sind dies einerseits die Verbreitungskarten, welche flächentreue Entwürfe benötigen, andererseits die Navigationskarten, für die die Winkeltreue ein unabdingbares Erfordernis ist. Die Entscheidung, ob für die Bearbeitung eines Themas *Flächentreue oder Winkeltreue* vorgezogen werden soll oder überhaupt kategorisch gefordert werden muß, ist eine grundsätzliche. Ist diese einmal getroffen, dann schließen erst die weiteren

Überlegungen an, welche einer möglichst günstigen Längentreue und der Vermeidung zu großer Verzerrungen (Winkelverzerrungen bei flächentreuen und Flächenverzerrungen bei winkeltreuen Netzen) gelten. Wo sich vom Thema her eine Möglichkeit ergibt, wird überhaupt einer vermittelnden Eigenschaft der Vorzug gegeben.

c) *Netzentwurfswahl aus der Sicht von Lage, Gestalt und Größe des darzustellenden Gebietes*

Für klein- und kleinstmaßstäbige Karten ist für die Entwurfswahl die Lage und Gestalt des darzustellenden Raumes wesentlich. In den einzelnen Abbildungssystemen werden jeweils nur ganz bestimmte Teile der Erdoberfläche am vorteilhaftesten wiedergegeben. Es ist diesbezüglich ein erheblicher Unterschied zwischen polarer Lage, Lage in mittleren Breiten und äquatorialer Lage zu berücksichtigen. Besonders heikel wird die Wahl, wenn nicht ein einzelner Raum lediglich in einer Karte wiedergegeben werden soll, sondern sich eine Kartenfolge in streng vergleichbarer Form über weite Erdräume oder sogar über die ganze Erde zu erstrecken hat, wie dies z. B. in Weltatlanten immer der Fall ist. Rein mathematisch gesehen kann sowohl Flächentreue als auch Winkeltreue in jedem der drei Abbildungsprinzipien (Azimutal-, Zylinder-, Kegelentwurf) und den drei Achsenlagen (polständig, schiefachsig, äquatorständig) entwickelt werden. Die Verzerrungen, die sich nach Lage und Gestalt für einen Raum ergeben, sind aber sehr unterschiedlich zu beurteilen. Die polständige oder normale Achsenlage genießt allerdings nicht zuletzt infolge ihrer weniger schwierigen Konstruktion eine bevorzugte Stellung.

Bei *polständiger Achsenlage* können wir feststellen, daß die Azimutalentwürfe (Entwürfe unmittelbar auf die Ebene) besonders für die Polkappen, die Kegelentwürfe für die Gebiete mittlerer Breiten und die Zylinderentwürfe für die Äquatorialgebiete und Gebiete niederer Breiten geeignet sind.

Da Mittelmeridian und Mittelparallel meist längentreu abgebildet werden, nehmen Verzerrungen mit der Entfernung von diesen zu, was für besonders große Darstellungsräume zu Schwierigkeiten führt. Bei der Abbildung eines großen Teiles oder der ganzen Erdoberfläche scheiden die echten Azimutalentwürfe und vor allem die Kegelentwürfe, mittels deren man bestenfalls die halbe Erdoberfläche wiederzugeben vermag, aus. Aber auch Zylinderentwürfe sind in vielen Fällen wegen der auftretenden großen Verzerrungen wenig brauchbar. Für diesen Darstellungszweck wurde daher eine Reihe unechter Entwürfe entwickelt, deren Erscheinungsbild annehmbare Formen besitzt[3].

3.3.2 *Netzentwürfe für großmaßstäbige Darstellungen kleiner Teile der Erdoberfläche und für Länder- und Staatenübersichten*

Wir haben an anderer Stelle bereits erwähnt, daß wir für den Entwurf der topographischen Grundlage großmaßstäbiger thematischer Karten auf die Kartenwerke der staatlichen Originalkartographie zurückgreifen können und kaum in die Lage kommen müssen, selbst neue Netze zu erstellen. Die den staatlichen Originalkartenwerken dienenden geodätischen Netze erfüllen die Forderung nach kleinstmöglicher Verzerrung.

Die moderne Landesaufnahme verwendet häufig die *Gauß-Krüger-Koordinaten* (so z. B. auch die Bundesrepublik Deutschland und Österreich), welche für ein bestimmtes Gebiet nicht nur ein Minimum an Längen- und Flächenverzerrung garantieren, sondern auch eine ideale Möglichkeit für die Einrichtung einer einheitlichen koordinatengebundenen Statistik (Datenbank) und die Automationsaspekte ihrer kartographischen Auswertung bieten.

Mit kleiner werdenden Maßstäben und der Annäherung an 1:1 Million, einem Grenzmaßstab, der von der kartographischen Methode her die schwierigsten Probleme bietet und besser gemieden werden sollte, verlassen wir die geodätischen Netze und mitunter auch die direkt aus der Originalkartographie abgeleiteten Kartenwerke und stehen vor Entscheidungsproblemen. Sie sind aber vom Gesichtspunkt der Größe des Darstellungsraumes aus noch nicht so gravierend, daß Verzerrungen infolge einer weniger geeigneten Netzwahl den Erfolg einer Einzelkarte (bei einer Kartengröße von 50×70 cm werden nur etwa 350 000 km² wiedergegeben) schon zunichte machen können.

Nationalatlanten, die nur selten Maßstäbe größer als 1:1 Million besitzen und in diesen Fällen meist auch auf staatlichen Kartenwerken aufbauen (Atlas der Schweiz, 1:500 000), verwenden z. T. speziell entworfene Netze. So z. B. der Atlas der Republik Österreich, welcher für den Übersichtsmaßstab 1:1 Million eine flächentreue Kegelprojektion mit zwei längentreuen Parallelkreisen (48°30' und 46°30') nach H. Ch. Albers zugrunde legte.

Für die Maßstäbe 1:1 Million, 1:2,5 Millionen und 1:5 Millionen liegen Weltkartenwerke vor, die bei Verzicht auf spezielle Ansprüche und geeigneter Überarbeitung verwendet werden könnten:

Internationale Weltkarte (IWK) 1:1 Mill.:	Modifizierte, polykonische Abbildung; weder flächen- noch winkeltreu.
Weltluftfahrtkarte (WAC) 1:1 Mill.:	Winkeltreuer Schnittkegelentwurf mit zwei längentreuen Breitenkreisen. Polbereiche in stereographischem Azimutalentwurf
KAPTA MNPA – World Map – Weltkarte 1:2,5 Mill.:	Abstandstreue Schnittkegelabbildung (bis 64° N und S). Abstandstreuer Azimutalentwurf zwischen 60° und 90°.

Carte des Continents 1:5 Mill.:	Abbildung in transversalen Mercator-Koordinaten
The World 1:5 Mill.:	Abbildung im stereographischen Projektionssystem von MILLER
Deutsche Weltkarte 1:5 Mill.:	Neuartige Abbildungskombination mit stetigen Übergängen für die Gebiete vom Nordpol über Nordamerika und Südamerika zum Südpol und für die Darstellungsräume von Afrika und Europa über Asien bis nach Australien.

3.3.3 Netzentwürfe für kleinmaßstäbige Darstellungen großer Erdräume und ganzer Kontinente

Bei unseren Überlegungen müssen wir vom Grundsatz einer möglichsten Urbildtreue der Netze ausgehen und werden daher Erscheinungsbilder, wie herz-, apfel- oder schmetterlingsförmige Umrißgestalten von vornherein nicht in Betracht ziehen.

a) *Flächentreue Netze für Verbreitungskarten:*
Flächentreue ist für die Wiedergabe von Verbreitungen eine grundlegende Eigenschaft und daher ein besonderes Anliegen der Geographie und der meisten Geowissenschaften. Dies wird uns sogleich bewußt, wenn wir nur einige wichtige Themengruppen herausgreifen: Darstellung geologisch-petrographischer Verhältnisse, Verbreitung der Böden, Klimaverhältnisse und Vegetation, Auftreten und Verbreitung von Formentypen, Bevölkerungsverbreitung und -dichte, Bevölkerungsstruktur, Bodenbedeckung und Bodennutzung, Wirtschaftsformen und Wirtschaftsstruktur.

Als für uns verwendbar werden wir fernerhin nur solche Netze in Betracht ziehen, in denen Flächentreue mit möglichst geringen Winkelverzerrungen gepaart ist. Netze mit ungünstigen Verzerrungsverhältnissen, wie der früher sehr beliebte und häufig verwendete unechte, flächentreue Kegelentwurf von R. BONNE, scheiden aus. Unter diesen Überlegungen bieten sich folgende Entwürfe besonders an:

Flächentreuer Azimutalentwurf von LAMBERT (1772): je nach dem Maßstab graphisch oder rechnerisch zu ermitteln. Wiedergabe von Kugelabschnitten und zwar nach der Achsenlage die Polkappen oder Räume mittlerer oder äquatorialer Breiten. Ausdehnung maximal bis auf eine Halbkugel möglich. Einer der besten flächentreuen Entwürfe mit einem Minimum an Winkelverzerrungen!

Flächentreuer Kegelentwurf mit zwei längentreuen Schnittparallelen (von H. CH. ALBERS, 1805): Günstige Wahl der Schnittparallelen spielt für das Ergebnis eine entscheidende Rolle. Er ist bei weitem der beste flächentreue Kegelentwurf.

Wir müssen feststellen, daß unter der Vielfalt vorhandener Entwürfe für die Darstellung von Großräumen eigentlich nur die beiden soeben genannten brauchbar sind. Unter den unechten Entwürfen finden wir ebenfalls für diesen Zweck kaum geeignete Abbildungen. Lediglich die polykonischen Netze wären noch zu erwähnen, da sich in diesem System auch flächentreue Entwürfe entwikkeln lassen und die verschiedensten Forderungen bis zu einem gewissen Grad erfüllt werden können.

b) *Winkeltreue Netze für die Navigation und andere spezielle Zwecke:*
Für die Wiedergabe von Themen, welche mit der Navigation auf See oder in der Luft zusammenhängen, ist als wichtigste Netzeigenschaft die Winkeltreue zu betrachten. Für die Navigation selbst ist die Darstellung der *Orthodrome* und *Loxodrome* wesentlich, weshalb die Netzwahl eine möglichst günstige Wiedergabe dieser Schnittlinien in Betracht ziehen muß.

Die *Orthodrome* ist als kürzeste Verbindung zweier Punkte der Erdoberfläche für das Verkehrswesen von grundlegender Wichtigkeit und entspricht dem Großkreis. Um den kürzesten Weg in der Karte feststellen zu können, muß die Orthodrome dort als gerade Linie in Erscheinung treten.

Die *Loxodrome* hingegen ist jene schiefläufige Linie, die die Meridiane immer unter dem gleichen Winkel schneidet. Da in der Navigation das Bestreben, den Kurs möglichst lange beizubehalten, besteht, rücken für diesen Zweck Netzentwürfe in den Vordergrund, welche die Loxodrome als gerade Linie abbilden. Der Verwendungszweck der Karte muß daher vor der Wahl eindeutig festgelegt sein.

Folgende Entwürfe können die genannten Forderungen erfüllen: Die *Zentralprojektion oder gnomonische Projektion:* Dieser Azimutalentwurf veranschaulicht die Orthodrome als gerade Linie. Er ist aber nur vom Berührungspunkt der Tangentialebene aus gesehen winkeltreu und für die Zwecke der Kursübertragung im Rahmen der Navigation nicht geeignet.

Die *stereographische Azimutalprojektion:* Winkeltreuer Entwurf, der sich speziell in polständiger Achsenlage für die Darstellung von Polkappen eignet und daher für die Polnavigation bedeutungsvoll ist.

Die winkeltreue Entwicklung im System der Zylinderentwürfe (Mercatorprojektion): Für Navigationskarten bis in jüngere Zeit von größter Bedeutung. In einem System zueinander senkrecht stehender Meridiane und Breitenkreise wird die Loxodrome als gerade Linie abgebildet. Der Kurs kann somit unmittelbar abgelesen und Entfernungen können mittels eines „Maßstabes der wachsenden Breiten“ bestimmt werden. Entsprechend den unterschiedlichen Navigationszwecken werden spezielle Arten der Mercatorabbildung vorgezogen, so z. B. für Flugstreckenkarten u. a. eine schiefachsige, winkeltreue Mercatorprojektion.

LAMBERT'S *winkeltreue Kegelprojektion:* Sie ist für die Bestimmung loxodromischer Kurse ebenso verwendbar wie für die Großkreisnavigation und zur Auswertung von Funkpeilungen, da die auftretenden Verzerrungen wesentlich geringer sind, als die praktisch erreichbare Genauigkeit der Navigation.

3.3.4 Netzentwürfe zur Darstellung der gesamten Erde

Es handelt sich dabei um Karten in kleinsten Maßstäben überwiegend für die Zwecke von Schul- und Weltatlanten und für wissenschaftliche Aussagen in verschiedenster Publikationsform. Als thematische Erdkarten haben sie in den letzten Jahrzehnten immer mehr an Bedeutung gewonnen, wobei meist auf Flächentreue großer Wert gelegt wird. Bei einer flächentreuen Abbildung der ganzen Erde müssen jedoch unzumutbare Winkelverzerrungen entstehen, weshalb man vermittelnde Eigenschaften bevorzugen oder *zerlappte Netze* wählen sollte.

Zur Darstellung der ganzen Erde kann man sich entweder der Planigloben oder der Planisphären bedienen:

a) *Planiglobendarstellung:*
Unter Planigloben verstehen wir die Darstellung der ganzen Erdoberfläche in zwei Teilen, von denen jeder die Oberfläche einer ergänzenden Halbkugel abbildet. Damit sind die Schwierigkeiten durch auftretende Verzerrungen gemildert, und wir können auf uns bereits bekannte Netzentwürfe zurückgreifen und zwar:

Den *flächentreuen Azimutalentwurf* nach LAMBERT
Den abstandstreuen Azimutalentwurf: Er gehört zu den besten vermittelnden Entwürfen, da bei der Ausdehnung auf eine Halbkugel die größte Längenverzerrung ein Minimum wird.

Als weitere verwendbare Entwürfe wären die Parallelprojektion, die Globularprojektion und NELL'S modifizierte Globularprojektion zu nennen.

b) *Planisphärendarstellung:*
Unter Planisphären versteht man die kartographische Wiedergabe der gesamten Erde in zusammenhängender Form. Nach I. KRETSCHMER sollen Planisphären folgende Forderungen erfüllen:

Möglichste Erhaltung der Flächentreue oder Gestaltung mit vorgeschriebener Flächenverzerrung.

Günstige Umrißgestalt und *Darstellung der Breitenkreise durch ein System von gleichlaufenden geraden oder leicht geschwungenen Linien.* Auflockerung der Polgebiete durch Pollinie.

Es stehen uns heute zahlreiche Planisphärenentwürfe zur Verfügung, denen allen eine Eigenschaft gemeinsam ist, nämlich daß die Symmetrieachsen von Äquator und Mittelmeridian gebildet werden. Sie hier zu besprechen, ginge über den Rahmen dieses Buches hinaus, wir müssen uns daher begnügen, einige wenige besonders hervorzuheben:

Die HAMMER'sche *Planisphäre* in der Gestaltung von K.-H. WAGNER mit Pollinie oder mit Pollinie und vorgeschriebener Flächenverzerrung: Diese Netze gehen auf die AITOFF'sche Planisphäre zurück, welche die HAMMER'sche Planisphäre, aus dem flächentreuen Azimutalentwurf abgeleitet, angeregt hat. In der von WAGNER vorgenommenen Gestaltung nimmt sie in der thematischen Kartographie heute eine besondere Stellung ein.

Entwurf IV und VI von MAX ECKERT mit Pollinie: Beide Entwürfe sind im Detail flächentreu.

Entwurf von O. WINKEL: Mischkarte mit vermittelnden Eigenschaften, welche leicht gekrümmte Breitenkreise mit einer Pollinie vereint. Besonders auch für Wandkarten verwendbar.

Unter den vielen anderen bedeutungsvollen Entwürfen, die z. T. durch Umformungen hergeleitet wurden, mögen hier nur noch das Netz von VAN DER GRINTEN und BRIESEMEISTER's elliptische flächentreue Projektion der Welt angeführt werden.

Um den vielfältigen Verzerrungen begegnen zu können, die in Planisphären oft nicht auszuschalten sind und welche umso offensichtlicher werden, je weiter wir uns in den Abbildungen von den längentreu wiedergegebenen Elementen entfernen, werden in jüngerer Zeit immer häufiger *zerlappte Entwürfe* gewählt. Es ist das Verdienst von R. R. DAHLBERG (1962), ihre geschichtliche Entwicklung verfolgt und ihr Wesen analysiert zu haben[4]. Für zerlappte Entwürfe eignen sich u. a. die Entwürfe von MERCATOR-SANSON, von K. MOLLWEIDE, M. EKKERT und die Planisphäre von W. BOGGS. In den USA hatte J. P. GOODE mit seinen asymmetrisch angeordneten zerlappten Netzen großen Erfolg.

Ein großer Fortschritt für die Erddarstellung konnte auch durch die *Methode des Zusammenfügens verschiedener Systeme* erzielt und der thematischen Kartographie dienstbar gemacht werden. Beispielgebend hierfür ist eine Netzkombination von K.-H. WAGNER (1966) für die Deutsche Weltkarte und die Deutsche Meereskarte[5].

Das Wesen der neuen Konstruktion besteht im Zusammenfügen zweier oder mehrerer Entwürfe zum Zweck der Darstellung größter Erdräume. Herangezogen werden dazu nur echte Entwürfe, bei denen die Meridiane als gerade Linien abgebildet sind, und unter diesen wieder nur abweitungstreue Formen. Damit kann die Überführung der einzelnen Systeme an den Nahtstellen ohne Sprung erfolgen. Vom Bibliographischen Institut wurden bisher bereits mehrere thematische Atlanten (Atlas zur Ozeanographie, Atlas zur Geologie, Atlas zur physischen Geographie usw.) herausgegeben, die die Brauchbarkeit der Methode unter Beweis stellen.

4 Die Entscheidung über die kartographische Bearbeitung nach einem der vier Grundprinzipien

4.1 Objektgesetzlichkeit und graphische Eigengesetzlichkeit

Grundsätzlich gibt es zwei verschiedene Aspekte, aus denen wir die Möglichkeiten für die kartographische Umsetzung thematischer Sachinhalte betrachten können. Wir haben uns einerseits mit den strukturellen Eigenschaften und Erscheinungsformen der Darstellungsobjekte zu beschäftigen und uns Klarheit über Strukturformen und Strukturtypen zu schaffen. Erst aus dieser Erkenntnis können wir nach adäquaten graphischen Umsetzungsmöglichkeiten suchen. Andererseits müssen wir die graphischen Formen und Elemente, ihr Zusammenspiel, ihre Gesetzlichkeit und Aussagekraft, sowie ihre Auffaßbarkeit untersuchen, um sie der kartographischen Methode dienstbar machen zu können.

Von vornherein besteht also ein Dualismus von Objektgesetzlichkeit und graphischer Eigengesetzlichkeit.

Die *Objektgesetzlichkeit* stellt bestimmte Forderungen nicht nur hinsichtlich der Wiedergabe bestimmter Strukturformen, sondern auch bezüglich deren Lage- und Flächenbezogenheit. Im Rahmen der *graphischen Eigengesetzlichkeit* zeichnen sich bestimmte Grundformen graphischer Gestalttypen ab, die im Aufbau, in der Wahl der Elemente und der Gestaltung der topographischen Grundlage verschiedene Wege gehen und nach ganz bestimmten, klar abzugrenzenden Prinzipien konstruiert werden. Nur dort, wo es gelingt, die Objektgesetzlichkeit und graphische Eigengesetzlichkeit aufeinander abzustimmen, kann das kartographische Endprodukt als befriedigend und zweckentsprechend betrachtet werden. Dies zu erreichen, gibt es aber nicht nur einen einzigen richtigen Weg, sondern abgesehen von unzähligen schlechten Lösungen auch mehrere gute Gestaltungsmöglichkeiten.

Der Verfasser hat 1964 nachgewiesen, daß die fast unerschöpflich scheinenden Gestaltungsmöglichkeiten unserer kartographischen Ausdrucksformen doch alle nur 4 *Grundprinzipien* folgen[6]. Es sind dies (s. Abb. 11):

a) Das Lageprinzip oder topographische Prinzip
b) Das Diagrammprinzip
c) Das bildstatistische Prinzip
d) Das bildhafte Prinzip

Wesentliche Kriterien dieser Prinzipien sind das Ausmaß der Lagetreue, die graphische Form der quantitativen Aussage, der Grad der Symbolisierung und schließlich die Ausstattung sowie der Aufbau der jeweils zu verwendenden topographischen Grundlage.

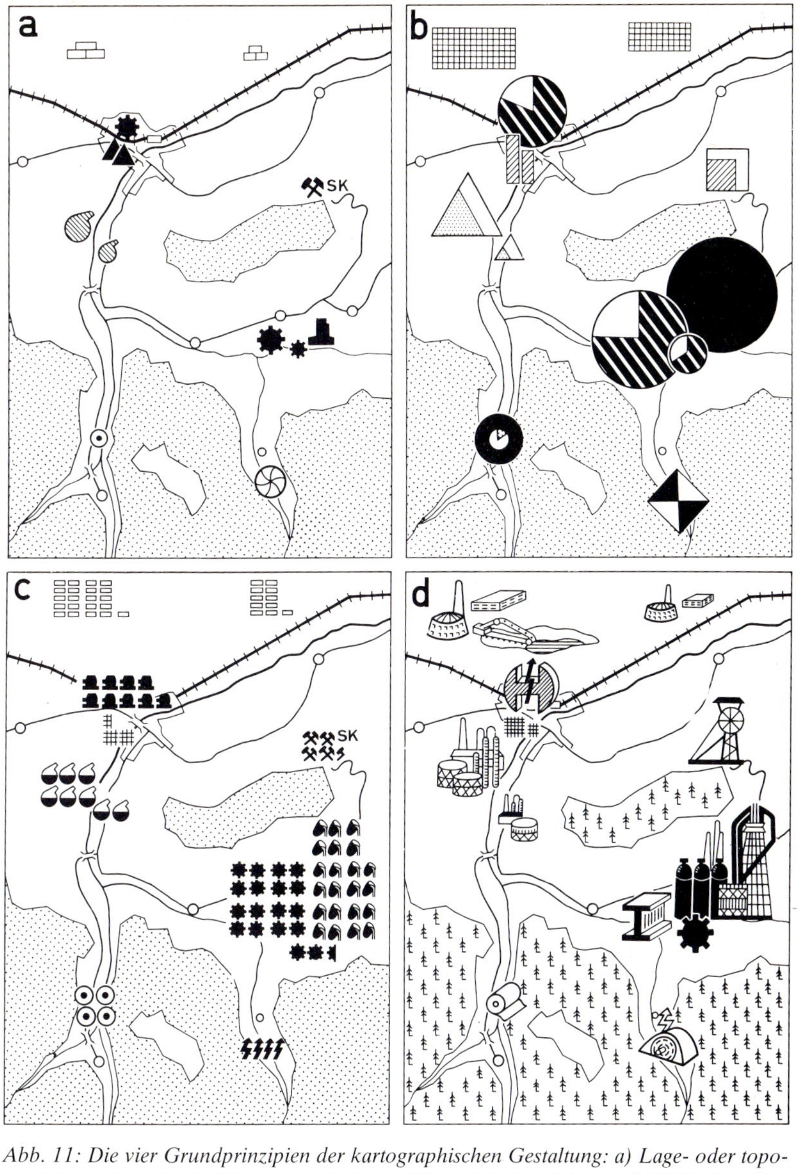

Abb. 11: Die vier Grundprinzipien der kartographischen Gestaltung: a) Lage- oder topographisches Prinzip, b) Diagrammprinzip, c) Bildstatistisches Prinzip, d) Bildhaftes Prinzip.

4.2 Das Lage- oder topographische Prinzip

Dieses fordert *weitgehende Lagetreue* der orts- und flächengebundenen Darstellungsobjekte. Der Mittelpunkt jedes Positionszeichens soll sich mit dem tatsächlichen Standort decken. Die Wahl der Signaturenform ist von dem Bestreben weitgehender Symbolisierung geleitet.

Um eine topographisch richtige Gestaltung der Karte zu gewährleisten, muß die Größe der Positionssignaturen auf eine ortsrichtige Eintragung abgestimmt werden; außerdem dürfen diese nicht andere, für die thematische Aussage wesentliche Inhalte überdecken oder verdrängen. Die dadurch bedingte *geringe Variationsspanne der Signaturengrößen,* welche die Objektwerte angeben, läßt allerdings nur eine grobe Wertablesung im Rahmen einer beschränkten Wertstufenzahl zu.

Der Vorteil der Lagetreue muß also mit dem Nachteil einer geringeren Ablesegenauigkeit quantitativer Aussagen erkauft werden. Ebenso sind einer untergliederten qualitativen Aussage Schranken gesetzt (vgl. die Abb. 11 a und b).

Bei der Gestaltung der topographischen Grundlage ist auf eine maßstabentsprechende Generalisierung und außerdem darauf zu achten, daß die Lagebestimmung der thematischen Inhalte nicht nur nach der Horizontalen, sondern – durch Aufnahme entsprechend dichter Höhenangaben bzw. auch durch Aufnahme von Höhenlinien – auch nach der Vertikalen ermöglicht wird. Das topographische oder Lageprinzip fordert einen reicheren Inhalt der topographischen Grundlage als die anderen Prinzipien (s. Tafel I und II oben).

4.3 Das Diagrammprinzip

Einer *graphisch-statistischen Methode* entspricht das Diagrammprinzip, nach dem vorwiegend Kartogramm- und Kartodiagrammdarstellungen entworfen werden. Dies darf aber nicht als eine abwertende Feststellung betrachtet werden, denn oft verspricht die Verfolgung des Lageprinzips nicht unbedingt auch ein Maximum an Aussagekraft der kartographischen Ausdrucksform.

Diagramme vermögen eine bessere und *genauere Information* über absolute und relative Wertgrößen als Signaturen zu bieten. Der Größenmaßstab zum Ablesen der Objektwerte beschränkt sich nicht mehr auf ein richtiges Abschätzen der Werte und ein rasches Einordnen nach Größenstufen, sondern läßt auch ein genaueres Abmessen im Rahmen einer kontinuierlichen Wertfolge zu.

Besonders hervorhebenswert ist die Tatsache, daß Diagramme auch die inneren Beziehungen dargestellter Objektinhalte und ihre *Merkmalsaufgliederung* besser wiederzugeben vermögen. Ihre Gestaltung unterliegt den Gesetzmäßigkeiten und dem logischen Aufbau der graphischen Darstellung, wie sie die Statistik verwendet.

Die Verwendung des Diagrammprinzips eröffnet der Kartographie ein weites Feld neuer Darstellungsmöglichkeiten, das noch lange nicht ausgeschöpft ist. Dies betrifft ortsgebundene, wie strecken- und flächengebundene Darstellungsinhalte. Für sie lassen sich nun nicht nur zeitliche Gegenüberstellungen, sondern ganze Entwicklungen wiedergeben. Die Figuren gestatten nicht nur eine genaue und differenziertere Wertablesung als beim topographischen Prinzip, sondern sie ermöglichen – bei Anwendung einer Konstruktion nach vorgegebenen Wertachsen – auch den Ausdruck mannigfacher quantitativer und qualitativer Korrelationen (s. Abb. 72). Das Diagrammprinzip steht daher völlig gleichwertig neben dem topographischen oder Lageprinzip; es ist vorerst immer zu überlegen, nach welchem die gewünschte Aussagekraft einer Darstellung erreicht werden kann. Außerdem kennen wir bei flächenhaften Verbreitungen viele Aussagen, die z. B. nach dem Lageprinzip kartographisch überhaupt nicht umsetzbar sind. Es wäre sinnlos, Weizenanbau nach dem Lageprinzip auszuscheiden, da diese Anbauflächen im Rahmen der Fruchtwechselwirtschaft wechseln; außerdem zwingt meist die statistische Ausweisung sich auf politische Erhebungseinheiten zu beziehen und damit nach dem Diagrammprinzip ein Flächenkartogramm zu gestalten.

Die topographische Grundlage verlangt bei Anwendung des Diagrammprinzips eine stärkere Generalisierung. Ihre topographischen Elemente dienen nicht mehr einer exakten Ortsbestimmung, sondern einer hinreichenden Lage- und Richtungsorientierung.

4.4 Das bildstatistische Prinzip

Das dritte Prinzip, das nach dem 1. Weltkrieg auch in der Kartographie eine zunehmend breitere Basis gefunden hat, ist das bildstatistische Prinzip (s. Abb. 11 c). Es muß aber betont werden, daß dieses mit der bildhaften Figurenmethode der älteren Form der Bildstatistik nichts zu tun hat.

Beim bildstatistischen Prinzip unterscheiden wir *mehrere methodische Richtungen,* die aber alle ein gemeinsames Merkmal besitzen. Die verwendeten Signaturen stellen selbst noch nicht den darzustellenden Objektwert dar, sondern sind nichts anderes als *Werteinheiten.* Der Verfasser hat sie deshalb auch als *Werteinheitensignaturen* bezeichnet. Der Objektwert wird jeweils durch Aufsummierung einer entsprechenden Zahl von Signaturen ausgedrückt. Der große Raumbedarf der auf diese Weise entstehenden Mengenbilder führt ebenfalls zu einer Abkehr von der Lage- und Ortstreue.

Diese *Mengenbildmethode* wurde in den Jahren 1924 bis 1934 im Gesellschafts- und Wirtschaftsmuseum in Wien unter O. NEURATH weiterentwickelt – ist daher auch weithin als „*Wiener Methode der Bildstatistik*“ bekannt –, hat sich von hier aus über einen Großteil der Erde verbreitet und fand Ende der 20er Jahre auch in die Kartographie Eingang[7].

Mit dogmatischer Strenge schreibt diese Methode die Unterscheidung sachlich verschiedener Inhalte durch bis zum Schema vereinfachter Bildsignaturen und die Darstellung verschieden großer Mengen durch eine Vielzahl in geometrischer Ordnung stehender, gleich großer Zeichen vor. In treffender Weise bezeichnet E. IMHOF diese als „*Zählrahmenmethode*". In jenen Fällen, in denen die Werte der wiederzugebenden Objekte sehr unterschiedlich sind, ist der Raumbedarf für darzustellende hohe Quantitäten sehr groß und eine örtliche bzw. arealmäßig richtige Eintragung der Signaturenfelder auch nicht mehr annähernd gegeben.

Außer der Wiener Methode verwendet das bildstatistische Prinzip aber auch noch andere Verfahren, so z. B. die „*Kleingeldmethode*", die „*Baukastenmethode*" u. a. m. Ziel aller dieser Methoden ist die Auszählbarkeit der Objektwerte. Wir erhalten Kartogramme oder Kartodiagramme, für die eine sehr vereinfachte und stark generalisierende topographische Grundlage zu verwenden ist.

4.5 Das bildhafte Prinzip

Dieses Prinzip strebt *geringste Abstraktion* und *maximale Anschaulichkeit* an (s. Abb. 11 d). Die Objekte werden bildhaft, in entsprechender Vereinfachung, als zweidimensionale Aufrisse oder dreidimensional dargestellt.

Beim bildhaften Darstellungsprinzip müssen wir zwei methodische Richtungen unterscheiden, nämlich das „individuell bildhaft darstellende Prinzip", dem überhaupt keine wissenschaftliche Bedeutung zukommt, und das „typisierende bildhafte Prinzip", welches mit Typenbildern in stark vereinfachter, mitunter sogar schematisierter Form arbeitet und dem eine wissenschaftliche Verwendbarkeit nicht ganz abgesprochen werden kann. Zu letzterem gehören z. B. auch die physiographischen Symbole von E. RAISZ oder Darstellungen in morphographischen Skizzen, wie sie in den Arbeiten von H.-G. GIERLOFF-EMDEN enthalten sind (Morphographische Karte von El Salvador).

5 Die Gestaltung der topographischen Grundlage

Die topographische Grundlage, vielfach auch als Grundkarte bezeichnet, stellt für den thematischen Inhalt die *geometrische Bezugs- und Orientierungsmöglichkeit* dar. Sie ist daher auf diesen Inhalt unter Berücksichtigung der Kausalzusammenhänge abzustimmen.

Als Arbeitsgrundlage können allerdings oft auch Zusammendrucke bzw. Graudrucke vorhandener topographischer Karten dienen. Wir werden jedoch sehr bald feststellen, daß ein nicht auf das Darstellungsthema bezogener und entsprechend ausgewählter Inhalt der Grundkarte und eine Generalisierung, die nicht mit dem gewählten Gestaltungsprinzip übereinstimmt, die Lesbarkeit der thematischen Aussage beeinträchtigt und die räumlichen Kausalzusammenhänge verschleiert.

5.1 Inhaltsdichte, primäre und sekundäre topographische Elemente

Die *Inhaltsdichte* der topographischen Grundlage wird nicht lediglich durch den Maßstab bestimmt, sondern richtet sich in viel höherem Maße nach dem Gestaltungsprinzip und dem thematischen Inhalt. Die orientierende Aussage setzt sich aus primären und sekundären Elementen zusammen:

Primäre Bestandteile:	Sekundäre Bestandteile:
Gradnetz	Geländeformendarstellung
Gewässer	Bodenbedeckung (insbesondere Wald)
Höhendarstellung	Fels- und Gletschergebiete
Siedlungen	Siedlungsraumausgrenzung
Verkehrswege	Besondere Objekte
Verwaltungsgrenzen	Namen und Beschriftung

Das *Gradnetz* dient der horizontalen Lagebestimmung. Da seine Maschenbreite – bis auf wenige Ausnahmefälle – aus Gründen der Übersichtlichkeit nicht zu eng gewählt werden darf, bietet es nur die Möglichkeit einer groben Orientierung. Seine Bedeutung wächst mit kleiner werdendem Maßstab, da dann meist so große Räume abgebildet werden, daß die Breitenangabe bereits sehr wesentliche Auskünfte über die klimatische Situation der wiedergegebenen Karteninhalte zu bieten vermag.

Das Gradnetz sollte immer nur in sehr dünnen Linien gezeichnet werden, da sonst das Kartenbild zerrissen erscheint. Die Frage, ob es sinnvoll ist, das Gradnetz auch in Kartogramme aufzunehmen, muß zumindest für große Maßstäbe verneint werden.

Eine für die horizontale Orientierung unter Umständen viel wesentlichere Hilfe bietet das *Gewässernetz,* welches – außer in ausgesprochenen Trockenräumen – durchschnittlich dichter als das Gradnetz wiedergegeben ist und meist in der Vorstellung des Betrachters eine konkrete Verankerung besitzt.

Die *Höhendarstellung* wurde in den topographischen Grundlagen unserer thematischen Karten bisher leider zu sehr vernachlässigt. Mit Recht hebt H. LOUIS in einer grundlegenden Arbeit hervor[8], daß es weder eine physischgeographische noch auch eine kulturgeographische Erscheinung auf der Erde gibt, für die nicht neben der Horizontallage auch die Höhenlage ihres Vorkommens von merklicher, ja sogar wesentlicher Bedeutung wäre. Als adäquates Darstellungsmittel kommen Höhenlinien und Höhenpunkte mit Höhenzahlen in Frage. Die Wiedergabe allein der Geländeformen, z. B. durch Geländeschummerung, vermag diese nicht zu ersetzen (s. Tafel I und II).

Höhenlinien gehören zu den Leitlinien kartometrischer Auswertungsmöglichkeit (z. B. Bevölkerungsverteilung nach der Höhenlage u. dgl. m.), allerdings nur dann, wenn ihr Verlauf und ihre Lage auch in Karten kleiner Maßstäbe maßstabentsprechend exakt generalisiert ist. Die Gestaltung des sich oft dicht scharenden Linienbildes ist äußerst heikel, um sie einerseits übersichtlich wiederzugeben, andererseits dieses lediglich orientierende Element gegenüber dem thematischen Inhalt im notwendigen Ausmaß zurücktreten zu lassen.

Siedlungen und Verkehrswege sind ebenfalls primäre Elemente der Grundkarte vor allem für kulturgeographische Themen. Nur Karten des rein physischen Bereiches können diese entbehren, ohne an Kausalverständlichkeit einzubüßen. Sie bieten aber auch für diese eine zusätzliche Orientierungshilfe. Dem gewählten Maßstab entsprechend sind die Siedlungen in der Form von Positionssymbolen, als Plansignaturen oder in vollständiger Umrißtreue einzutragen. Verkehrswege werden durch Liniensignaturen zum Ausdruck gebracht; nur große, dem Verkehr dienende Verkehrsflächen – wie Güterbahnhofanlagen, Parkplätze größeren Ausmaßes u. dgl. – werden nach Notwendigkeit flächenhaft oder durch Umgrenzungslinien gekennzeichnet. Wenn für die topographische Grundlage mehrere Farben zur Verfügung stehen, dann ist es besonders für Landschaften größerer Reliefenergie ratsam, dem Eisenbahnnetz eine gesonderte Farbe zu widmen, da sich die Verkehrswege in Paßlandschaften und engen Tälern zu einem visuell unauflösbaren Liniengewirr bündeln (s. Tafel I oben).

Mit größter Sorgfalt ist die Stufung der *Siedlungssignaturen* nach ihren Einwohnerzahlen, ihrer funktionalen und rechtlichen Stellung vorzunehmen und durch Signaturengröße und -gestalt, sowie durch Schrifttypus, -grad und -lage der Siedlungsnamen zum Ausdruck zu bringen. Aus Orientierungsgründen ist es meist unbedingt notwendig, auch einzelne ganz kleine Siedlungen aufzunehmen, andererseits kommt man nicht umhin, in Gebieten mit sehr hoher Siedlungsdichte, größere Orte auszuscheiden. Das Auswahlprinzip soll aus der Grundkartenlegende ebenso klar und deutlich hervorgehen, wie die Definition der Größenstufung und Siedlungsbedeutung. Karten, die Gebiete mit diesbezüglich verschiedener Rechtsgrundlage oder sonst voneinander stark abweichenden Verhältnissen umfassen, machen es notwendig, in der Grundkartenlegende eine Begriffsgegenüberstellung vorzunehmen.

Bei vielen Karten und bei den meisten Kartogrammen, vor allem solchen, welche auf statistischem Quellenmaterial aufbauen, spielen *Verwaltungsgrenzen* eine besondere Rolle. Sie lassen sich auch noch in kleineren Maßstäben verhältnismäßig gut in das Bild der anderen graphischen Elemente einbauen. Reicht das Kartenbild über die Staatsgrenzen, dann können sich bezüglich der Parallelisierung der Rangordnungen der Verwaltungseinheiten und Behördensitze Schwierigkeiten ergeben. In solchen Fällen ist in die Legende ebenfalls eine Gegenüberstellung aufzunehmen.

Wir können feststellen, daß unter den primär aufzunehmenden Bestandteilen der topographischen Grundlage thematischer Karten linien- und punkthafte Elemente weitaus überwiegen und flächenhafte Aussagen nur selten hinzutreten. Dies ist aber für die Übersichtlichkeit und Tragfähigkeit der Grundkarte von größter Bedeutung!

Ganz anders liegen die Verhältnisse bei den *sekundär aufzunehmenden topographischen Aussagen.* Bei weitem überwiegen die flächenhaften Verbreitungen, die zu erheblichem Teil auch durch graphisch flächenhaft wirkende Elemente ausgedrückt werden müssen. Die *Geländeformen* werden entweder durch Schraffen oder Schummerung wiedergegeben. Die für viele thematische Inhalte sehr wichtige Waldverbreitung wird durch Flächentönung oder einen visuell gut erkennbaren Punktraster gekennzeichnet (s. Abb. 12).

Mit jeder zusätzlichen topographischen Aussage sinkt aber die Belastbarkeit der Kartengrundlage für den thematischen Inhalt. Es ist also sehr wohl zu überlegen, was notwendigerweise aufgenommen werden muß und auch auf welch unnötiges Beiwerk man verzichten kann, um die Übersichtlichkeit des kartographischen Ausdruckes zu gewährleisten. Wie früher festgestellt, hängt die Gestaltung unserer Grundkarte von dem Grundprinzip ab, nach dessen Regeln wir unsere kartographischen Arbeiten durchführen. Die konsequente Anwendung des topographischen oder Lageprinzips führt zur thematischen Karte. Sie stellt die höchsten Anforderungen an die Gestaltung der topographischen Grundlage. Neben dem Gradnetz und einem ausreichend dichten und maßstabentsprechenden generalisierten Gewässernetz ist besonderes Augenmerk der Höhenwiedergabe zuzuwenden (s. Tafel I unten).

Die Ansicht, eine Geländedarstellung wäre nur in der topographischen Grundlage solcher Themenkarten angängig, deren thematischer Inhalt sich graphisch auf linien- und punkthafte Elemente beschränkt, ist falsch. Eine richtige

Gestaltung und eine einwandfreie reproduktions- und drucktechnische Durchführung vorausgesetzt, lassen sich auch mehrere Schichten adäquat umgesetzter flächenhafter Aussagen überdecken und unter Wahrung der Ästhetik und Übersichtlichkeit wiedergeben. Erfolgreich wurde dies bei der Geländeformendarstellung mittels Schraffen in der Vergangenheit immer wieder bewiesen. Grundvoraussetzung ist, daß das Schraffenbild nicht zu dicht und nicht von vornherein schwer leserlich gestaltet ist.

Diese Voraussetzung ist am besten bei den *allgemeinen* (vereinfachten) *Gebirgsschraffen* gegeben, wie sie z. B. im „Atlas östliches Mitteleuropa" verwendet wurden. Für die Farbgebung kommen Schwarz und ein kräftiges Grau oder Braun in Frage. Schattenschraffen und Böschungsschraffen als Geländedarstellungsmittel für Karten größerer Maßstäbe sind längst überwunden. Sie ergeben außerdem immer eine zu starke Verdunklung der Kartenfläche und sollten daher auch in der thematischen Kartographie gemieden werden.

Die Forderung einer Geländedarstellung in thematischen Karten, vor allem wo das Thema im Kausalzusammenhang mit den Oberflächenformen steht, hat besonders auch der deutsche Kartograph F. HÖLZEL (1957) vertreten[9] und sich gleichzeitig für die Schummerung eingesetzt. Mit Recht betont er aber auch die Notwendigkeit einer klaren Entscheidung für eine der drei Schummerungsmethoden, nämlich der „Böschungsschummerung", der „Schräglichtschummerung" oder der „kombinierten Schummerung".

Die *Böschungsschummerung*, welche unter Annahme einer Zentralbeleuchtung nach dem Prinzip „je steiler, desto dunkler" arbeitet, ist unseres Erachtens nur für ganz spezielle Themen, z. B. aus dem Sektor des Luftfahrtwesens, zu empfehlen. Die geringsten Schwierigkeiten in der Verwendung als Grundlage für thematische Karten bietet die *Kombinationsschummerung*, welche das Relief durch Unterscheidung von beleuchteten und beschatteten Hängen plastisch herausarbeitet, die ebenen Flächen aber ohne Ton beläßt und dort daher bei Farbflächenüberdruck auch keine Farbveränderung herbeiführen kann (s. Tafel II oben). Wissenschaftlich exakter verfährt die *Schräglichtschummerung*, die auch die ebenen Flächen – welche im Verhältnis zu den lichtzugekehrten einen geringeren Lichtgenuß besitzen – konsequent tönt. Auch sie ist für thematische Karten geeignet; allerdings müssen wir uns bewußt sein, daß dadurch die Flächenfarben für den thematischen Inhalt gerade in jenen Gebieten, in denen ihnen besondere Bedeutung zukommt (Siedlungsraum, Agrargebiete, Industriestandorte usw.), gebrochen und leicht verschmutzt werden. Aus der Tafel II (unten) ist diese Gefahr sogleich zu erkennen.

In der thematischen Kartographie werden oft Aussagen auf die landwirtschaftlich genutzte Fläche bzw. auf den Siedlungsraum bezogen, und es wird daher die *Aufnahme von Waldflächen* oder zumindest der Waldgrenzen in die Grundkarte gewünscht. Dieser Wunsch bezieht sich auch auf die Verwaltungsgrenzengrundkarten und ist verhältnismäßig leicht zu erfüllen, nur muß die Flächengeneralisierung dem Thema entsprechend vorgenommen werden (s. Kapi-

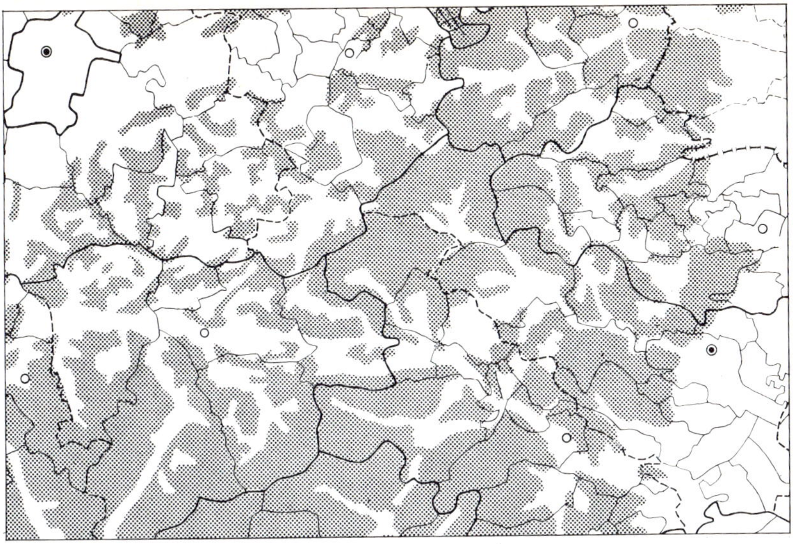

Abb. 12: Verwaltungsgrenzengrundlage mit Waldflächendarstellung (gerastert)

tel 13.2). In der Abb. 12 wurde der Wald durch einen weitabständigen Punktraster zum Ausdruck gebracht, der jederzeit eine Überschichtung durch Flächenfarben und -töne zuläßt, ohne daß diese dem Farbgewicht und der Farbrichtung nach eine wesentliche Veränderung erfahren müssen. Auch andere flächenhafte Verbreitungen – z. B. des Ödlandes, der Almregion usw. – können auf ähnliche Weise durch Flächenmuster und visuelle Flächenraster gekennzeichnet werden.

Die Anwendung des Diagrammprinzips und des bildstatistischen Prinzips führt im Endergebnis nicht zur thematischen Karte, sondern zum Kartogramm oder zum Kartodiagramm. Die Ausstattung der topographischen Grundlage und deren Generalisierung richtet sich ganz nach der Größe der Figuren, die wir zur quantitativen Darstellung der Objekte benötigen, die aber auch vom Ausmaß einer qualitativ untergliederten Aussage abhängen und von ihrer Verteilung. Eine starke Auslese und Formvereinfachung sind mitunter unvermeidbar. Gewässerlinien z. B., die durch den dargestellten thematischen Inhalt so sehr überdeckt werden, daß aus den Relikten ihr Verlauf nicht mehr erkannt werden kann, sind wertlos. Man sollte auf sie dann lieber gleich verzichten.

5.2 Die Namenstellung in bezug auf das Gradnetz

In dieser Hinsicht ist vor allem die Beschriftung punktartiger oder punkthaft reduzierter Objekte (Punktbezeichnungen) für die Signaturen- und Figurenstellung des thematischen Inhaltes von ausschlaggebender Bedeutung. Es handelt

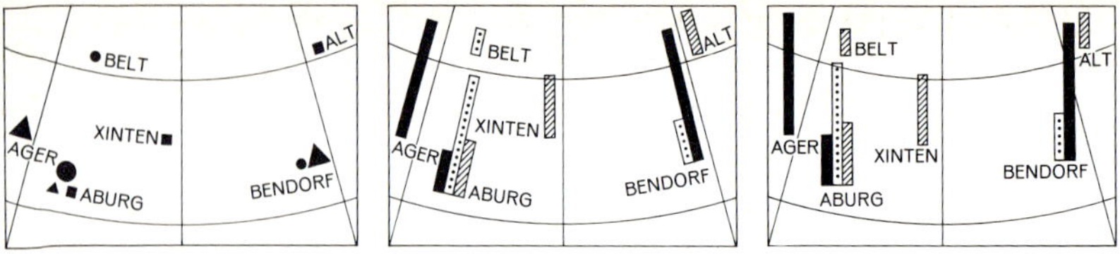

Abb. 13: Namen- und Figurenstellung nach der Lage zum Gradnetz

sich dabei um die Koten von Höhenpunkten, um die Namen von Berggipfeln und all jener Objekte, welche durch ihre maßstabgerechte Reduzierung in der Karte auf punkthafte oder kleinstflächige Wiedergabe geschrumpft sind (z. B. Siedlungen, die nur noch durch Signaturen gekennzeichnet werden können), so daß eine Beschriftung nur neben dem Objekt erfolgen kann. Dasselbe gilt für Inseln und Inselgruppen in Maßstäben, die eine Namenstellung in das Inselgebiet nicht mehr ermöglichen.

Für den *Schriftverlauf* in topographischen Karten gilt die Regel, daß in solchen mit rechtwinkeligem Koordinatennetz Punktbezeichnungen waagrecht, in solchen mit gebogenen Breitenkreisen und schräg verlaufenden Meridianen parallel zu ersteren gesetzt werden sollen. Auch für die Signaturenstellung gelten diese Regeln. Somit muß die Basisseite z. B. von Dreieck- und Quadratsignaturen jeweils parallel zu den Breitenkreisen verlaufen.

Bei der *Verwendung von Diagrammen* ergeben sich jedoch in der thematischen Kartographie nach diesen Regeln mitunter nicht nur unästethische, sondern auch unleserliche Kartenbilder. Mit kleinerwerdendem Maßstab und Zunahme der O-W-Erstreckung des Darstellungsraumes sieht man sich mehr und mehr gezwungen, auch bei gebogenen Breitenkreisen eine einheitlich waagrechte Beschriftung der Punktbezeichnungen vorzunehmen. Diese Sonderlösung, welche in der topographischen Kartographie lediglich bei den sog. „Geographischen Karten" kleinster Maßstäbe für Erdteilwiedergaben (z. B. Darstellung Eurasiens in kegeliger Abbildung) gewählt wird, ist in der thematischen Kartographie schon in viel größeren Maßstäben angängig (s. hierzu Abb. 13).

5.3 Der zeitliche Stand der topographischen Grundlage

Kartographische Ausdrucksformen sind hervorragend geeignet, *Aussagen für einen bestimmten Zeitpunkt* zu geben. Die Darstellung der Genese in einer Karte oder einer anderen kartographischen Ausdrucksform ist bis heute ein weitgehend unbewältigtes Problem. So wie die textliche Darstellung nicht sonderlich geeignet ist, das räumliche Nebeneinander wiederzugeben, weil die Worte in zeitlicher Aufeinanderfolge gelesen werden, so ist die kartographische Methode weniger geeignet, die an einen Zeitablauf gebundene Genese zu veranschaulichen, da die graphischen Elemente ein und derselben Aussageschicht auf der Kartenfläche gleichzeitig überschaubar nebeneinander liegen. Dazu kommt aber noch, daß die Entwicklungen sich nicht nur in der Horizontalen und in der Vertikalen vollziehen, sondern daß sie Strukturänderungen der Darstellungsobjekte bewirken, die so weitgehend sein können, daß das Ausgangsobjekt nach einem bestimmten Zeitraum begrifflich mit dem Endobjekt überhaupt nicht mehr vergleichbar ist.

Lediglich die seit vielen Jahrzehnten bekannte und immer wieder verwendete *kinematographische Methode* bedient sich über die Laufbildprojektion des Ablaufes rasch aufeinanderfolgender kartographischer Zeitpunktdarstellungen und erreicht damit ein Höchstmaß an dynamischer Veranschaulichung und einen fast lückenlosen Eindruck der Genese. Die hohen Kosten der manuellen Herstellung unerhört vieler Zeitpunktdarstellungen haben die kinematographische Methode im Bereich kartographischer Informationsmittel nur selten zum Zuge kommen lassen. Elektronische Datenverarbeitung, Datenspeicherung und Ausgabe über Bildschirmgeräte haben neue Aspekte für ihre Verwendung gebracht. Nach einer noch notwendigen technischen Entwicklungszeit wird ihr sicher die Zukunft gehören[10]. Der Mikrofilmplotter eröffnet der Kartographie noch weitgehend ungenützte Möglichkeiten.

Karte und Kartogramm als Einzelbild hingegen vermögen uns nur einen *Zeitpunktstand* oder bestenfalls einen *Zeitpunktvergleich* wiederzugeben. Je nach Übereinstimmung der Zeitpunkte des thematischen Inhaltes und der topographischen Grundlage unterscheiden wir folgende Kombinationsmöglichkeiten.

a) *Der Zeitpunkt des thematischen Inhaltes stimmt mit dem Zeitpunkt der topographischen Grundlage überein.* Es ist dies der Normalfall in der thematischen Kartographie, soweit der Darstellungsinhalt auf die jüngere Zeit abgestimmt ist. Die topographische Grundlage hat möglichst genau dem Zeitpunkt der thematischen Aussage zu entsprechen. Dieser Forderung ist im Hinblick auf die raschen und grundlegenden Änderungen der Situation (Siedlungen, Verkehrswege) besonderes Augenmerk zuzuwenden, da sonst gewisse Kausalzusammenhänge unverständlich sind oder sogar die topographische Grundlage im Widerspruch zum thematischen Inhalt steht.

Auch Karten, die historische Inhalte zum Thema haben, sollten eine zeitpunktmäßig abgestimmte topographische Grundlage enthalten. Die weit zurückliegende Entwicklung einer Stadt an einem unregulierten, auenreichen Strom bleibt unverständlich, wenn man ihre Darstellung in eine topographische Grundlage mit reguliertem Gewässernetz stellt. Die historische Flur und Siedlung ist nur in Verbindung mit einer historischen Topographie verständlich. Ihre Verknüpfung mit den topographischen Grundlagen der Gegenwart könnte zu schweren Fehlschlüssen verleiten. Für den Zeitraum ab der Mitte des 18. Jhs. bis heute sind die für die Bearbeitung notwendigen Grundlagen in Form alter Karten in ausreichender Zahl und Geschlossenheit vorhanden. Für das Mittelalter oder gar für die früh- und vorgeschichtliche Zeit fehlen diese. Hier tritt der Fall ein, daß auch die topographische Grundlage in einer sehr langwierigen und äußerst schwierigen, allerdings nicht vom Kartographen zu leistenden Forschungsarbeit erstellt werden muß.

b) *Der Zeitpunkt des thematischen Inhaltes stimmt mit dem Zeitpunkt der topographischen Grundlage nicht überein.* Historische Verhältnisse kann man mitunter auf einer topographischen Grundlage der Jetztzeit darstellen; ebenso natürlich auch thematische Inhalte jüngerer Zeitpunkte auf eine ältere Topographie projizieren. Besonders gerechtfertigt ist diese Vorgangsweise immer dann, wenn man die Orientierung thematischer Aussagen auf eine nicht zeitpunktgleiche Topographie ermöglichen will. Dadurch kann man die Beziehungen zu einer späteren topographischen Situation besser bewußt werden lassen oder das landschaftsverändernde Ergebnis besonders betonen (z. B. Regulierung einer an Auen reichen Stromlandschaft: Topographie eines älteren Zeitpunktes verbunden mit dem thematischen Inhalt, der die Ergebnisse der Regulierung darstellt).

c) *Topographische Zeitpunktgrundlage verbunden mit thematischem Zeitpunktvergleich.* Der Zeitpunktvergleich bietet in der thematischen Kartographie die Möglichkeit zwar nicht eine Entwicklung selbst, jedoch deren Ergebnis wiederzugeben. Liegen die Zeitpunkte weit auseinander, so ist die Entscheidung, ob für die topographische Grundlage der Ausgangs- oder Endzeitpunkt gewählt werden soll, gut zu überlegen (z. B. Wiedergabe von Stadtentwicklungen). Umfaßt der Zeitvergleich nur eine kurze Zeitspanne, dann ist in den meisten Fällen die topographische Grundlage auf den Endzeitpunkt abzustimmen (z. B. Bevölkerungsveränderung zwischen zwei Zählterminen).

d) *Topographische Genesekarte verbunden mit der thematischen Wiedergabe einer Entwicklung.* Für thematische Karten, in denen Entwicklungen über sehr lange Zeiträume wiedergegeben werden sollen, genügt die Verknüpfung mit einem historischen Zeitpunktgerippe nicht. Hier wird es notwendig, auch schon die topographische Grundlage in der Form einer *Genesekarte* (s. Abb. 14) zu gestalten. Die Dynamik der historisch-topographischen Entwicklung kann allerdings in solchen Grundkarten nicht zum Ausdruck gebracht werden, sie würden sonst zu kompliziert und überladen und für weitere Eintragungen thematischer Inhalte unbrauchbar. Im wesentlichen enthalten sie für einzelne wichtige Elemente – z. B. für den Wald – *Zeitpunktschichten übereinandergedeckt.* Die thematischen Inhalte werden ja nach ihrer zeitlichen Fixierung mit der entsprechenden Zeitschicht der Topographie zusammengesehen. Diese zusätzliche Abstraktion muß bei solchen topographischen Genesegrundlagen in Kauf genommen werden.

Die dynamische und entwicklungsmäßige Betrachtungs- und Ausdrucksweise ist allein nur für die thematische Kartographie typisch, der topographischen

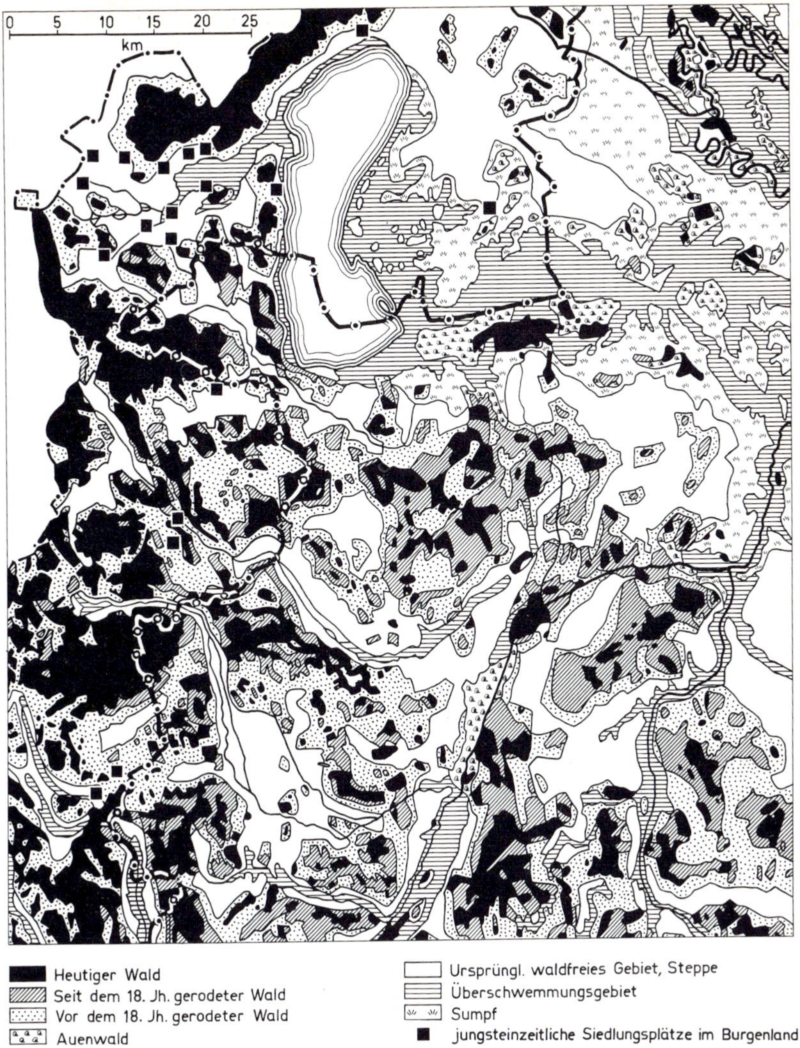

Abb. 14: Topographische Genesekarte. Grundlage für die Darstellung des Siedlungsraumes. Wiedergabe des Wandels der Waldverbreitung im burgenländischen Raum nach K. KOGUTOWICZ (aus E. ARNBERGER: Handbuch der Thematischen Kartographie; Wien, 1966, S. 353).

Kartographie ist sie fremd. Die methodische Entwicklung der diesbezüglichen Darstellungsfragen steht aber noch ganz am Anfang.

5.4 Von der Generalisierung zur Schematisierung; geometrische Figurengrundkarten

Kartogramme und Kartodiagramme, welche nach dem Diagrammprinzip gestaltet sind, besitzen mitunter eine *geometrische Figurengrundkarte.* Auf eine konkretere und weitergehende topographische Information und Orientierung wurde verzichtet.

Dieser früher als „schematisch-statistische Karte“ bezeichnete Kartogrammtypus geht auf das Bestreben der Statistiker zurück, die Ergebnisse der Erhebungen so rasch wie möglich in einfacher Form und flächenmäßig leicht vergleichbar wiederzugeben. Bereits um die Jahrhundertwende wurde diese Methode von PFEIFFER im Kaiserlichen Statistischen Amt in Berlin eingeführt und kurz danach von H. RAUCHBERG in seinem Werk „Der nationale Besitzstand Böhmens“ (1905) verwendet. Sie wird vereinzelt bis in jüngste Zeit immer wieder angewandt.

Der Entwurfsvorgang vollzieht sich derart, daß Gebiete (kleinerer administrativer Einheiten, von Ländern, aber auch von ganzen Erdteilen) unter Beibehaltung ihrer ungefähren geographischen Lage in leicht ausmeßbare und unschwer vergleichbare Rechtecke oder Vielecke mit rechtwinkelig zueinander stehenden Begrenzungslinien umgewandelt werden, bei denen entweder nur die Flächen zu jenen in der Natur proportional sind oder sich außerdem auch eine Ähnlichkeit zur wirklichen Gebietsgestalt ergibt (s. Abb. 15 und 16).

Abb. 15: Ableitung einer „geometrischen Figurengrundkarte“ aus einer Verwaltungsgrenzengrundkarte. a) Bezirksgrenzenkarte von Böhmen, Gebietsstand 1903. – b) Dieselbe zu einer geometrischen Figurengrundkarte umgestaltet (nach H. RAUCHBERG: Der nationale Besitzstand in Böhmen, 3. Bd., Leipzig 1905).

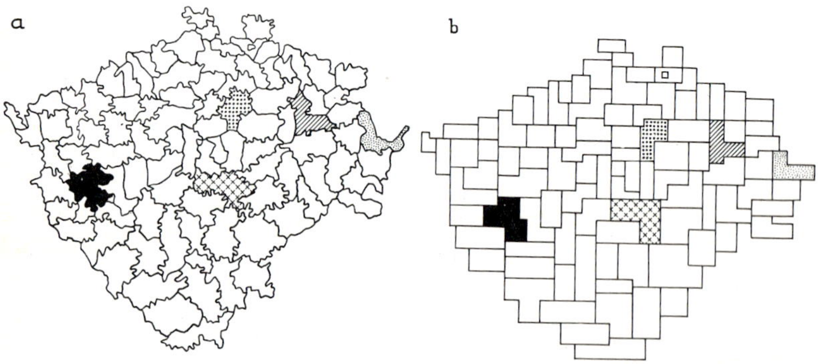

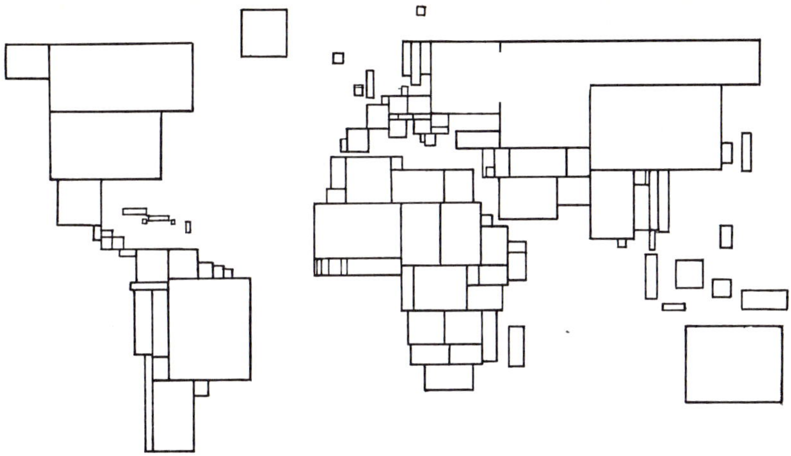

Abb. 16: Geometrische Figurengrundkarte. Staaten der Erde, dargestellt in flächenproportionalen Rechtecken (nach W. S. und E. S. WOYTINSKY, New York 1953).

Die geometrischen Figurengrundkarten konnten sich jedoch allgemein nicht durchsetzen. Die meisten Menschen haben sich während ihrer Schulzeit wohl die Formen der Erdteile und der wichtigsten Staaten der Erde, vielleicht auch noch größere administrative Einheiten ihres Landes eingeprägt, mit einer so weitgehenden Abstraktion dieser Gebiete zu Rechtecken und anderen geometrischen Figuren wissen sie aber nichts anzufangen. Diese Methode einer Grundkartengestaltung wird also nur ganz ausnahmsweise angebracht sein.

5.5 Farbliche und drucktechnische Gestaltung der topographischen Grundlage

Sehr häufig enttäuscht die Farbgestaltung entworfener oder ausgedruckter thematischer Karten, obwohl die Farbabstimmung für den thematischen Inhalt mit größter Sorgfalt und Umsicht vorgenommen worden war. Die Gründe hierfür sind meist in dem Umstand zu suchen und zu finden, daß alle Elemente, welche der topographischen Orientierung dienen (also Situation, Höhenlinien, Schummerung, Namen usw.) in Grau oder einer anderen kraftlosen Farbe gedruckt wurden, um ja den thematischen Inhalt unbehindert hervortreten lassen zu können.

Diese alte Gestaltungsregel ist längst überholt! Sie mag für die Herstellung einer Arbeitskarte sinnvoll sein, für den Reinentwurf oder gar für den endgültigen Druck ist eine solche Farbgebung verfehlt. Die Situation einer thematischen Karte kann nicht gewisser *kräftiger Elemente,* welche dem suchenden Auge einen Halt und dem gesamten Kartenbild Körper und Tiefe vermitteln, entbehren.

Wird eine graue Schummerung verwendet, dann sind kraftvolle Linien- und Punktelemente und mitunter sogar schwarz gedruckte Namen besonders wichtig. Ebenso ist bei all jenen Karten, in denen flächenhafte Verbreitungen durch Farbflächen wiedergegeben werden, auf eine kräftige Situation besonders zu achten. Dies gilt vornehmlich für das Überwiegen kalter oder gebrochener Flächenfarben (Farben mit hohem Grauwertanteil). Außer einem satten Schwarz hat sich für die Wiedergabe der Situation in der topographischen Grundlage ein dunkles Rotbraun bewährt.

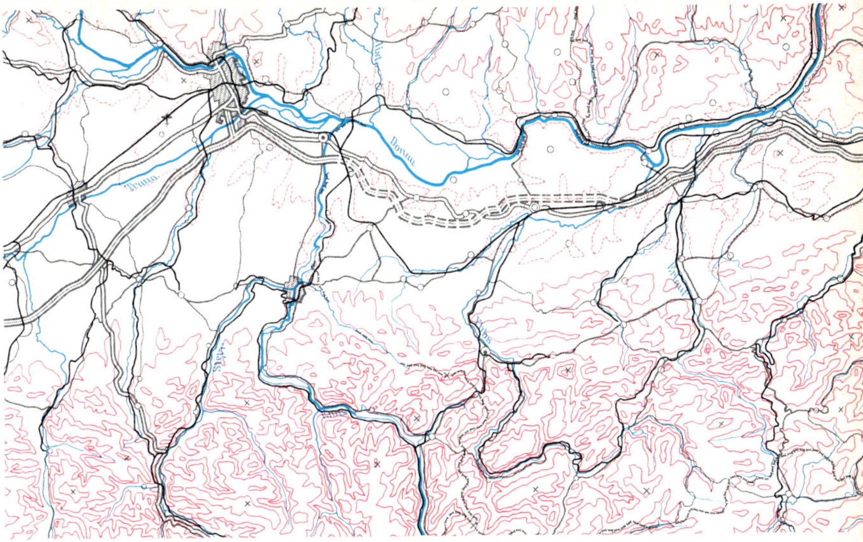

Ausschnitt aus einer topographischen Grundlage 1 : 1 Mill. für einen Nationalatlas (Atlas der Republik Österreich. Höhenlinien, Gewässer, Siedlungen und Verkehrswege).

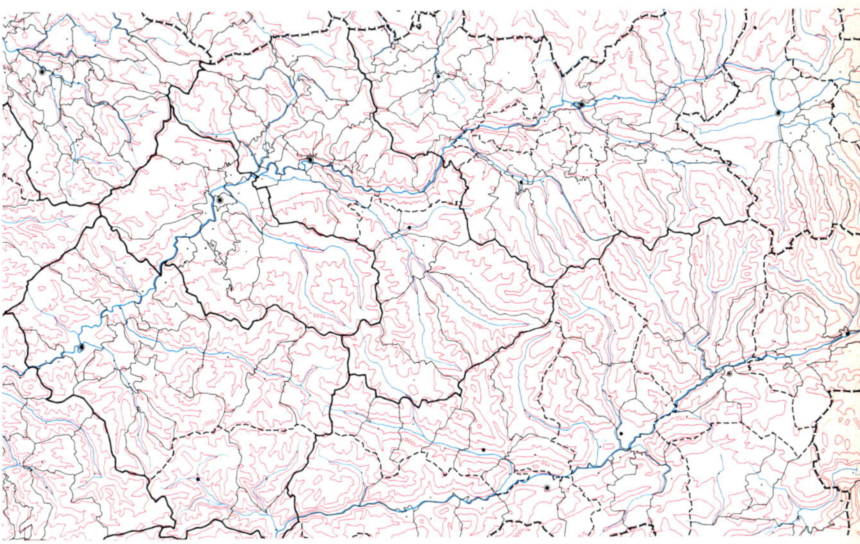

Beispiel der Kombination von Verwaltungsgrenzen und ihren Hauptorten mit Höhenlinien und Gewässernetz als topographische Grundlage für thematische Karten und Kartogramme.

Topographische Grundlage 1 : 500 000 für den Atlas von Niederösterreich (und Wien), Ausschnitt. Geländeschummerung (kombinierte Schummerung) mit Höhenlinien und Gewässernetz.

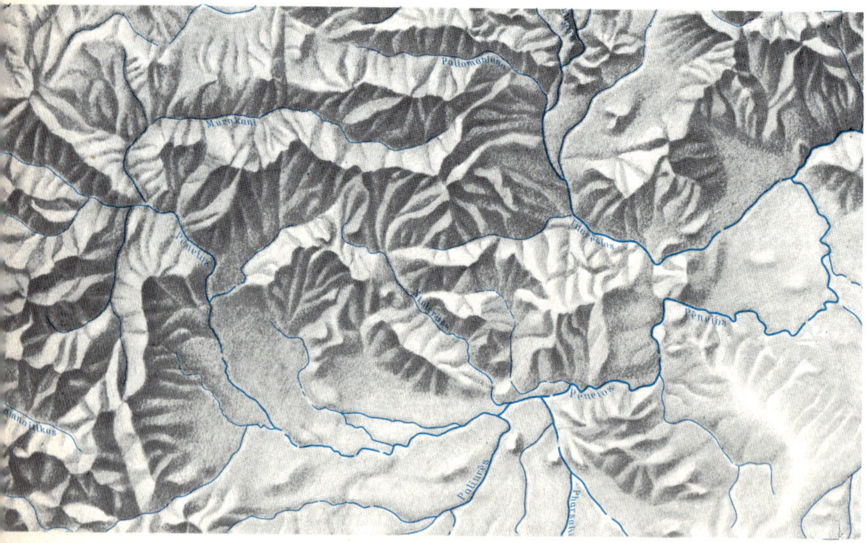

Topographische Grundlage 1 : 800 000 (Ausschnitt) für das Kartenwerk „Tabula Imperii Byzantini" der Österr. Akademie der Wissenschaften. Schräglichtschummerung kombiniert mit Gewässernetz.

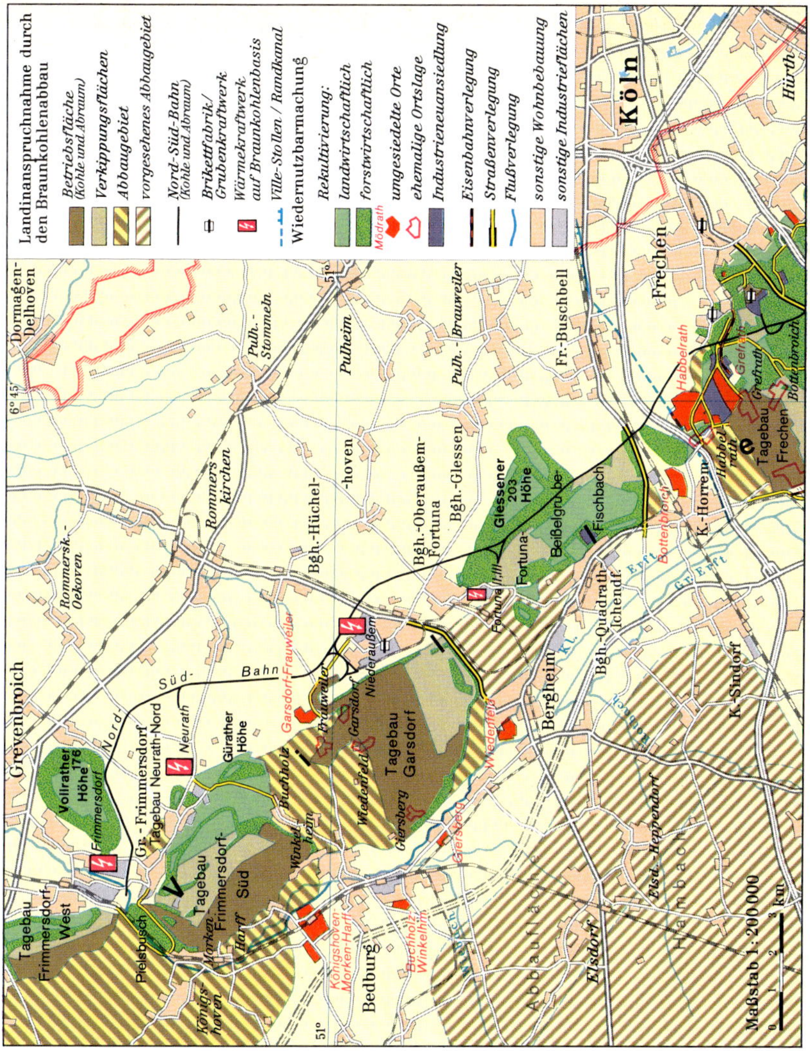

Komplexanalytische Aussage in Form einer mehrschichtigen Karte. Ausschnitt aus Diercke Weltatlas, 1974, S. 40 I.

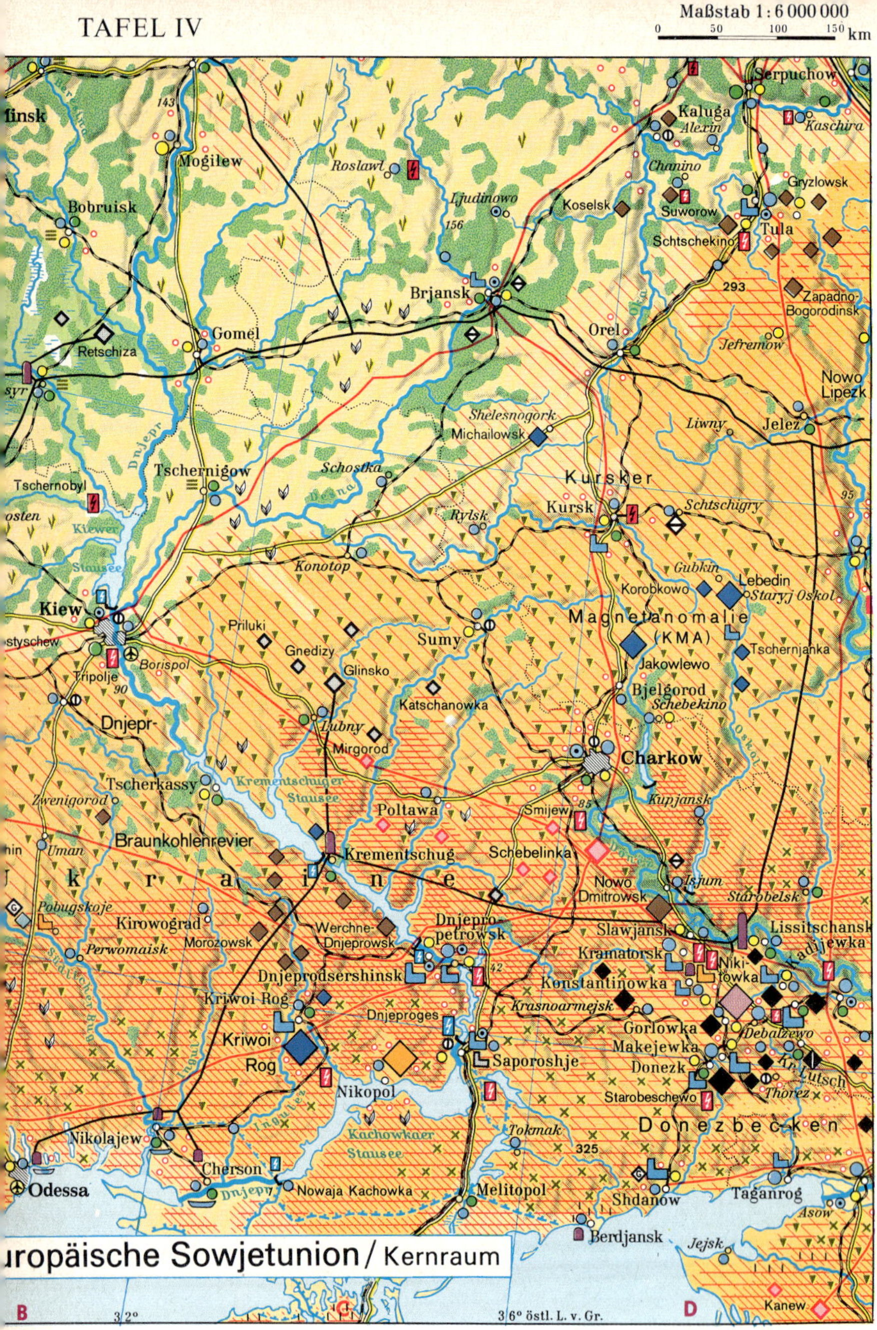

Rasterkombination zur Darstellung des Körnerfruchtanbaues. Ausschnitt aus Diercke Weltatlas, 1974, S. 124/125.

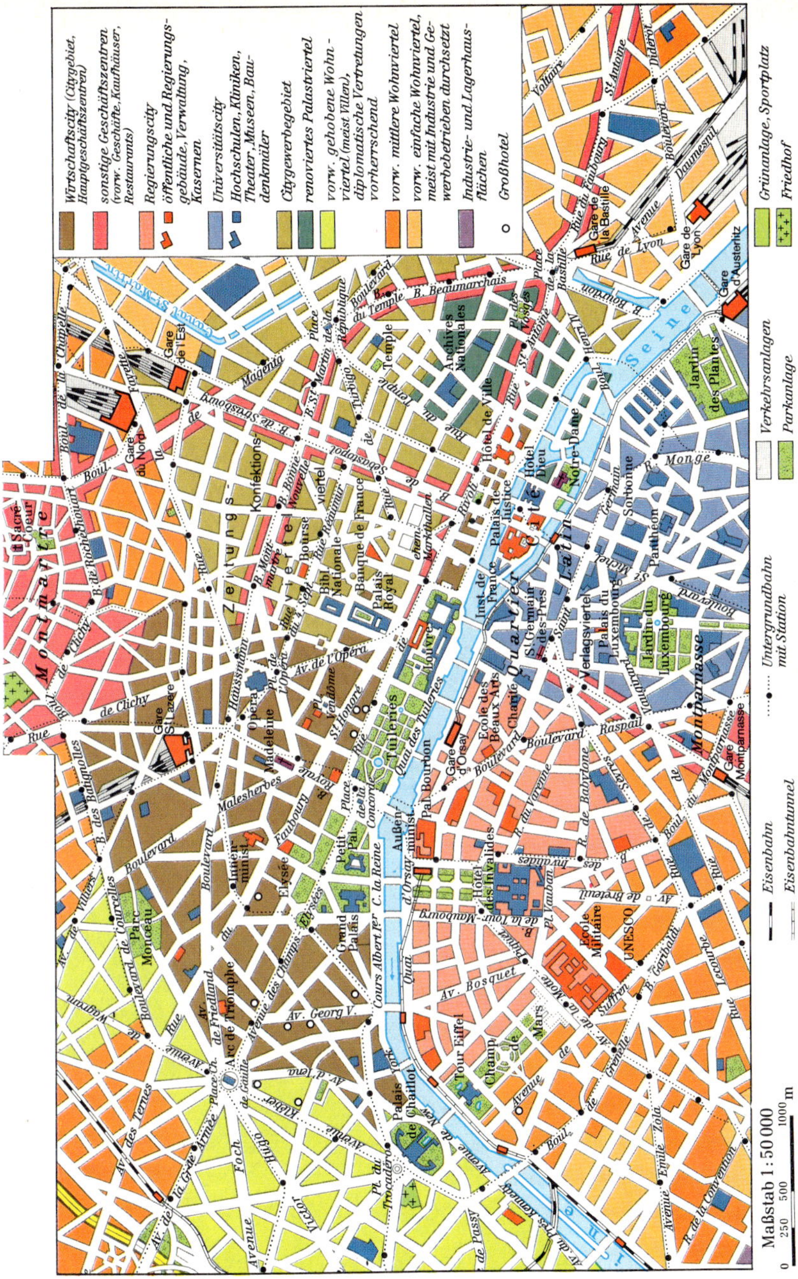

Beispiel einer synthetischen Aussage in einschichtiger Kartendarstellung. Ausschnitt aus Diercke Weltatlas, 1974, S. 60 II.

TAFEL VI

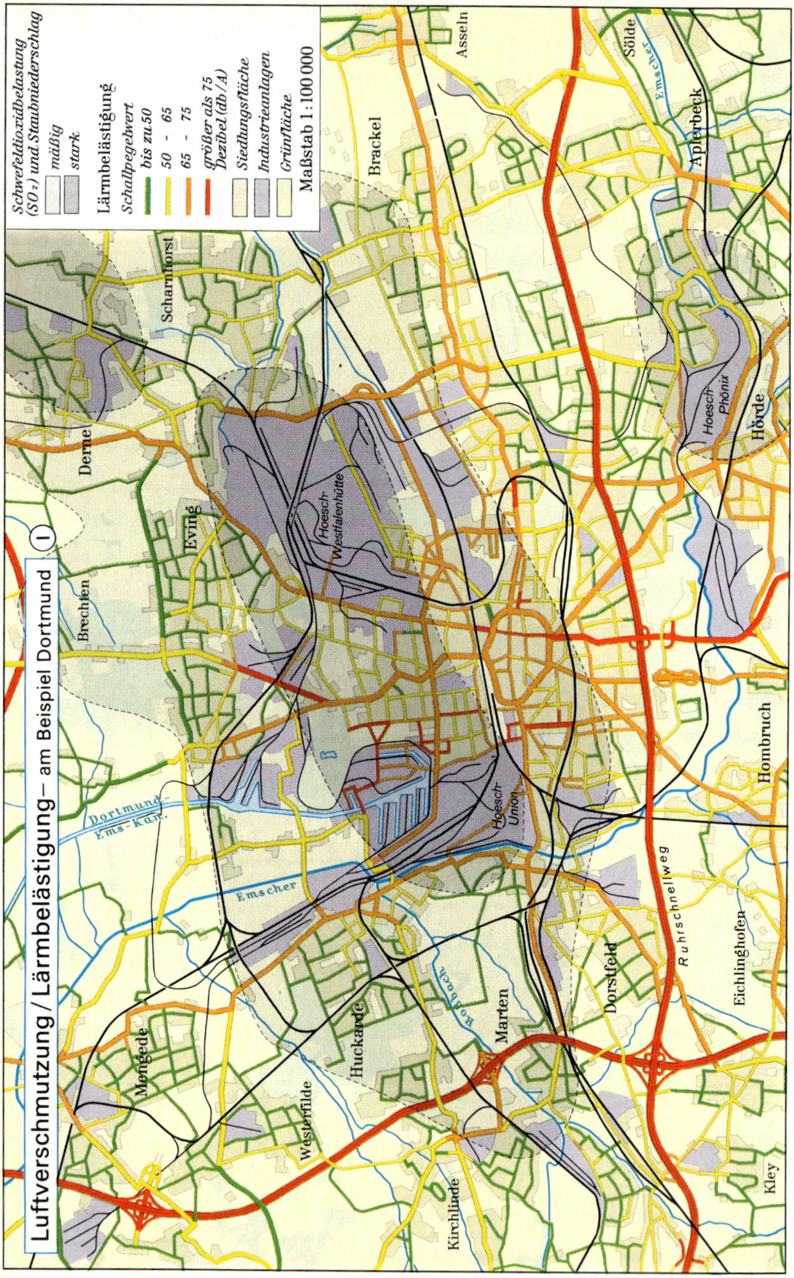

Beispiel einer analytischen Aussage in mehrschichtiger Kartendarstellung. Ausschnitt aus Diercke Weltatlas, 1974, S. 44 I.

Kombination verschiedener Signaturenarten in einer komplexanalytischen Karte. Ausschnitt aus Diercke Weltatlas, 1974, S. 108 II.

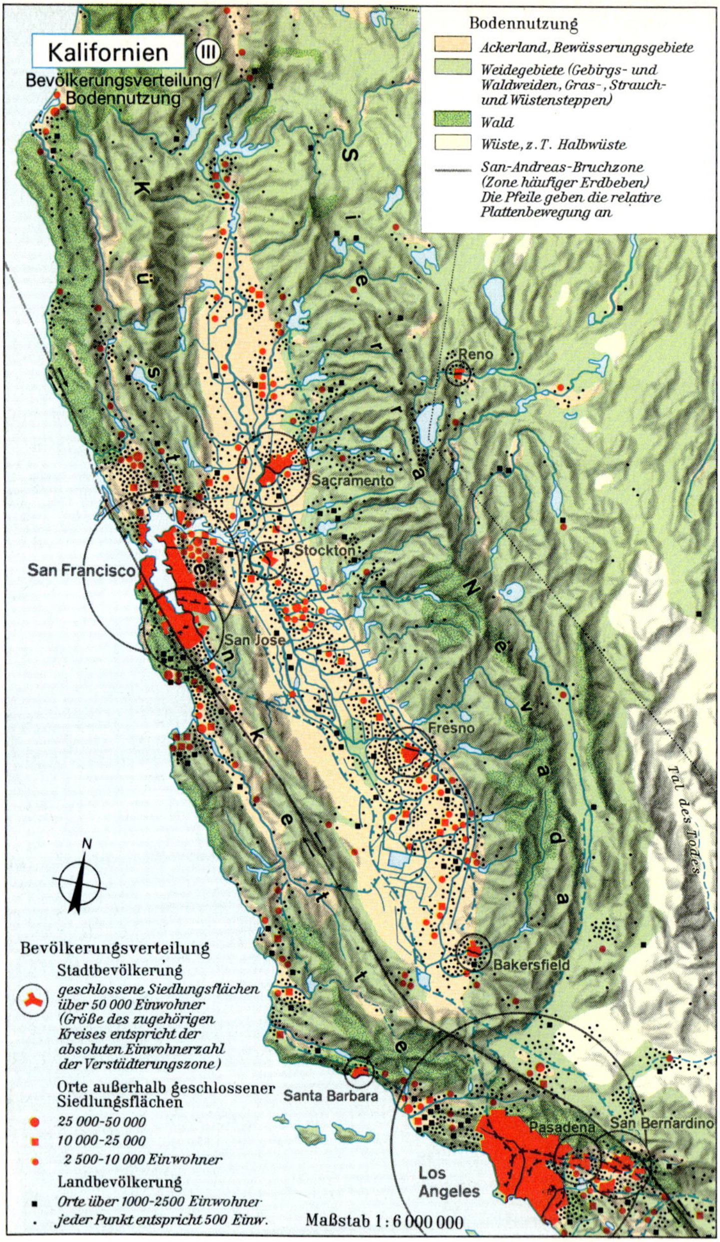

Komplexanalytische Aussage in mehrschichtiger Kartendarstellung. Ausschnitt aus Diercke Weltatlas, 1974, S. 151 III.

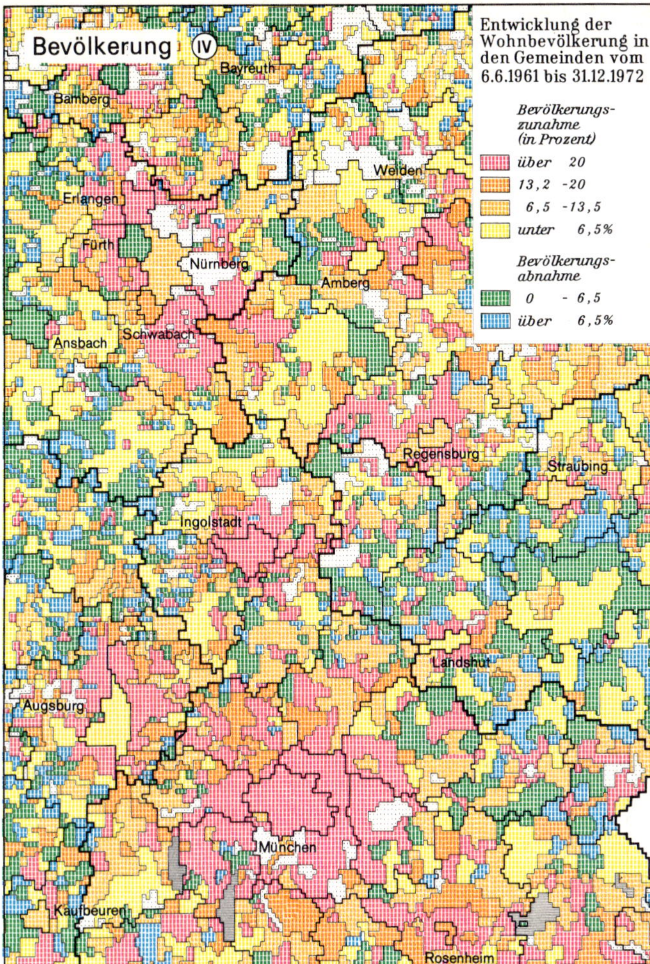

Regionale Entwicklung von 1961 bis 1972 – am Beispiel Bayern (Ausschnitt)

Beispiel einer Schnelldruckerkarte, hrsg. vom Bayerischen Staatsministerium für Landesentwicklung und Umweltfragen. Aus Diercke Weltatlas, 1974, S. 42 IV.

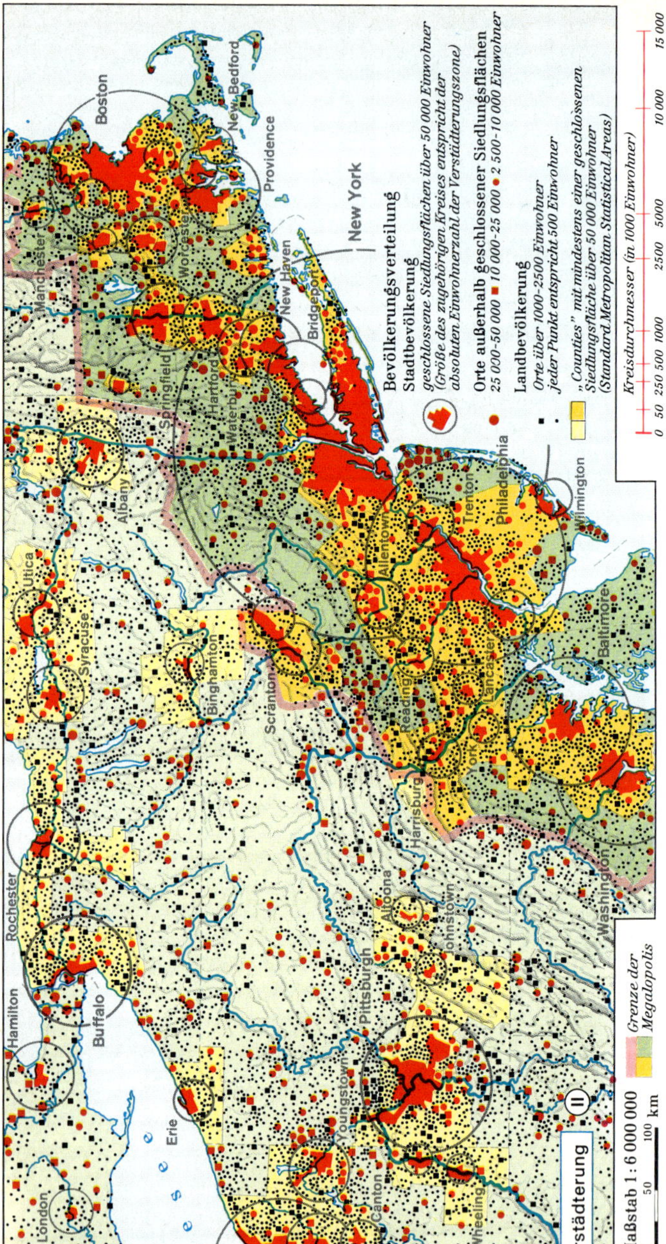

Beispiel einer Punktstreuungsmethode zur Wiedergabe der Landbevölkerung, welche in Siedlungen von unter 1000 Einwohnern leben. Ausschnitt aus Diercke Weltatlas, 1974, S. 154 II.

6 Die Signaturensprache in der Kartographie

6.1 Das Wesen der Signaturen als kartographisches Ausdrucksmittel

Sehr wesentlich für die kartographische Darstellungsform ist die Tatsache, daß sie sich – wie andere Mitteilungsmittel – ebenfalls verschiedentlicher Schriftzeichen bedient. Wir können daher mit Recht von einem *Kartenlesen* sprechen.

In unserer lateinischen Schrift kommen wir im allgemeinen mit einer sehr geringen Zahl von *Buchstaben* aus, um mit ihrer Hilfe Worte zu bilden und durch diese wieder die kompliziertesten Texte niederzulegen. Die chinesische Schrift hingegen hat sich aus einer Wortschrift entwickelt, die kein akustisches Spiegelbild des Lautkomplexes, sondern ein optisches Darstellungsmittel von Ideen (Wortbegriffen) ist. Es gibt also grundsätzlich so viele Zeichen als Begriffe. Wer diese Zeichen und die Methode des Lesens der chinesischen Schrift beherrscht, kann chinesische Texte auffassen, ohne der chinesischen Sprache mächtig zu sein. Diese *Wortschrift* ist ursprünglich aus Bildern und Symbolen entstanden und weist diesbezüglich Ähnlichkeit mit manchen Signaturen der Kartenschrift auf. Die Gesamtzahl der chinesischen Schriftzeichen in der heutigen Schriftform beträgt etwa 40 000, von denen allerdings die Hälfte nur sehr selten verwendet wird. Das könnte ungefähr der Zahl der Begriffe entsprechen, die sich für die Darstellung in der Kartographie aus allen Sachgebieten ergeben, welche sich der Karte als Ausdrucksmittel bedienen. Für den durchschnittlichen Gebrauch genügen in der chinesischen Schrift etwa 1000 bis 4000 Zeichen.

Auch die Kartographie arbeitet u. a. mit *Signaturen und Symbolen, welche allerdings zur Begriffsdarstellung* verwendet werden. Da viele Signaturen an ganz bestimmte Begriffe gebunden sind, ist auch in der Kartographie die Zahl der notwendigen Zeichen um ein Vielfaches höher, als bei unserer, für die textliche Darstellung verwendeten Lateinschrift. In der thematischen Kartographie, welche im Verhältnis zur topographischen mit einer unvergleichlich größeren Vielfalt von Begriffen zu arbeiten hat, sind Signaturen im allgemeinen nur innerhalb desselben Kartenwerkes zur Darstellung eines bestimmten Sachgebietes an gleiche Begriffe gebunden; sonst werden gleiche Signaturenformen (z. B. Kreis, Quadrat, Dreieck) von Karte zu Karte immer wieder an andere Begriffe gebunden. Nur diesem Umstand verdanken wir es, daß wir in der Kartographie nicht zehntausende Begriffssymbole erfinden und verwenden müssen – und damit das Kartenbild einem chinesischen Schriftbild gleicht – sondern mit einigen hundert Signaturen auskommen. Dies ist aber auch der Grund dafür, daß es *kein „kartographisches Alphabet“* geben kann, wohl aber Normen des kartographischen

Ausdrucks, die die Erkenntnisse auch der Informationswissenschaft mit berücksichtigen.

Als kartographische Elemente haben Punkt, Linie und Fläche vorerst die Funktion der Lageangabe und bildaufbauender Bausteine zu erfüllen. Wird ihre Aufgabe auf eine qualitative oder/und quantitative Aussage erweitert, dann haben wir es mit Signaturen zu tun.

6.2 Konkrete (sprechende) und abstrakte (geometrische) Signaturenformen

Früher wurden in topographischen und thematischen Karten zur Darstellung von Objektbegriffen häufig *Figurenbilder* verwendet. Bei diesen ist der Darstellungsinhalt meist ohne besondere Erklärung schon aus der bildhaften Wiedergabe des Gegenstandes zu erkennen, falls der Betrachter einen durchschnittlichen Erfahrungsschatz über die äußeren Erscheinungsformen der wiedergegebenen Objekte besitzt. Da der Mensch größere Gegenstände nicht im Grundriß, sondern im Aufriß zu sehen gewöhnt ist, wurden hauptsächlich *Aufrißbilder* vorgezogen. Mit dem Abgehen von einer individuell bildhaften Wiedergabe der Gegenstände und der Darstellung begrifflich genau festgelegter Objekte durch Typenbilder wurde einerseits der Weg vom Bild zur Signatur, andererseits von der Bilderkarte zur Karte beschritten.

Eine starke Schematisierung von Typenbildern führte schließlich zu schematischen Bildsignaturen oder *„sprechenden Signaturen"*, die in ihrer Form einen konkreten Bezug zum Darstellungsobjekt aufweisen.

Ihre *hervorragenden mnemotechnischen Eigenschaften* veranlaßten die amtliche und private Kartographie, diese in topographischen und thematischen Karten neben anderen Signaturenformen zu verwenden.

Bei den sprechenden Signaturen können wir grundsätzlich zwischen *Aufriß- und Grundrißzeichen* unterscheiden. Aus den oben erwähnten Erwägungen überwiegen natürlich die Aufrißbilder. Nur vereinzelt finden wir aus Gründen eines für verschiedene individuelle Erscheinungsformen des gleichen Begriffes ähnlicheren und daher auch besser assoziierbaren Bildes den Grundriß. So z. B. beim Flugzeug als Signatur für Flughäfen. Flugzeugtypen sehen im Aufriß recht verschieden, im Grundriß jedoch alle ziemlich gleich aus; letzteren sind wir auch vom Beobachten fliegender Maschinen vom Boden aus mehr gewohnt. Schon aus diesem Beispiel können wir erkennen, welch eingehende Überlegungen für die richtige Wahl sprechender Signaturenformen notwendig sind.

Den mnemotechnischen Vorteilen sprechender Signaturen stehen allerdings auch nicht unbedeutende *Nachteile* gegenüber: Die Umrißformen der Signaturen sind meist recht kompliziert und daher ihre Erkennbarkeit bei Signaturenhäufungen und in graphisch ausgelasteten Teilen des Kartenbildes erschwert. Sie sollten daher auch immer von gleichfarbigen Strichelementen freigestellt werden.

Sprechende Signaturen können vor allem zur Wiedergabe ortsgebundener und flächenhaft verbreiteter Objekte verwendet werden, während die Auswahlmöglichkeit zur Darstellung linienhafter oder linienhaft reduzierter Objekte sehr beschränkt ist (s. Tafel IV).

Geometrische Signaturenformen sind *abstrakt* und haben daher geringe mnemotechnische Eigenschaften. Grundformen der geometrischen Signaturen sind im wesentlichen der Kreis, das Quadrat, das Rechteck, das Dreieck und andere einfache symmetrische Figuren, sowie Punkte, Linien und Strichelemente in regelmäßiger Anordnung.

Die Vorteile geometrischer Signaturen, welche für punkt-, linien- und flächenhafte Objekte als Veranschaulichungsmittel in gleichem Ausmaß verwendbar sind, ergeben sich vor allem aus der klaren Formgebung und damit verbundenen guten Lesbarkeit und Unterscheidbarkeit. Für eine mechanisierte bzw. automatisierte Zeichentechnik bieten sie die besten Voraussetzungen.

Jede Symbolisierung stellt eine doppelte Abstraktion dar, nämlich einerseits eine begriffliche, andererseits eine graphische. Die graphische Abstraktion ist bei den geometrischen Formen gegenüber den sprechenden eine noch viel weitergehende. Die Zahl der verschiedenen geometrischen Zeichen, die man in einen Signaturenschlüssel aufnehmen kann, wird also wesentlich beschränkter als bei den sprechenden Signaturen sein müssen.

6.3 Gruppenfähigkeit und Kombinationsfähigkeit, ein Maß der Brauchbarkeit von Signaturen

Bei der Wahl der Signaturen haben wir vorerst immer zwei Eigenschaften zu überprüfen, nämlich ihr Ausmaß an Gruppenfähigkeit und Kombinationsfähigkeit.

Unter *Gruppenfähigkeit* verstehen wir die Eignung einer Signatur unter Beibehaltung der Grundform (z. B. äußere Form) oder von Grundelementen (z. B. Raster, Farbe) durch geringe zeichnerische Veränderungen eine große Zahl von Variationen – also abgeleiteten Sekundärformen – zu ermöglichen (s. Abb. 17). Diese Gruppenfähigkeit ist immer dann notwendig, wenn eine Begriffshierarchie dargestellt wird und die Zugehörigkeit von Begriffen zu Oberbegriffen für die Aussage wesentlich erscheint.

Unter *Kombinationsfähigkeit* verstehen wir die Eignung von Signaturen, durch Kombination der Grundformen oder Formelemente mit jenen von anderen Signaturen die gegenseitigen Beziehungen und Kombinationen verschiedener Sachverhalte und verschiedener Begriffe zum Ausdruck zu bringen (s. Abb. 18). Diese Kombinationsfähigkeit ist immer dann notwendig, wenn zwei oder mehrere Objekte auch in Kombination vorkommen können und man unter Umständen auch das Kräfteverhältnis und Bedeutungsverhältnis einer solchen Verbindung zum Ausdruck bringen will. Dies ist z. B. dadurch gegeben,

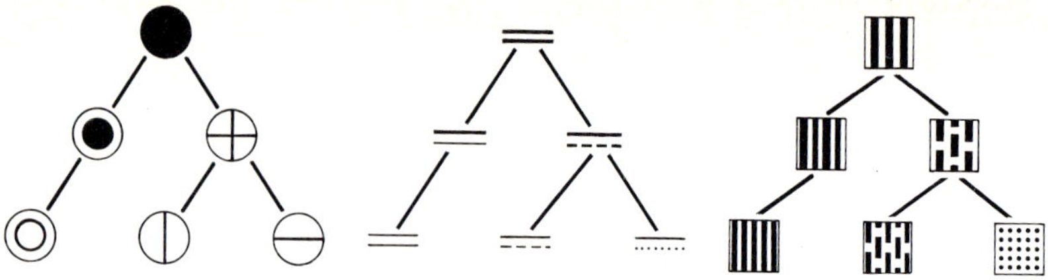

Abb. 17: Aussage über die Zuordnung von Begriffen zu Oberbegriffen durch gruppenfähige punkthafte, linienhafte und flächenhafte Signaturen

Abb. 18: Aussage über die Kombination von Begriffen durch Kombination der Formen

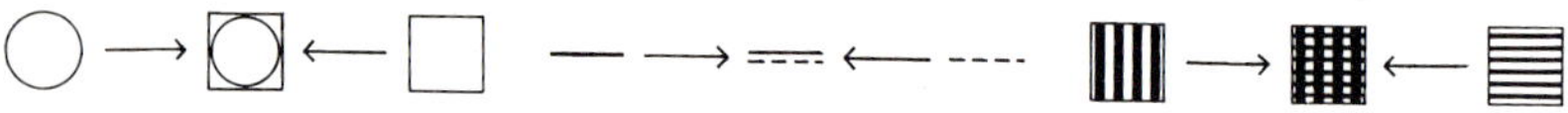

daß sich formmäßig völlig unterschiedliche Signaturen ein- und umschreiben lassen (z. B. Dreieck vom Kreis umschrieben, Kreis in ein Quadrat eingeschrieben usw.).

6.4 Die drei Grundarten von Signaturenformen

Für die Objektumsetzung stehen uns zahlreiche Signaturenarten zur Verfügung. Die meisten lassen sich auf drei Signaturengrundarten zurückführen, die bei der Gestaltung von Karten nach dem topographischen- oder Lageprinzip verwendet werden:

a) Punktartige oder *Figurensignaturen* zur adäquaten Darstellung ortsgebundener Objekte.

b) *Linienartige Signaturen* zur adäquaten Wiedergabe linienhaft reduzierter oder streckenbezogener Objekte.

c) *Flächenartige Signaturen* zur adäquaten Darstellung raumerfüllender oder raumbezogener Objekte.

Ihre Anwendung erfolgt in den verschiedensten Gestaltungsprinzipien allerdings unter jeweils anderen Voraussetzungen der Lagetreue und -bezogenheit.

6.4.1 Figurensignaturen

Bei den Figurensignaturen unterscheiden wir, wie bei den anderen Signaturengrundarten, zwischen *sprechenden* und *geometrischen Formentypen.* Die speziellen Eigenschaften dieser beiden Formentypengruppen spielen jedoch gerade hier für das Bild der kartographischen Ausdrucksform und seine Auffaßbarkeit eine entscheidende Rolle.

6.4.1.1 Sprechende Signaturen

Wir haben bereits festgestellt, daß wir durch Schematisierung eines für einen Objektbegriff geeigneten Typenbildes zur sprechenden Signatur oder schematischen Bildsignatur gelangen.

Während individuelle Figurenbilder immer nur ein ganz bestimmtes Einzelobjekt veranschaulichen, ist der *sprechenden Signatur* eine ganze Objektgruppe zugeordnet – sie ist das Ausdrucksmittel eines Begriffes. Es ist dabei gleichgültig, ob es sich um konkrete oder abstrakte Erscheinungen im Raum handelt, für beide ist diese Signaturenart verwendbar.

Als Gestaltungsvorbild der sprechenden Signaturen wird jeweils der Aufriß, seltener der Grundriß eines Objektes, oder ein allgemein gebräuchliches Sinnbild (Symbol), soweit diese geeignet erscheinen einen Begriff zu veranschaulichen, herangezogen (s. Abb. 19).

Überlegen wir nun die Vor- und Nachteile dieser Signaturenart: Unbestreitbar sind die hervorragenden *mnemotechnischen Eigenschaften,* die eine starke Erweiterung des Signaturenschlüssels ermöglichen. Dieser Vorteil muß aber mit mehreren schwerwiegenden Nachteilen erkauft werden. Diese sind:

a) Stark *aufgelöste Umrißformen* der Signaturen. Diese erschweren die Lesbarkeit in Häufungsgebieten, weiterhin in mehrschichtigen Karten und in solchen mit einer reicheren topographischen Ausstattung. Um in diesen Kombinationen die Lesbarkeit zu verbessern, werden häufig die Signaturen in Schwarz und als Vollformen wiedergegeben, was das Kartenbild nachträglich beeinflußt.

b) *Geringe Gruppenfähigkeit.* Die Möglichkeit Sekundärformen zu entwikkeln, welche für das Begriffsbild repräsentativ und charakteristisch sind, ist viel geringer als bei den geometrischen Formen.

c) Sehr *geringe Kombinationsfähigkeit.* Mit wenigen Ausnahmen lassen sich sprechende Signaturen nur schwer oder überhaupt nicht derart miteinander kombinieren, daß die Figuren ineinandergezeichnet werden können.

d) *Beschränkte Möglichkeiten der quantitativen Aussage.* Die Formen lassen sich mitunter größenmäßig nur schwer abschätzen und vergleichen. Ein gestufter Signaturenschlüssel kann daher nur wenige Stufenwerte vorsehen.

e) Keine Möglichkeit einer Wahl der Signaturenstellung mit sich teilweise überdeckenden Signaturen in Häufungsgebieten.

Abb. 19: Auswahl sprechender Signaturen und Grenze ihrer visuellen Auffaßbarkeit

6.4.1.2 Geometrische Signaturen

Die Grundformen der *geometrischen Signaturen* sind im wesentlichen auf die Verwendung von Kreis, Quadrat, Rechteck, Dreieck, regelmäßigem Fünfeck und Sechseck beschränkt. Die Zahl der Primärformen ist also sehr gering (s. Abb. 20) und erreicht kaum ein Dutzend. Das ist auch der Grund, weshalb zur Erweiterung des Signaturenschlüssels mitunter zusätzlich noch sprechende Signaturen aufgenommen werden.

Abb. 20: Primärformen und Stellungsmöglichkeiten geometrischer Signaturen

Als besondere Vorteile der geometrischen Formen sind hervorzuheben:

a) *Hohe Gruppenfähigkeit* und hohe *Kombinationsfähigkeit.* Von einer Primärsignatur lassen sich nicht nur zahllose Sekundärsignaturen ableiten (s. Abb. 21), sondern es lassen sich alle Primärsignaturen und viele Sekundärsignaturen miteinander kombinieren (s. Abb. 22).

b) *Geschlossene klare Formgebung,* daher auch noch gute Lesbarkeit der Kleinstformen.

c) *Optimale Eignung für die quantitative Darstellung,* da ein Größenvergleich und eine richtige Größenabschätzung mit einem hohen Maß an Sicherheit Erfolg verspricht (s. Tafel IV).

Die geringen mnemotechnischen Eigenschaften können durch eine entsprechende Farbgebung und zusätzliche assoziationsfähige Ausstattung verbessert werden, auf die wir noch zu sprechen kommen.

Abb. 21: Beispiel der Ableitung von Sekundärsignaturen aus einer Primärsignatur

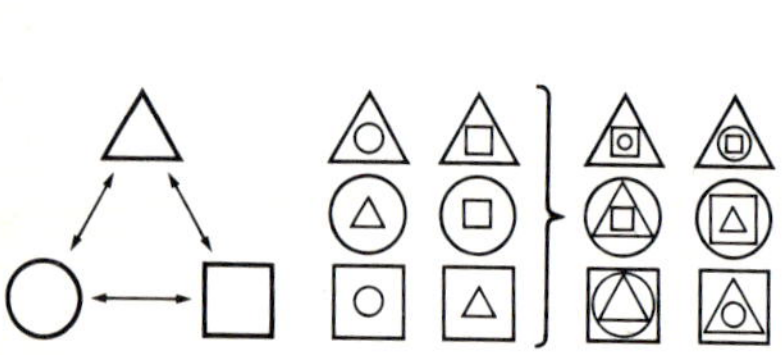

Abb. 22: Beispiel der Kombinationsfähigkeit von Signaturen. Zwei- und Dreifachkombination von Quadrat, Kreis und Dreieck

6.4.1.3 *Ableitung mnemotechnisch günstiger Signaturen*

Die Wiedergabe immer wieder neuer Sachverhalte nur teilkonkreter oder überhaupt abstrakter Art zwingt uns, stets neue Signaturen zu erfinden. Die Kombinationsmöglichkeiten von äußerer Form, innerer Gestaltung und Farbgebung bietet uns dafür reiche Möglichkeiten. Ein optimales Ergebnis können wir allerdings nur dann erzielen, wenn wir die Signaturen mit Elementen ausstatten, die automatisch bestimmte *Assoziationen zu wichtigen Begriffskriterien* und Typuseigenschaften jener Objekte hervorrufen, die wir mit ihnen darstellen. An einem ganz einfachen Beispiel (s. Abb. 23) möge dies veranschaulicht werden. Der logische Aufbau des Signaturenschlüssels folgt folgenden Grundsätzen:

Die beiden Grundformen Kreis und Quadrat sind an die Oberbegriffe Zunahme und Abnahme gebunden. Die innere Signaturenausfüllung ist nach mnemotechnischen Gesichtspunkten gestaltet und gibt den besonderen Zunahme- bzw. Abnahmetyp an. Es bedeutet:

Z 1) Regelmäßig stark zunehmend
Z 2) Unregelmäßig stark zunehmend
Z 3) Regelmäßig schwach zunehmend
Z 4) Unregelmäßig schwach zunehmend
Z 5) Zunehmend, nur zuletzt schwächer abnehmend
Z 6) Zuerst abnehmend, dann aber länger stark zunehmend
Z 7) Uneinheitliche Entwicklung; in letzter Zeit zunehmend. Endstand nicht wesentlich höher als Ausgangsstand
Z 8) Nach starker oder länger anhaltender Abnahme wieder Zunahme. Endstand unter dem Ausgangsstand
A 1) Gleichmäßig stark abnehmend
A 2) Ungleichmäßig stark abnehmend
A 3) Gleichmäßig schwach abnehmend
A 4) Ungleichmäßig schwach abnehmend
A 5) Zuerst zunehmend, dann abnehmend
A 6) Zuerst länger oder stark zunehmend, dann abnehmend
A 7) Starke Zunahme im mittleren Zeitabschnitt, dann wieder Abnahme
A 8) Stationär, oder schwankend aber durchschnittlich stationär

Abb. 23: Signaturen mit besonderen mnemotechnischen Eigenschaften zur Darstellung von Zunahme- und Abnahmetypen

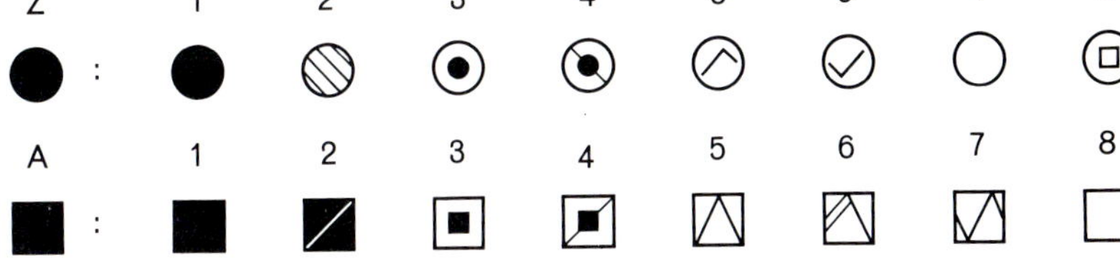

Signaturen für einfachere Typen, für deren Konstituierung nur wenige Kriterien herangezogen werden, sind oft *aus Diagrammen abzuleiten*, in denen überdies eine quantitative Aussage veranschaulicht wird (z.B. Klimadiagramme). Auf diese Weise kann ebenfalls eine hohe Assoziationsfähigkeit solcher Typenzeichen erreicht werden. Die Abb. 24 bietet ein solches Beispiel für die Ableitung von Typenzeichen aus Diagrammen für die Darstellung von Fremdenverkehrsorten nach der Saisondauer und der Frequenz.

6.4.2 Linien- und Bandsignaturen

Mittels Linien ist es möglich, flächig darstellbare Diskreta (z. B. Kulturarten, Verbreitungsgebiete von Sprachen usw.) grundrißtreu oder -ähnlich abzugrenzen oder linienhafte Erscheinungen darzustellen. Als Aussagemittel für eine qualitative Kennzeichnung wird die Linie zur Signatur. In beiden Fällen ist ihre Verwendung auch dann gerechtfertigt, wenn es sich in Wirklichkeit zwar um Grenzsäume oder bandartige Erscheinungen handelt, diese aber durch maßstabgegebene Verkleinerung linienhaft reduziert werden (Grenze eines Verbreitungsgebietes einer Pflanzengesellschaft, Verkehrswege usw.).

Zu den *Liniensignaturen* zählen durchgezogene und in den verschiedensten Variationen regelmäßig unterbrochene Linien, ebenso aber auch Doppel- und Dreifachlinien in mannigfacher Kombination mit Punkt- und Strichelementen. Auch bei dieser Signaturenart können wir *sprechende* und *geometrische* Formen unterscheiden (s. Abb. 25), allerdings bieten sich für den Entwurf ersterer nur sehr beschränkte Möglichkeiten an.

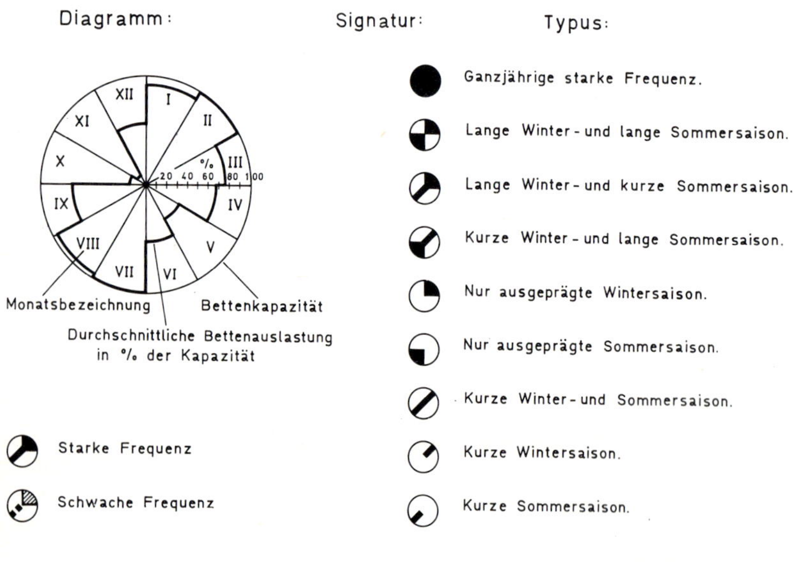

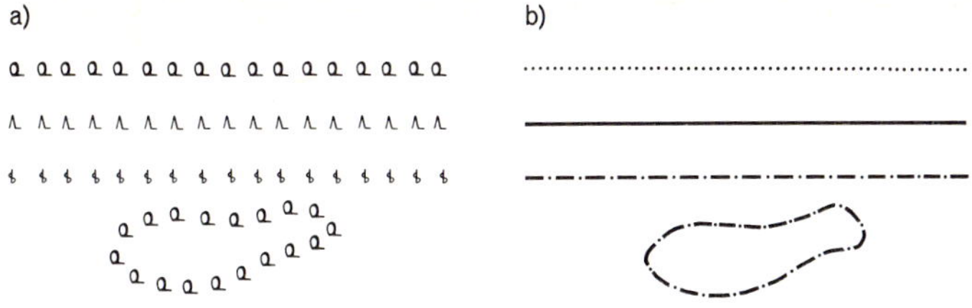

Abb. 25: Sprechende (a) und geometrische (b) Liniensignaturen

Wie bei den Figurensignaturen besitzen auch die geometrischen Formen der Liniensignaturen eine hervorragende Gruppen- und Kombinationsfähigkeit (s. Abb. 26).

Abb. 26: Gruppenfähigkeit und Kombinationsfähigkeit geometrischer Linien- und Bandsignaturen.

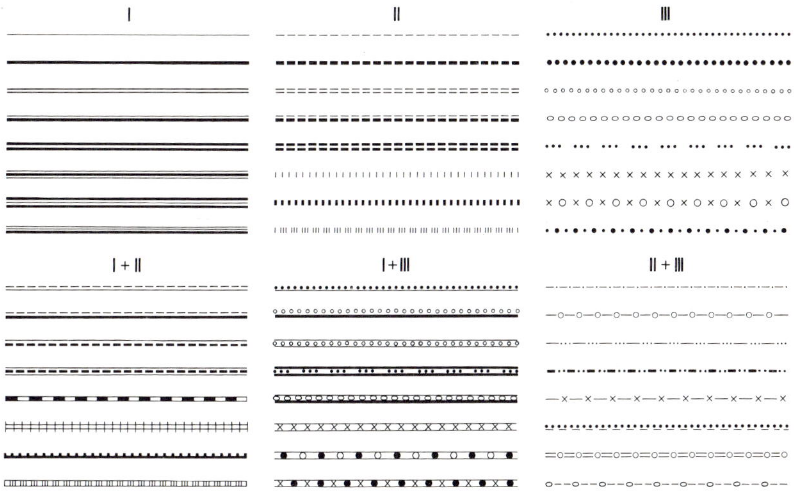

◁ *Abb. 24: Ableitung assoziationsfähiger Typenzeichen aus Diagrammen (aus E. ARNBERGER: Typen des Fremdenverkehrs und ihre Darstellung in Karten. Veröff. d. Akademie f. Raumforschung und Landesplanung Hannover, Forschungs- und Sitzungsberichte, Bd. 86, S. 101).*

6.4.3 *Flächensignaturen*

6.4.3.1 *Kartographisch wenig relevante Wiedergabemöglichkeiten von Verbreitungen*

Viele Objekte weisen eine flächenhafte Verbreitung auf, die in geeigneter Weise auch kartographisch zum Ausdruck gebracht werden soll. Dies kann allein schon dadurch bewerkstelligt werden, daß man das Areal durch eine Liniensignatur umgrenzt. Bei gleichzeitiger Eintragung mehrerer flächenhaft verbreiteter Objektinhalte in eine Karte würde aber eine solche Darstellung schwer lesbar sein. Eine gewisse Hilfe bieten in solchen Fällen *„Leitzeichen und Leitbilder"*, für die auch der Ausdruck *„Kennsignatur"* gebräuchlich ist. Es kann z. B. in das abgegrenzte Verbreitungsgebiet des Vierkanthofes entweder eine stark schematisierte Bildzeichnung eines Vierkanters oder ein Kennsymbol bzw. ein Kennbuchstabe (oder eine Kennziffer) eingetragen werden. Andererseits würde es aber auch genügen, das Areal mit der Bezeichnung „Vierkanthöfe" zu beschriften. Zu einer solchen *Beschriftungsmethode* greift man vor allem in jenen Fällen, in denen eine genaue Abgrenzung eines Verbreitungsgebietes nicht oder nur sehr unsicher durchgeführt werden kann.

Die oben angeführten Methoden, Verbreitungsgebiete zu kennzeichnen (s. auch Abb. 27), widerspricht aber dem Prinzip der Flächensignatur, das verlangt, daß diese einen geschlossenen flächenhaften Eindruck vermitteln soll.

Abb. 27: Qualitative Kennzeichnung flächenhafter Verbreitungen durch Grenzlinien-, Kennsignaturen- und Beschriftungsmethode

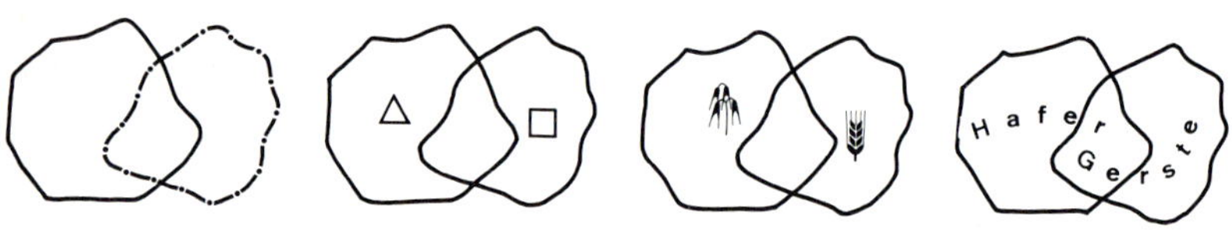

6.4.3.2 *Arten von Flächensignaturen*

An flächenfüllenden Signaturen stehen uns Flächenraster, Flächenmuster, Strukturraster, Farbflächen und Flächentöne zur Verfügung. Farbflächen und Flächentöne lassen sich am leichtesten mit anderen linien- und punkthaften Signaturen kombinieren. Bei den anderen Flächensignaturen ist eine solche Kombination nur bei sehr überlegter graphischer Gestaltung und nach Notwendigkeit auch durch Freistellung der Figuren- und Liniensignaturen zielführend.

6.4.3.3 Flächenraster

Bei *Flächenrastern* handelt es sich um *gleichabständige,* in ihren Einzelelementen *visuell auflösbare Linien und Punktfolgen,* welche den Eindruck einer flächenhaften Ausbreitung ergeben (s. Abb. 28). Von Tonwertrastern unterscheiden sie sich häufig nur durch den größeren Abstand ihrer Rasterelemente (s. unter 6.4.3.6). Durch die verschiedenartigen Flächenraster lassen sich sowohl qualitative als auch quantitative Objekteigenschaften wiedergeben (s. Tafel IV).

Abb. 28: Beispiel von Flächenrastern

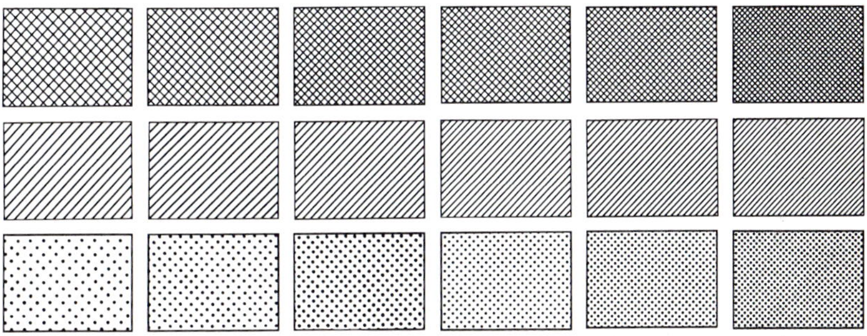

6.4.3.4 Flächenmuster

Unter *Flächenmuster* verstehen wir *geometrische oder schematisierte bildhafte Formen, welche in periodischer Wiederkehr angeordnet sind.* Bei dieser Flächensignatur können wir also wieder zwischen sprechenden und geometrischen Formen unterscheiden. Sprechende Flächenmuster werden hauptsächlich zur Wiedergabe der Bodenbedeckung, der Flächenwidmung und für pflanzengeographische und pflanzensoziologische Aussagen verwendet (s. Abb. 29). Ihre Gruppen- und Kombinationsfähigkeit ist gering. Eine viel umfangreichere Anwendungsmöglichkeit bieten die geometrischen Flächenmuster, von denen die Abb. 30 eine kleine Auswahl zeigt. Sie können auch zur Bildung von Wertstufenreihen herangezogen werden (s. unter 7.5).

Abb. 29: Beispiele sprechender Flächenmuster

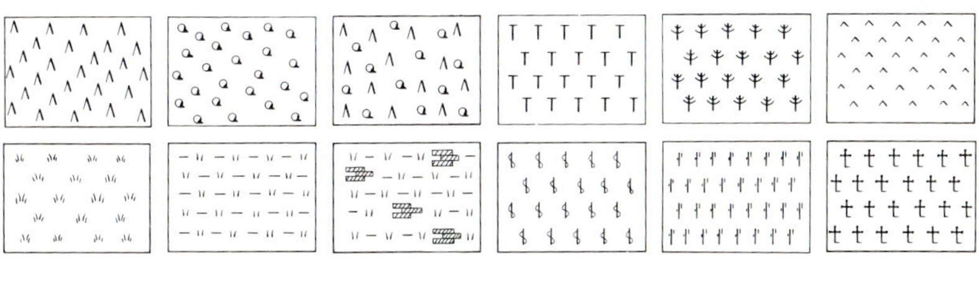

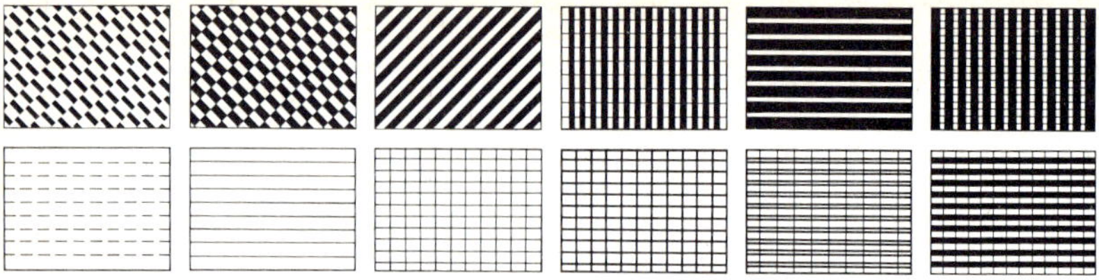

Abb. 30: Beispiele geometrischer Flächenmuster

6.4.3.5 Strukturraster

Eine besondere Art der Flächenmuster sind die *Strukturraster.* Unter solchen verstehen wir jene Arten von Flächenmustern, die durch Form und Anordnung ihrer Musterelemente imstande sind, *Wesenszüge von Strukturen und Gefügen* zum Ausdruck zu bringen.

Die besonderen Anwendungsbereiche der Strukturraster sind die Petrographie, Geologie, Geomorphologie und Lagerstättenkunde. Aber auch andere Wissensgebiete bedienen sich ihrer. R. METZ hat im Geographischen Taschenbuch 1960/61 (S. 494–498) eine Zusammenstellung von 90 Flächenmustern für Gesteine und Ablagerungen veröffentlicht, aus der in Abb. 31 einige beispielhaft wiedergegeben sind[11].

Abb. 31: Beispiele für Strukturraster

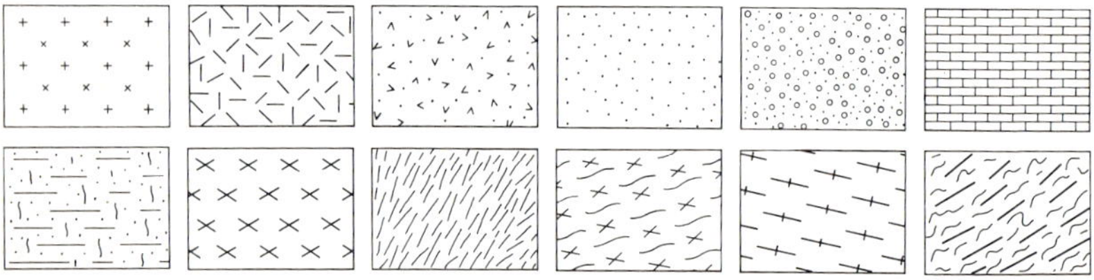

6.4.3.6 Flächenfarben und Flächentöne

Ein ganz hervorragendes Mittel, um flächenhaft verbreitete Objekte sowohl in ihren qualitativen als auch quantitativen Eigenschaften darzustellen, ist die *Flächentönung durch Farben,* welche zwischen dem Weißpol und dem Schwarzpol der Farbkugel liegen. Mit dem Mehrfarbenentwurf begeben wir uns aber in ein sehr heikles und außerordentlich schwieriges Gebiet der kartographischen Darstellung. Gerade solche Karten enttäuschen oft in ihrer Farbgebung, da sie häufig nur allzu offensichtlich eine Mißachtung der Gesetze der Farbenlehre dokumentieren oder zeigen, daß bei der Farbenwahl und -abstimmung Personen beteiligt waren, welche ein richtiges Farbsehen entbehren und sich über die beim Betrachter zu erwartenden Farbassoziationen unklar sind. Es ist unmöglich, an dieser Stelle auf die kartographierelevanten Erkenntnisse der chemischen, physikalischen, physiologischen und psychologischen Farbenlehre einzugehen[12]. Es können daraus nur einige wesentliche Aspekte für den Kartenentwurf aufgezeigt werden:

1. *Naturnahe Farbenwahl:* Diese berücksichtigt den Erfahrungsschatz, den sich die Menschen aus der Beobachtung der Gegenstände im Laufe der Zeit aneignen, um eine möglichst hohe *Assoziationsfähigkeit* der Farbgebung zu erreichen. So wird z. B. Karminrot für Siedlungen in Anlehnung an die roten Ziegeldächer gewählt; die Bodenbedeckungsfarben werden ebenfalls aus der Naturanschauung zur Vegetationszeit abgeleitet, z. B. Gelbgrün für Wiesen und Grünland, Blaugrün für Wald, Grau für Schutt usw.

2. Wahl nach dem *Empfindungswert der Farben:* Die Unterscheidung von „warmen" und „kalten" Farben ist allgemein geläufig. Es werden daher z. B. die Farben Gelb bis Rot zur Wiedergabe trockener und warmer Gebiete, die Farben Blau und Grün für kühle und feuchte Gebiete zu bevorzugen sein. Die Verwendung einer anderen Farbgebung könnte beim Kartenleser zu Fehleinschätzungen führen. Darüber hinaus gibt es aber auch noch eine Reihe kollektiver bzw. an die Folklore gebundener Farbempfindungen und -erfahrungen (z. B. Violett als Farbe der Kirche), oder es kann eine Bindung bestimmter Farben an Symboleigenschaften (Gelb als Symbolfarbe für Gold) festgestellt werden, was für eine richtige Farbwahl ebenfalls ausschlaggebend werden kann.

3. Wahl *harmonisch abstimmbarer Farben:* Eine allgemein gültige Lehre der Farbenharmonie gibt es bis zum heutigen Tage noch nicht, wohl aber wurden für einzelne Verwendungszwecke Grundsätze einer harmonischen Farbabstimmung erarbeitet. H. SCHIEDE (1970) hat versucht, ein für die Kartographie verwendbares System zu entwickeln[13]. Außer der Farbkugel oder anderen Farbkörpern bietet uns hierfür eine verhältnismäßig einfache Hilfe der Farbkreis (s. Abb. 32).

Zwei oder mehrere Farben dürfen als harmonisch gelten, wenn sie zusammengemischt ein neutrales Grau ergeben. Dies gilt auch für alle diametral gegenüberliegende Farben, welche wir als harmonische Komplementärfarben bezeichnen können; auch sie ergeben gemischt ein neutrales Grau. Außer den komplementären Farbenpaaren sind auch Dreiklänge, die im gleichseitigen und gleichschenkeligen, aber auch jene Gruppierungen, die im quadratischen oder rechteckigen Beziehungsverhältnis zueinander stehen, harmonisch (s. Farbkreis).

Es muß aber erwähnt werden, daß sich die Farben, je nach der Größe der Flächen, die sie auf einer Karte einnehmen und ihrer Lage zueinander, *gegenseitig oft sehr beträchtlich beeinflussen* können. Zum Beispiel empfinden wir Rot neben Violett gelblicher, neben Gelb aber bläulicher. Besonders stark wirkt sich

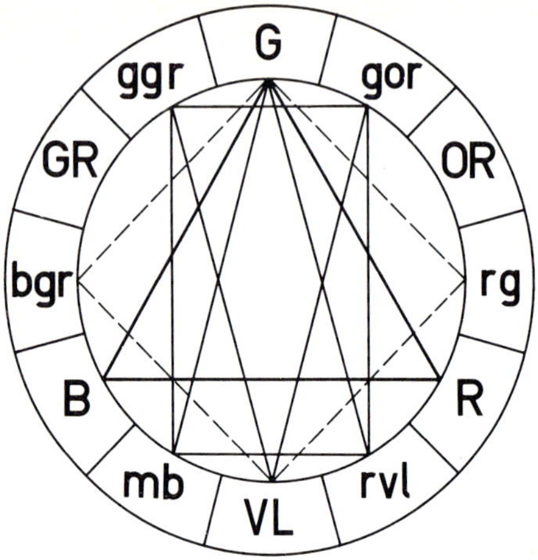

Abb. 32: Harmonische Farbzusammenstellungen im Farbkreis nach H. Schiede. Die eingezeichneten Figuren können im Farbkreis gedreht werden und zeigen an ihren Ecken die harmonischen Farbzusammenstellungen an.

Erklärung der Buchstaben

G	*Gelb*
OR	*Orange*
R	*Rot*
VL	*Violett*
mb	*mittelblau*
B	*Blau*
GR	*Grün*

dieses „Umschlagen" der Farben bei kleineren Farbflecken oder bei farbigen Figuren und Linien aus, welche sich in großen satten Farbflächen befinden.

4. Farbenwahl nach dem *Farbgewicht:* Mit Hilfe des Farbgewichtes sind wir in der Lage, Werturteile (also quantitative Aussagen), welche an Objekteigenschaften gebunden sind, zu kennzeichnen. Je hochwertiger, produktiver, volkswirtschaftlich bedeutender ein Objekt ist, desto schwerer soll auch die Farbe sein, die es veranschaulicht.

Die bunte Farbe mit dem geringsten Farbgewicht ist Gelb. Vom Gelb aus nimmt das Farbgewicht nach zwei Seiten hin zu: Einerseits über Grün und Blau zum Blauviolett, andererseits über Orange zum Rot, an das wir schließlich noch das Rotviolett anschließen können. Das Gewicht einer Farbe hängt auch sehr wesentlich davon ab, welchen Grad von Reinheit bzw. Trübe sie besitzt. Wenn wir eine Reihung der Farben nach ihrem Farbgewicht von den hohen zu den niedrigen Werten vornehmen wollen, dann würde diese etwa derart lauten: Schwarz – Blauviolett – Rotviolett – Blau-Grün und Rot – Orange – Gelb – Weiß. Am schwierigsten ist die gewichtmäßige Einordnung von Farben, die im Sonnenspektrum nicht vorkommen, bzw. die sehr trübe sind. Braun z. B. kann leichter, aber auch schwerer als Rot und Grün sein.

5. Farbenwahl nach der *Leuchtkraft:* Die Abb. 33 zeigt uns für Pigmentfarben im Spektralfarbenbereich den Verlauf der Lichtreizkurve. Die Leuchtkraft von Farben ist für viele Überlegungen der Kartengestaltung, z. B. der richtigen Wahl einer Signaturenfüllfarbe, wesentlich.

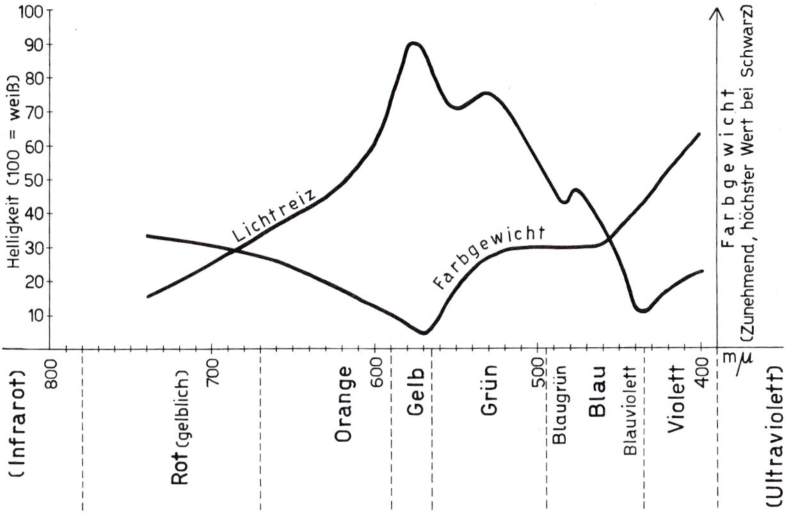

Abb. 33: Farbgewichts- und Lichtreizkurve für Pigmentfarben des Spektralfarbenbereiches (nach verschiedenen Autoren, Lichtreizkurve nach E. ARNBERGER).

Wir haben bereits vorher auf die Erscheinungen von Farbtäuschungen hingewiesen. Sie ergeben sich aus dem Nebeneinander von Farben verschiedenen Gewichtes, verschiedener Farbrichtung und unterschiedlicher Leuchtkraft. Ein in Karten oft recht unangenehm in Erscheinung tretender Effekt ist die *Kontrasterscheinung*. Liegt eine helle Farbe neben einer dunklen, dann erscheint die helle am Grenzsaum noch heller, die dunkle noch dunkler, als dies tatsächlich ist. Besonders beim Aneinandergrenzen von Gelb und Blau, aber auch verschiedener schwarzer Rasterfelder, deren Dichtewerte stark divergieren, kann diese Erscheinung der „*Grenzwallbildung*" besonders gut beobachtet werden. Aus diesem Grunde sollen verschiedene Farben und Dichtestufen nach Möglichkeit deutlich konturiert werden.

6.5 Weitere Signaturenarten, unterschieden nach ihrer besonderen Funktion und ihrem speziellen Verwendungszweck

6.5.1 Werteinheitensignaturen

Wir behandeln die quantitative Objektdarstellung erst im Abschnitt 7, müssen aber die Besprechung dieser Signaturenart vorziehen, da bei ihr die Verknüpfung von qualitativer und quantitativer Aussage immer vorgenommen ist.

Unter *Werteinheitensignaturen* verstehen wir solche Signaturen, welche durch ihre Form oder Farbe Objekte qualitativ kennzeichnen und *durch die entweder eine Summe von Objektwerten wiedergegeben wird oder die selbst nur Teil eines Objektwertes sind.* An zwei Beispielen möge die Anwendung erläutert werden: Einer Punktsignatur ist der Wert „100 Personen Wohnbevölkerung" zugeordnet; sie wird in den Schwerpunkt eines Siedlungsgebietes gesetzt, für das die Summe der Wohnbevölkerung den Wert 100 ergibt. In diesem Falle steht die Werteinheitensignatur für eine Summe von Objektwerten. Sie dient hier als zusammenfassendes Symbol für mehrere, über einen Raum gestreute, qualitativ gleichartige Objekte.

Andererseits kann z. B. durch eine Kreisscheibe mit einer Wertzuordnung von 1000 ein Objektwert von 6000 derart zum Ausdruck gebracht werden, daß diese Signatur sechsmal aneinandergefügt wird. Die Summe der Werteinheitensignatur ergibt diesmal den Objektwert.

6.5.1.1 Darstellungsmethoden, welche sich der Werteinheitensignaturen bedienen

Soweit die angewandte Kartographie sich mit der Darstellung wissenschaftlicher Ergebnisse beschäftigt, werden Werteinheitensignaturen hauptsächlich für den Entwurf von „absoluten Verteilungskarten", für die auch der Begriff „*Punktestreuungskarten*" üblich ist, verwendet. Ihre erste hervorragende Entwicklung erfuhr diese Methode durch die Karte der Bevölkerungsverteilung Schwedens von STEN DE GEER ab 1908 (Karte 1:500 000, erschienen 1919)[14].

Eine Reihe anderer Methoden, so die „Wiener Methode der Bildstatistik", die „Kleingeldmethode" und die „Baukastenmethode" wurden speziell für gemeinverständliche Darstellungen volksbildnerischer Zielsetzung und für den Gebrauch im Ausstellungswesen entwickelt. Auf das Wesen dieser „Mengenbildmethoden" soll im folgenden noch näher eingegangen werden.

6.5.1.2 Absolute Verteilungskarten oder Punktestreuungskarten

In ein und derselben Karte können sowohl der Begriffsbindung als auch der Größe der Werteinheiten nach verschiedene Signaturen verwendet werden. In einer Karte der Bevölkerungsverteilung z. B. reicht eine einzige Werteinheitengröße meist nicht aus, so daß der Form und Größe nach verschiedene Signaturen (Punkt, Kreis, Quadrat) für verschieden große Werteinheiten (10 Personen, 100 Personen, 1000 Personen) verwendet werden müssen (s. Abb. 34/1). Aber auch eine sachliche Aufgliederung ist bei solchen Punktestreuungskarten möglich. So kann z. B. in einer Karte der Bodennutzungstypen der landwirtschaftlichen Betriebe nicht nur eine Zuordnung verschiedener Werteinheiten erfolgen, sondern auch die Kennzeichnung des Betriebstypus durch die Form des punkthaften Zeichens muß vorgenommen werden (s. Abb. 34/2).

Abb. 34: Die Verwendung von Werteinheitensignaturen in absoluten Verteilungskarten oder Punktestreuungskarten

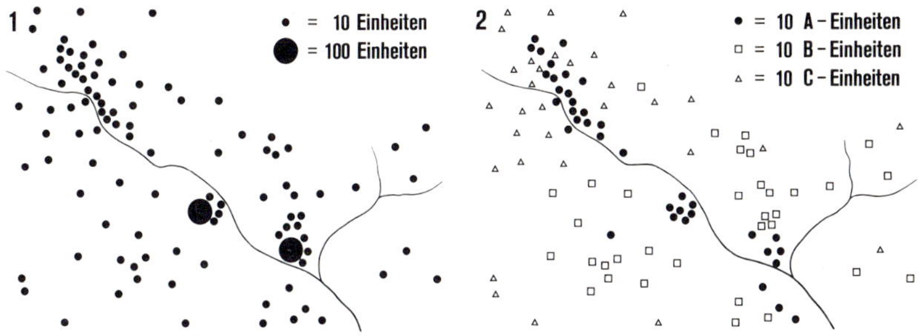

Bei der *Lokalisierung* solcher regional zusammenfassender Symbole ist auf die räumliche Ermittlung des *jeweiligen Schwerpunktes,* in den die Mengensignatur zu setzen ist, besondere Aufmerksamkeit zu wenden. Die Abb. 35 zeigt sehr deutlich den Unterschied zwischen geometrischem Mittelpunkt und Schwerpunkt in einer Bevölkerungsverteilungskarte für einen Streusiedlungsraum.

Abb. 35: Unterschied zwischen Siedlungsmittelpunkt (S) und Bevölkerungsschwerpunkt (B) in einer Bevölkerungsverteilungskarte. Bei den Wohnobjekten des Streusiedlungsraumes steht jeweils die Zahl ihrer Bewohner.

6.5.1.3 Die „Wiener Methode der Bildstatistik“

Das Wesen dieser Methode wurde bereits im Kapitel 4.4 angedeutet. Zur qualitativen Kennzeichnung der Darstellungsobjekte werden meist sehr *stark schematisierte Bildzeichen* verwendet. Die Vereinfachung dieser Bildzeichen geht mitunter so weit, daß z. B. für den Menschen – als repräsentative Figur für den Begriff Bevölkerung – nur ein kräftiger senkrechter Strich verwendet wird. In entsprechend weitgehender Abstraktion wird an Stelle des Bildzeichens eines Tieres zur Darstellung der Viehhaltung ein dicker waagrechter Strich gesetzt. Als qualitatives Merkmal dient die Signaturenform, zu der als weiteres sekundäres Unterscheidungsmittel noch die Farbe treten kann.

Bei all diesen Figuren handelt es sich aber wieder nur um Zeichen für *Werteinheiten,* deren Addition erst zum Objektwert führt. Ihre Lokalisierung in der Karte erfolgt derart, daß sie in geographisch möglichst richtiger Lage, waagrecht und senkrecht aneinandergereiht und in Wertgruppen geordnet, leicht überschaubar und zählbar, gesetzt werden (s. Abb. 36). Diese Methode hat einen nicht zu übersehenden Nachteil:

Abb. 36: Wiener Methode der Bildstatistik. Darstellung der Wohnbevölkerung in den Gemeinden Salzburgs. Vereinfachte Wiedergabe eines Ausschnitts von Kartenblatt 22 „Bevölkerung nach Wirtschaftsgruppen" aus dem Salzburg-Atlas. 1 Rechteck bedeutet 100 Personen Wohnbevölkerung (1951).

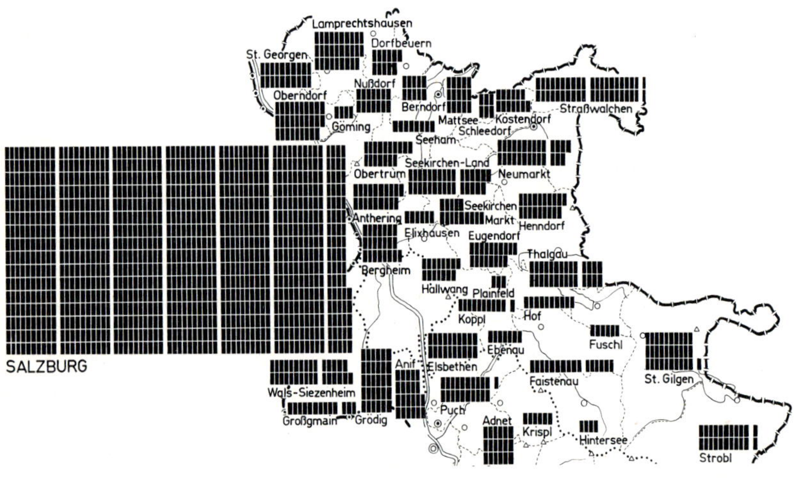

In jenen Fällen nämlich, in denen die Objektwerte sehr unterschiedlich sind, ist der *Raumbedarf* zur Wiedergabe hoher Quantitäten so bedeutend, daß die einzutragenden Mengenbilder unverhältnismäßig große Flächen der Darstellung überdecken und erhebliche Lageverschiebungen anderer Objekte mit sich bringen.

Mitunter ergibt sich die Notwendigkeit, im Sinne einer quantitativ möglichst genauen Wiedergabe auch noch eine halbe Werteinheit darzustellen (s. Abb. 37). Prinzipiell dürfen aber nur *symmetrische Figuren,* und zwar in ihrer *Symmetrieebene,* geteilt werden. Die Teile müssen also jeweils spiegelbildlich gleich sein.

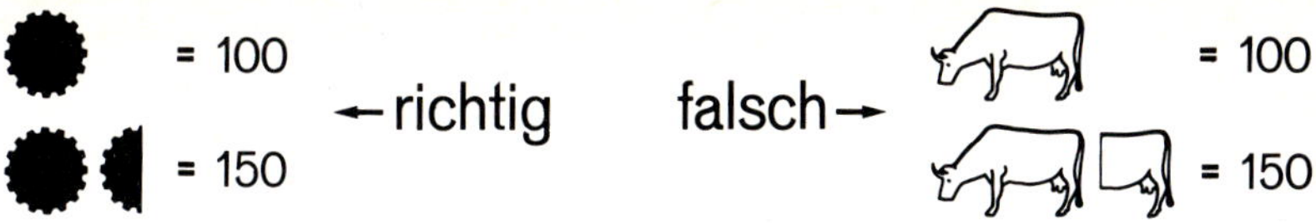

Abb. 37: Richtige und falsche Teilung von Werteinheitensignaturen

6.5.1.4 Die Kleingeldmethode

Die Kleingeldmethode verwendet für eine genauere quantitative Darstellung von ein und derselben Figur – z. B. von der Kreisscheibe – mehrere Größen. Die Zuordnung der Werte erfolgt derart, daß die jeweils größere Figur ein rundes Vielfaches des Wertes der kleineren Figuren zum Ausdruck bringt und durch Zusammensetzen solcher verschieden großer Werteinheitensignaturen – wie bei der Verwendung von Kleingeld – *jeder andere Wert* gebildet werden kann. Bei ungünstiger Wahl der Signaturengrößen besteht die Gefahr, daß die Mengenbilder kleiner Objektwerte mitunter eine größere Fläche bedecken, als jene für größere Werte (s. auch Abb. 38). Als Vorteil der Kleingeldmethode ist zu erwähnen, daß sie *raumsparender* als die „Wiener Methode der Bildstatistik" ist.

Abb. 38: Die Verwendung von Werteinheitensignaturen nach der Kleingeldmethode

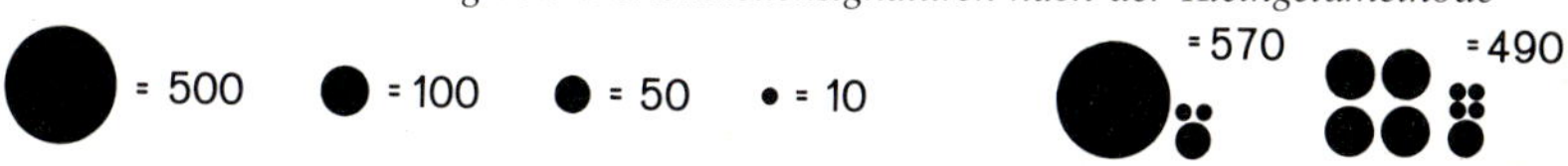

6.5.1.5 Die Baukastenmethode und andere Mengenbildmethoden

Es gibt noch eine Reihe anderer Darstellungsmethoden, welche ebenfalls mit Werteinheitensignaturen arbeiten. So dient z. B. der Würfel als Bauelement für Mengenbilder nach der *Baukastenmethode* (s. Abb. 39). Da solche Mengenbilder in schiefwinkliger Axonometrie optisch stark verzerrt wirken, zieht man Konstruktionen mit geringer perspektivischer Verkürzung und isometrische Darstellungen in rechtwinkeliger Axonometrie vor.

Abb. 39: Verwendung des Würfels als Werteinheit im Rahmen der Baukastenmethode

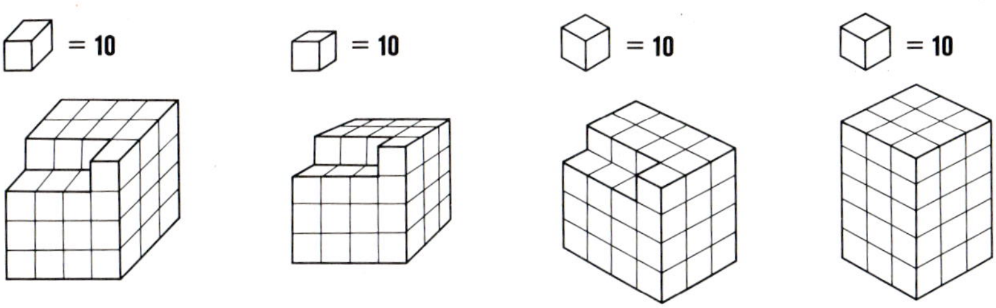

Als Werteinheitensignaturen werden aber auch zwei- und dreidimensionale *Säulenstücke* verwendet, welche entweder horizontal oder vertikal aneinandergesetzt werden und so ebenfalls Mengenbilder ergeben.

6.5.2 Buchstaben- und Ziffernsignaturen und die Methode der Buchstaben- und Ziffernformelsprache

6.5.2.1 Buchstaben und Ziffern als selbständige Signaturen

Der große Signaturenbedarf, vor allem in Wirtschaftskarten, macht es verständlich, daß man auch *Buchstaben als selbständige Signaturen* verwendet. Bei richtiger Wahl besitzen sie eine günstige Assoziationsfähigkeit und Kombinationsfähigkeit; allerdings darf man hinsichtlich einer Gruppenfähigkeit keine Ansprüche stellen.

Buchstabensignaturen haben sich besonders für Bergbau- und Lagerstättenkarten bewährt. Man verwendet hierzu meist die *internationalen Kürzungen* jener Grundstoffe (Elemente), auf deren Gewinnung der Bergbau gerichtet ist oder welche die Bedeutung einer Lagerstätte kennzeichnen. Sind Doppelbuchstaben notwendig, so wird der zweite als Kleinbuchstabe eingetragen (Abb. 40 a).

6.5.2.2 Buchstaben und Ziffern als Zusatzsignaturen

Viel häufiger werden Buchstaben und Ziffern als *Zusatzsignaturen* zu einem anderen Zeichen gebraucht. So werden sie z. B. zum Symbol für den Bergbau – den gekreuzten Hämmern – hinzugesetzt, um die Art der Gewinnung zu kennzeichnen. In geologischen Karten ist aber auch oft die Bedeutung der Farbflächen noch durch Buchstaben angegeben, um die Karte rascher lesbar und die Farben sicherer identifizierbar zu machen. Besonders zu kleinstflächigen Ausscheidungen ist diese zusätzliche Hilfe nicht nur sinnvoll, sondern oft sogar unbedingt notwendig (Abb. 40 b).

Abb. 40: Die Anwendung von Buchstaben- und Ziffernsignaturen und der Buchstaben- und Ziffernformelsprache in der Kartographie. a) Selbständige Buchstabensignaturen. b) Buchstabensignaturen als Zusatzsignaturen. c) Buchstaben- und Ziffernformeln für Materialaufbereitungskarten und für die kartographische Aussage.

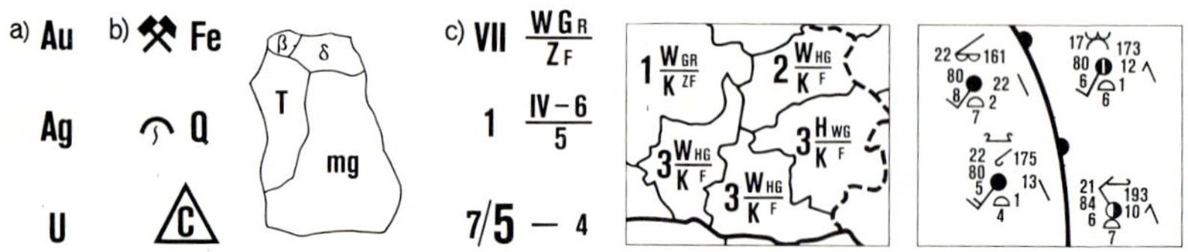

6.5.2.3 *Buchstaben- und Ziffernformeln*

Mit Erfolg wird in der Kartographie auch eine sog. „*Buchstaben- und Ziffernformelsprache*" angewandt (Abb. 40 c). Sie wird einerseits für Geländeaufnahmen, für die regionale Materialaufbereitung (kartographische Auswertung von Statistiken) und als Hilfsmittel in der Kartographie bei der Umsetzung von Entwürfen in Reinzeichnungen herangezogen, andererseits dient sie aber auch der endgültigen Aussage über Strukturen, Zusammensetzungen und Kausalbezüge bei der Kartendarstellung.

Ihr Vorteil für eine regionale Aufbereitung statistischen Materials möge an einem Beispiel erklärt werden: Der Ausschnitt der in Abb. 40 angegebenen Materialaufbereitungskarte zeigt die Bedeutung der Getreidearten und Hackfrüchte nach dem Anteil der ihnen zukommenden Anbauflächen. Die unten angeführte Formel bedeutet z. B.:

$$6\,\frac{\mathrm{WG}_{\mathrm{R}19}}{\mathrm{KF}_{\mathrm{Z}}}$$

Die dem Bruch vorangestellte Ziffer gibt das Produktionsgebiet an. Über dem Bruchstrich sind die Getreidearten, unter diesem die Hackfrüchte in der Reihenfolge ihrer Bedeutung im Anbau angeführt. Große Buchstaben weisen außerdem auf einen starken Anbau, kleine Buchstaben auf einen weniger bedeutenden hin.

Die Übersetzung der Formel würde also lauten: Produktionsgebiet Alpenvorland mit starkem Weizen- und Gerstenanbau, aber nur geringem Anbau von Roggen; unter den Hackfrüchten stehen Kartoffel und Futterrüben an der Spitze, es folgt ein nur geringer Anbau von Zuckerrübe. Mit Hilfe der Buchstabenformelsprache ist es z. B. KÖPPEN-GEIGER in der Karte „Klima der Erde" gelungen, die Klimagebiete und den Einfluß der Klimafaktoren in sehr übersichtlicher Weise zu kennzeichnen. Diese Methode wird auch häufig für Karten der Pflanzengesellschaften, morphographische Karten und Planungskarten verwendet.

6.5.3 *Unterstreichungssignaturen*

Wie der Name dieser Signaturenart bereits zum Ausdruck bringt, handelt es sich immer nur um *Zusatzsignaturen* entweder in Verbindung mit einer anderen Signatur oder mit dem Namen einer Signatur. Im ersten Falle wird sie meist unter, manchmal auch über die andere Signatur gesetzt, im zweiten Falle wird durch sie der Name von Örtlichkeiten oder Gebieten unterstrichen, deren Funktionen oder Einrichtungen näher gekennzeichnet werden sollen.

Unterstreichungssignaturen (s. Abb. 41) besitzen eine gute Gruppen- und Kombinationsfähigkeit, sind aber nur mit größter Vorsicht zu verwenden, da unter Umständen eine Verfälschung der Bedeutung eines Objektes bewirkt und die Objektivität der Kartenaussage gefährdet werden kann. Dies ist z. B. dann der Fall, wenn Unterstreichungssignaturen mit anderen Signaturen, deren Größen Objektwerte darstellen, kombiniert werden. Es kann dann vorkommen, daß kleine Signaturen durch eine oder eine mehrfache Unterstreichung visuell ein größeres Gewicht erhalten als eine größere Signatur für wesentlich höheren Objektwert, ohne Unterstreichungslinien. Noch unterschiedlicher und der tatsächlichen Objektbedeutung noch weniger adäquat ist das Gewicht der Unterstreichungssignaturen, wenn diese unter Orts- und Gebietsnamen gesetzt werden, da gerade diese in ihrer Länge sehr voneinander abweichen ohne in irgend einem Zusammenhang zur Objektbedeutung zu stehen (s. Abb. 41/2).

Abb. 41: Unterstreichungssignaturen und ihre Anwendung (aus E. ARNBERGER: Handbuch der Thematischen Kartographie; Wien, 1966. S. 252).

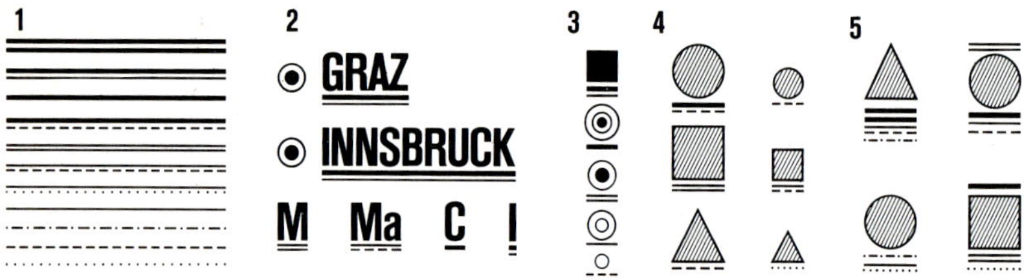

6.5.4 Bewegungssignaturen

Die kartographische Darstellung erstreckt sich nicht nur auf Bestands- oder Punktmassen, also auf gleichzeitig nebeneinander festgestellte Einzelfälle, sondern auch auf *Bewegungs- oder Streckenmassen,* für die die zeitliche Aufeinanderfolge der Einzelfälle kennzeichnend ist. Um aber die Genese und die Dynamik im Raum darstellen zu können, müssen wir uns immer mittelbarer Methoden bedienen. Eine unmittelbare kontinuierliche Wiedergabe eines Zeitablaufes in kartographischen Ausdrucksformen ist unmöglich (s. Kapitel 5.3 und 12), da unsere graphischen Ausdrucksmittel statischer Natur sind und der thematische Inhalt stets mit einem Zeitpunktgerippe der topographischen Grundlage verknüpft wird.

Eine *mittelbare Methode* zur Veranschaulichung von Genese und Dynamik steht uns durch die Verwendung von *Bewegungssignaturen* zur Verfügung. Wir verstehen darunter Signaturen, welche imstande sind, die infolge des Zeitablaufes eintretenden Lageveränderungen von Objekten zum Ausdruck zu bringen. Dabei kann sich die Aussage entweder nur allein auf die Tatsache der Lageveränderung beschränken oder auch die damit eingetretenen qualitativen und quantitativen Änderungen miterfassen. Prinzipiell müssen wir zwischen punkthafter, streckenhafter und flächenhafter Aussage unterscheiden.

An einem Punkt betrachtete Bewegung: Beispiele hierfür sind Windrichtung und -geschwindigkeit an einem Meßpunkt, Warenfluß an einer Grenzstelle usw. (s. Abb. 42).

Abb. 42: Anwendung von Bewegungssignaturen zur Darstellung der Bewegung an einem Punkt

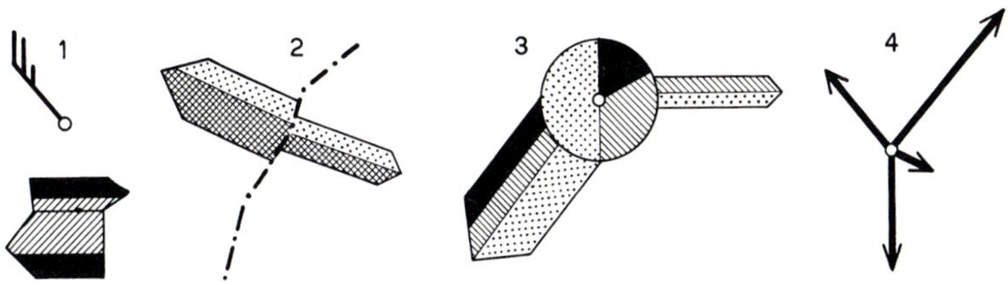

Linear verlaufende Bewegungen: Es handelt sich dabei meist um streckenbezogene Beobachtungen, wie sie überwiegend in der Kartographie des Verkehrs vorkommen. Als Beispiele hierfür können Darstellungen über die Streckenfrequenz nach Fahrtrichtungen, Frachtenströme u. a. m. angeführt werden. Die Verbindung von Pfeil und Band, oder Pfeil und rechteckiger Diagrammfigur ermöglicht nicht nur die Koppelung von qualitativer und quantitativer Aussage (s. Abb. 43), sondern auch eine sachliche Untergliederung (s. Abb. 44).

Abb. 43: Streckenbezogene Bewegungssignaturen, nicht untergliederte qualitative Aussage gekoppelt mit quantitativer Aussage

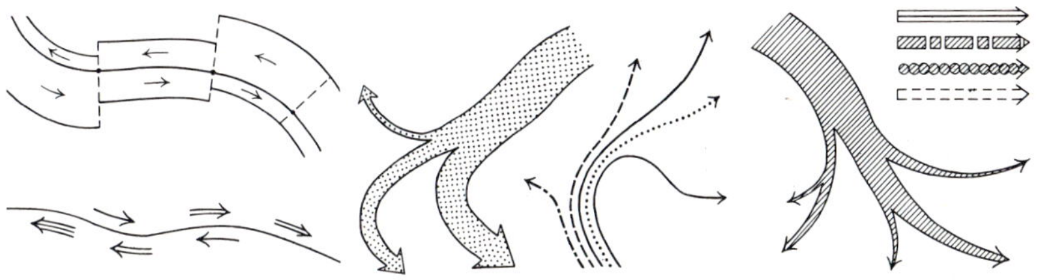

Abb. 44: Streckenbezogene Bewegungssignaturen, untergliederte qualitative Aussage mit quantitativer Aussage gekoppelt

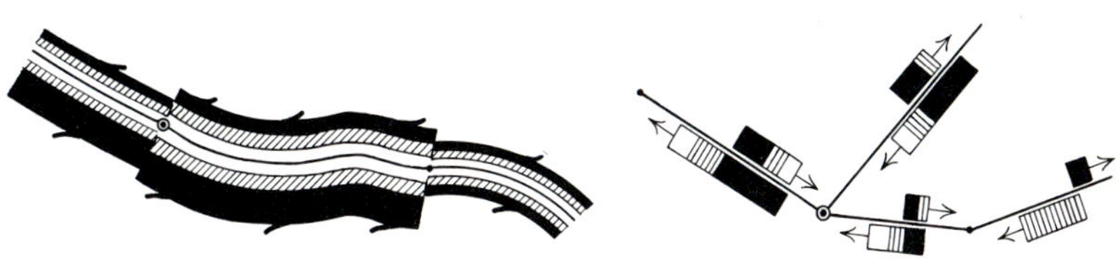

Bewegungen vollziehen sich oft entlang ganz bestimmter Zugstraßen ohne exakt linear gebunden zu sein. Die Aussage bezieht sich nicht auf eine ganz bestimmte Strecke, sondern auf eine vorwiegende Richtung, die durch naturräumliche Voraussetzungen oder kulturellen Sog vorgezeichnet ist. Gleich breite oder sich verjüngende Bänder mit Pfeilspitzen drücken die vorwiegende Richtung aus und vermögen auch einen allerdings nicht meßbaren und auch absolut nicht streng vergleichbaren Wert über Abnahme oder Zunahme einer Objekteigenschaft zu geben.

Veränderungen ganzer Gebiete: Häufig verändern sich ganze Gebiete einer Objektverbreitung. Zur Kennzeichnung solcher Veränderungen wurden z. B. für die synoptischen Karten in der Meteorologie geeignete Signaturen entwikkelt (s. Abb. 45). Durch Ansetzen verschieden langer und starker Pfeile an die Verbreitungsgrenzen in Richtung der Bewegung können die Unterschiede der Ausdehnungs- oder Rückzugsgeschwindigkeiten angedeutet werden.

Bei unseren kartographischen Arbeiten müssen wir uns aber immer bewußt sein, daß Bewegungen stets nur durch Bildabfolgen, also in der Form der *kinematographischen Methode* richtig vermittelt werden können, alle hier genannten Möglichkeiten dürfen wir nur als Notlösungen betrachten.

Abb. 45: Bewegungssignaturen zur Darstellung flächenhafter Veränderungen

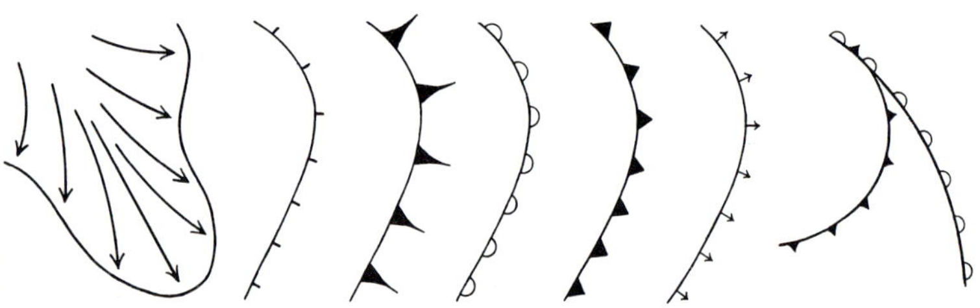

6.5.5 Speziell formbeschreibende Signaturen

Diese Signaturenart verdankt ihre Entwicklung hauptsächlich der Geomorphologie und der Darstellung ihrer Aufnahmeergebnisse in großmaßstäbigen Karten. Sie hat zwei Aufgaben zu erfüllen: Erstens muß durch die Signatur der *Typus begrifflich zum Ausdruck gebracht* werden (in der Geomorphologie z. B. Steilstufe, Bruchstufe, Terrasse, Klamm, Lößschlucht, Kar, Lavastrom usw.), zweitens muß die Signaturenform die Möglichkeit bieten, in der Darstellung den *individuellen Formverlauf* maßstabgerecht wiederzugeben. In dieser zweifachen Aufgabe ist kein Widerspruch zum Wesen der Signatur zu sehen. Die Vielfalt individueller Ausbildungen und grundrißlicher Erscheinungsformen macht es unmöglich, auch diese noch in die Begriffsdefinition aufzunehmen; der individuelle Verlauf ist jedoch für den Kausalbezug zu anderen Formen so wichtig, daß er wiedergegeben werden muß. Liniensignaturen und Liniensignaturen kombiniert mit Flächenschraffuren vermögen diese Bedingungen am besten zu erfüllen (s. Abb. 46).

Abb. 46: Beispiele für speziell formbeschreibende Signaturen

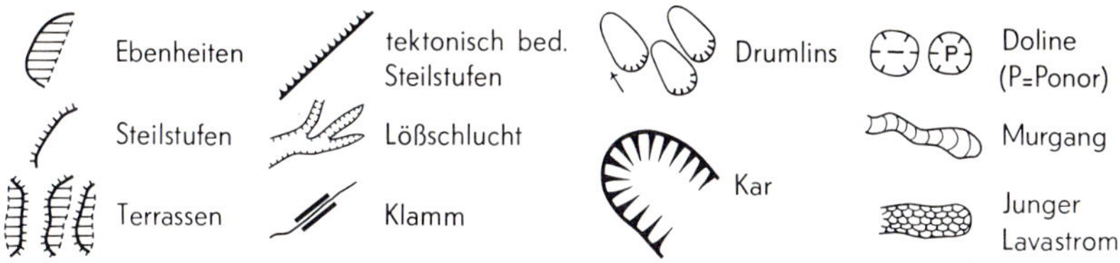

6.6 Die graphische Kombination verschiedener Signaturenarten; Rangordnungsstufen der Signaturengestaltung auf Grund der Rangordnung der Aussagen; das Prinzip der graphisch Variablen

Die graphische Kombination verschiedener Signaturenarten bietet uns die Möglichkeit, Kausalzusammenhänge und *Rangordnungsstufen* der Objekte wiederzugeben sowie Übergangsformen und Intensitätsstufen der Mischungen zu kennzeichnen.

Als Stufen der graphischen Gestaltungselemente können unterschieden werden (s. Abb. 47):

1. Primärform (z. B. Umriß oder äußere Form) und Farbe der Signatur.
2. Ausfüllung der Signatur durch Flächenton oder Flächenfarbe.
3. Sekundäre graphische Gestaltung der Signatur durch Strichelemente.
4. Zusatzzeichen

Abb. 47: Rangordnungsstufen der graphischen Gestaltung. Beispiele für Positionssignatur (1), Linien bzw. Bandsignatur (2) und Flächensignatur (3). Primärform und Farbe der Signatur, farbliche Ausfüllung der Signatur (hier durch Grauton angegeben), sekundäre graphische Gestaltung der Signatur (z. B. Pluszeichen, Querstriche, Punkte) und Zusatzzeichen (z. B.: B und Unterstreichungslinien, E, 2).

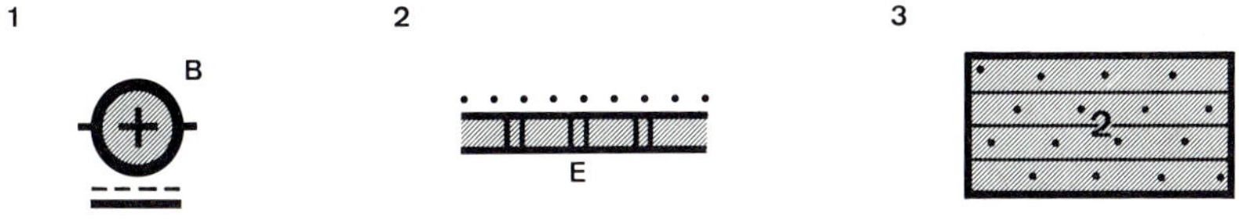

Eine richtige Gestaltung solcher kombinierter Signatureninhalte kann natürlich erst auf Grund einer Rangordnung der Aussagen erfolgen, die dann mit den Rangordnungsstufen der graphischen Gestaltungselemente zu korrelieren ist.

Aus dem sehr einfachen Beispiel der Abb. 47 ist bereits zu erkennen, welche Vielfalt an *Aussagemöglichkeiten über Kausalzusammenhänge,* Rangordnungsstufen, Intensitäts- und Mischungsverhältnisse graphisch ermöglicht werden kann. Auch das Schema der Abb. 48 zeigt die *Kombinationsmöglichkeiten* und zwar für die Gestaltung von Positionssignaturen. Sie wurden bisher sowohl in unseren Planungs-, Regional-, National- und Sachatlanten als auch beim Entwurf von Einzelkarten selten genutzt und ausgeschöpft. Damit bewegt sich die kartographische Aussage leider noch immer in einem viel zu elementaren Bereich und vermag der Erkenntnisvermittlung nur selten in optimal möglicher Weise zu dienen. Eine gewisse Zahl *korrelierter Variablen* kann auch auf kartographischem Wege in einfacher Form zum Ausdruck gebracht werden.

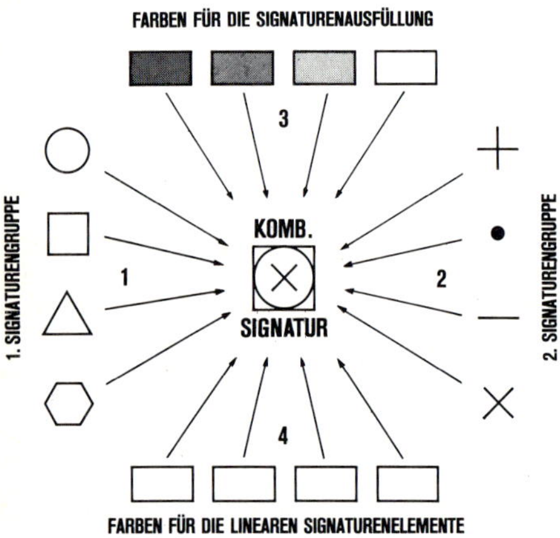

Abb. 48: Die Kombinationsmöglichkeit graphischer Gestaltungselemente für Positionssignaturen. Das Prinzip der Variablen in der Kartographie

Überhaupt fast unausgeschöpft blieben bisher die Möglichkeiten, bei *flächenhaften Darstellungen* von Verbreitungstypen Übergänge (Mischtypen) und die Anteile ihrer bestimmenden Kriterien zu veranschaulichen und auf diese Weise bei der Wiedergabe naturräumlicher Verhältnisse die Zusammenhänge mit dem dreidimensionalen Raum ersichtlich zu machen.

Die Kombination verschiedener Farbrichtungen von Flächentönen, ihrer Aufhellungsstufen und streifenhaften Auflösung mit Überdruckrastern und Mustern sowie mit Zusatzzeichen gibt uns die Möglichkeit, *qualitative und quantitative Aussagen für mehrere Variable* durchzuführen und dadurch die Bedeutung und Gewichtung von Strukturelementen im regionalen Wandel auszudrükken. Einige beispielgebende Darstellungen solcher Art sind im Atlas der Republik Österreich enthalten, unter denen in erster Linie die Karte der Klimatypen

Abb. 49: Kombinierte Signaturen (Auswahl einfacher Formen)

von H. BOBEK, W. KURZ und F. ZWITTKOVITS, kartographisch bearbeitet von M. FESL, hervorgehoben werden muß, deren Legendensystem in der Abb. 50 wiedergegeben ist.

Es ist einleuchtend, daß jede komplizierte strukturelle Aussage in Karten auch einen umfangreicheren Legendenaufbau bewirkt, der nun nicht allein die Aufgabe hat, graphische Kartenelemente begrifflich zu binden und zu definieren, sondern auch die *Stellung der dargestellten Begriffe und Aussagen in einem logischen System der Kausalzusammenhänge und der Begriffshierarchie* zu veranschaulichen. Für die Information über die quantitative Abgrenzung der Variablen ist dabei zusätzlich noch die Zufügung der Grenzwerte (mitunter in tabellarischer Form) notwendig.

Sehr zu beachten ist die Aufgabe, die Kombination der graphischen Elemente so aufzubauen, daß einerseits visuell beeinträchtigende Effekte ausgeschaltet werden, andererseits sich ein für die elektronische Datenverarbeitung und die Computerkartographie unschwer programmierbares System ergibt. Daß andererseits natürlich auch reproduktions- und drucktechnische Überlegungen nicht unbeachtet bleiben dürfen und meist sogar von ausschlaggebender Bedeutung für den gestalterischen Erfolg und die Auffaßbarkeit der Kartenaussage sind, will man heute seltsamerweise gerade seitens der Fachleute der Informatik und der elektronischen Datenverarbeitung nicht wahrhaben.

Zur strukturellen Aussage über flächenhafte Verbreitungen bieten sich folgende kombinierbare graphische Elemente und Methoden an:

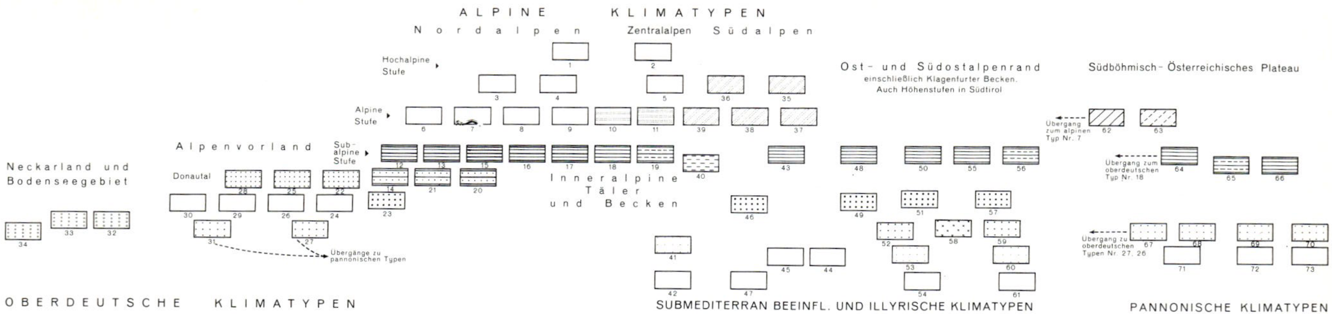

Abb. 50: Legende einer Klimatypenkarte aus dem Atlas der Republik Österreich. Entwurf H. Bobek, W. Kurz und F. Zwittkovits, kartographische Bearbeitung M. Fesl (5. Lief. 1971). Die Originallegende verwendet mehrere gebildete Farben, die hier nicht wiedergegeben werden können. Die Klimatypen wurden auf Grund der unten beispielhaft angegebenen vier meteorologischen Elemente (mittlere Jahressummen des Niederschlages, wahre Temperaturmittel des Juli, wahre Temperaturmittel des Jänner und mittlere Zahl der Tage mit mindestens 1 mm Niederschlag) gewonnen. Ihre Zugehörigkeit zu verschiedenen Klimaprovinzen (oberdeutsch, alpin, submediterran beeinflußt und illyrisch, pannonisch) kommt in den verschiedenen Farbrichtungen und deren Aufhellungsstufen zum Ausdruck. Das Farbgewicht deutet dabei die Höhe des Niederschlages an. Punkt- und Linienüberdruckraster weisen auf Abwandlungen der Temperaturen innerhalb der Höhenstufen hin, die in der Legendenanordnung im allgemeinen durch gleiche Höhenlage der Farbkästchen ausgedrückt werden. Dabei deutet Verstärkung oder Reißung der Linienraster gleichzeitig auch Vermehrung bzw. Verminderung der Niederschlagstage an. Das letztere ist innerhalb der alpinen und hochalpinen Stufen durch weiße Schrägstreifen angezeigt. Für jedes durch eine Nr. bezeichnetes Legendenkästchen sind in einer Tabelle die charakteristischen Werte der kennzeichnenden meteorologischen Elemente angeführt (s. Beispiel unten).

KLIMATYPEN

entworfen auf Grund der folgenden Werte (1901–50):

I. Mittlere Jahressummen des Niederschlags
II. Wahre Temperaturmittel des Juli
III. Wahre Temperaturmittel des Januar
IV. Mittlere Zahl der Tage mit mindestens 1 mm Niederschlag

Nr.	I	II	III	IV
53	1000–1500	19 bis 20	–1 bis –3	unter 130
54	1000–1500	über 20	über –2	90–110

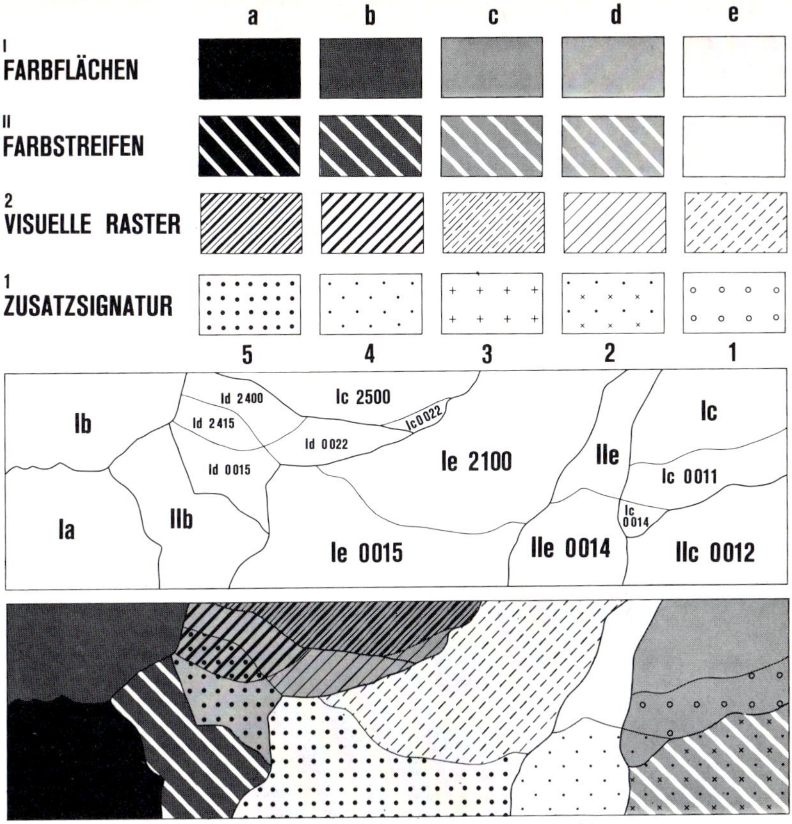

Abb. 51: Variable graphische Flächenelemente in Auswahl

Die in Abb. 51 beispielhaft angeführten variablen graphischen Flächenelemente bieten einen breiten Fächer der *Korrelation:*

Variable der Farbflächen:	Farbrichtung
	Farbgewicht (-helligkeit)
	Farbleuchtkraft
Variable der Farbstreifen:	Farbrichtung der Streifen
	Farbgewicht der Streifen
	Farbleuchtkraft der Streifen
	Streifenbreite
	Zwischenraumbreite
Variable der visuellen Raster:	Rasterfarbe
	Rasterart
	Rasterstärke (Dicke der Rasterelemente)
	Abstand der Rasterelemente
Variable der Zusatzsignaturen:	Zusatzsignaturenfarbe
	Zusatzsignaturengröße

Zu diesen Variablen kommen noch Streifenlage, Rasterlage usw.

6.7 Möglichkeiten, Vorteile und Gefahren einer weltweiten Signaturenstandardisierung

Bevor wir uns der weltweiten Signaturenstandardisierung verschreiben, welche auch für die praktische Entwurfskartographie eine entscheidende Auswirkung haben würde, müssen wir nochmals einige grundlegende Überlegungen anstellen (s. auch unter 6.1): Kartographische Ausdrucksmittel und die in ihnen verwendete Signaturensprache stellen heute weltweit verbreitete Informationsmittel dar, welche in adäquater Weise das örtliche und regionale Nebeneinander auf der Erdoberfläche wiederzugeben vermögen. Kein anderes Informationsmittel ist hierzu auch nur annähernd gleichwertig geeignet.[15]

6.7.1 Sinn und Zweck einer Standardisierung der Signaturen und bisherige Erfolge

Um den erheblichen Zeitaufwand, den die Festlegung eines Signaturenschlüssels für eine Karte erfordert, zu vermindern oder ganz zu ersparen und gleichzeitig die *Vergleichbarkeit der Kartenwerke untereinander* weltweit zu fördern, sind seit vielen Jahren Bestrebungen im Gange, einheitliche, allen Zwecken dienende Signaturenschlüssel zur Darstellung einzelner Sachgebiete zu entwickeln und international einzuführen. Sie würden außerdem die Mechanisierung und Automatisierung vieler Arbeitsvorgänge der praktischen Kartographie erleichtern und eine umfangreichere Anwendung von Schablonen, firmenmäßig hergestellten Klebezeichen, Abreibzeichen und des Lichtsatzes in der Entwurfskartographie ermöglichen.

Grundsätzlich muß zu diesem Problem folgendes festgestellt werden:

1. Die Bestrebungen um eine internationale Vereinheitlichung der kartographischen Signaturensprache sind im Hinblick auf eine weltweite Verständigungsmöglichkeit und der oben angeführten Vorteile wegen sehr zu begrüßen.
2. Signaturenfestlegungen und -vereinheitlichungen sind aber nur für einzelne, nicht aber für alle Fachinhalte kartographischer Darstellung möglich und sinnvoll.
3. Signaturenfestlegungen dürfen nicht zu einer Behinderung der kartographisch-methodischen und wissenschaftlichen Ausdrucksmöglichkeiten führen.

Überlegen wir uns vorerst, welche graphischen Kartenelemente heute bereits Eigenschaften besitzen können, um weltweit in gleicher Weise aufgefaßt und richtig ausgedeutet zu werden:

1. *Kartennetz* (kartographische Abbildung der Koordinatenlinien einer beliebigen Fläche in die Kartenebene) und Kartengitter (System gleichabständiger, sich rechtwinklig schneidender gerader Linien zur raschen Lageermittlung aus der Karte), soweit Konstruktionsweisen, Berechnung und Eigenschaften auf Grund internationalen Gebrauchs bekannt oder leicht eruierbar sind.

2. *Isolinien* und insbesonders Isohypsen einschließlich der mit ihnen verbundenen Scharungseigenschaften.
3. Darstellung des individuellen Verlaufes und der Ausdehnung von *Gewässern* (abgesehen von weiteren Aussagen über Größeneinstufung, Fließgeschwindigkeit und Durchflußmengen u. dgl.).
4. Kartographische Mittel unmittelbarer Anschaulichkeit der *Geländeplastik* (z. B. Schräglichtschummerung).
5. *Genetische Felszeichnung* (individuell bildhafte, die geologisch-tektonisch und morphologisch bedingten Formen herausarbeitende Felszeichnung).
6. Einzelne Zeichen der *Kleinformenwiedergabe* (Hangabrisse, Gräben usw.).
7. *Siedlungsgrundrisse,* soweit die Kennzeichnung für „bebaute Fläche" keiner weiteren Erklärung bedarf.
8. Kennzeichnung der *Hauptkulturartenverbreitung,* soweit zu ihrer Wiedergabe sprechende Signaturen oder weltweit assoziationsfähige Farben verwendet werden.
9. *Sprechende Signaturen und assoziationsfähige Farben* für andere Darstellungsobjekte, deren Aussehen und Eigenschaften weltweit ähnlich und bekannt sind.
10. Alle bereits international eingeführten, vereinheitlichten Signaturen und Signaturenschlüssel.

Wenn wir von den letztgenannten Formengruppen absehen, handelt es sich in erster Linie um Inhalte topographischer Karten und um graphische Elemente der topographischen Grundlage thematischer Karten.

Eine weitgehend *internationale Festlegung* von Signaturenschlüsseln gelang bisher *nur für wenige Sachgebiete.* In vorbildlicher Zusammenarbeit wurden für den Wetterdienst Karten und Schlüsselzeichen entwickelt, welche infolge ihrer ausgezeichneten mnemotechnischen Eigenschaften ein rasches Arbeiten ermöglichen. Die *synoptische Meteorologie* hat damit allen anderen Wissenschaften, welche für die regionale Materialaufbereitung Arbeitskarten nicht entbehren können, einen nachahmenswerten Weg gewiesen. Die Symbolgebung für die Ortswettermeldungen, welche sich seit Ende der 30er Jahre fast nicht geändert hat und für die auch seither die methodischen Grundzüge gleich geblieben sind, geht auf den Wiener Meteorologenkongreß des Jahres 1873 zurück.

Ein anderes Sachgebiet, in dem zumindest für kleinmaßstäbige Karten schon früh eine Signaturenabsprache erfolgte, ist die *Geologie.* Der Internationale Geologenkongreß in Bologna 1881 wurde für die *Vereinheitlichung der Farbgebung* in internationalen geologischen Kartenwerken auf der Basis der Spektralfarbenreihe von grundlegender Bedeutung. Anstoß hierzu gaben die Beschlüsse über die Herstellung einer „Carte géologique internationale de l'Europe", deren 49 Blätter 1:1 500 000 1894 bis 1913 erschienen sind. Die Anregung zur Herstellung einer internationalen geologischen Weltkarte ging von der Direktion des Geological Survey der USA aus. Ihre Realisierung wurde beim XI. Internationalen Geologenkongreß in Stockholm 1910 ins Auge gefaßt und die gleiche Farbenskala wie in der Europakarte vorgesehen. Nun dürfen wir uns aber nicht vorstellen, daß durch solche Beschlüsse für sehr lange Zeit eine Farbgebung stabilisiert werden konnte. Die wissenschaftliche Entwicklung bleibt immer in Fluß und damit auch die Diskussion in allen Signaturenfragen. So wurde ein Vorschlag zu einer General-Legende für die Internationale Geologische Karte von Europa u. a. nach dem 2. Weltkrieg in der Bundesanstalt für Bodenforschung in Hannover (heute: Bundesanstalt für Geowissenschaften und Rohstoffe) erstellt und anläßlich des Internationalen Geologischen Kongresses in Paris 1962 vorgelegt.

Nicht verwunderlich ist es, daß auf zwei anderen Gebieten, nämlich der Kartographie für die *Seefahrt* und *Luftfahrt,* eine Abstimmung des Signatureninhaltes weitgehend glückte. Die Forderungen der Verkehrssicherheit auf den Meeren und in der Luft geboten internationale Abmachungen, die natürlich auch die kartographischen Orientierungshilfen mit einbezogen.

In der thematischen Kartographie bieten sich für eine internationale Signaturenabsprache zwei Sachgebietsgruppen an:

1. Karten, die der weltweiten Kommunikation der Menschen dienen und Unterlagen für die Aktivitäten im Rahmen übernationaler Normen darstellen (z. B. Flugsicherungs-, allgemeine Flugnavigationskarten, Schiffahrts-, Seuchenkarten usw.).
2. Karten, die an Naturgesetzmäßigkeiten gebundene qualitative Eigenschaften darstellen und deren begriffliche und genetische Einordnung auf weltweit wirkenden Gesetzen beruhen (geologische Verhältnisse, petrographische Gegebenheiten, Meeresströmungen usw.).

6.7.2 Voraussetzungen für eine weltweite Festlegung und Vereinheitlichung der Signaturen

Für alle Vereinheitlichungsbestrebungen bietet der *lokale und regionale Bedeutungsunterschied* und -wandel unserer Darstellungsobjekte die größten Schwierigkeiten. So kann z. B. die Darsstellung einer Siedlung mit nur einem Dutzend Häusern im fast siedlungsleeren Lappland infolge ihrer Bedeutung als Stützpunkt menschlichen Lebens und der Wirtschaft in einer Karte 1:2 Millionen noch sinnvoll sein, während ihre Aufnahme in einem Verdichtungsraum wie dem Ruhrgebiet selbst in einem vielfach größeren Kartenmaßstab absurd wäre.

Für unsere Fragestellung müssen wir uns daher die Voraussetzungen, ohne die eine Standardisierung sich selbst ad absurdum führt, genau überlegen. Folgende grundlegende Forderungen müssen unbedingt erfüllt sein:

a) Die *qualitative Abgrenzung jener Begriffe,* die an bestimmte Signaturenformen gebunden werden soll, muß exakt und international sinnvoll festlegbar sein. Dies ist z. B. in der Meteorologie für die Signaturen der synoptischen Karten der Fall. Die Signaturen für Wolkenarten z. B. sind auf der ganzen Erde gleich festlegbar, da auch die Erscheinungsformen, die Entstehungsursachen und die Definitionen weltweit gleich sind.

b) Für eine Vereinheitlichung der quantitativen Signaturendarstellung müssen ganz bestimmte *Werte und Quantitätsstufen weltweit repräsentativ* sein, wie z. B. Windstärken und Bewölkungsgrade in Wetterkarten, Stärke der Erdbeben in Erdbebenkarten u. dgl. m.

c) Die *Darstellungsobjekte* sollen möglichst *einfacher Natur* und ihrer Bedeutung nach auf der ganzen Erde annähernd vergleichbar sein.

d) *Modellvorstellungen* für darzustellende Objekte müssen weitgehend *gesichert* sein. Hypothetische Modelle scheiden für eine weltweite Signaturenvereinheitlichung aus, da sie dem Wandel der Anschauungen zu rasch unterworfen sind.

Es ist recht einleuchtend, daß von der inhaltlichen Aussage und der graphischen Gestaltung her meist nur recht einfache Darstellungen geeignet sind. Die Verwendung standardisierter Signaturen und Farbskalen für komplexanalytische Aussagen in graphisch mehrschichtigen Wiedergaben kann nur ganz ausnahmsweise gelingen, da durch die vorgegebene Festlegung jede farb- und formmäßige Abstimmung unmöglich gemacht ist.

Einer Signaturenstandardisierung entziehen sich graphisch mehrschichtige und kombinierte Signaturen und außerdem solche, deren Elemente Aussagen über komplizierte oder sich ändernde Objektstrukturen geben oder kausale, insbesonders entwicklungsmäßige Hinweise zu anderen Karteninhalten veranschaulichen, da solche Zusammenhänge auf regional unterschiedlichen Kausalkomplexen beruhen. Dasselbe gilt auch für signaturhafte Korrelationsdiagramme, da durch sie individuelle Objektstrukturen wiedergegeben werden und die Zahl der Möglichkeiten unendlich ist. Dies gilt auch dann, wenn durch signaturhafte graphische Elemente die Zuordnung zu Typen angegeben wird.

6.7.3 Gefahren und Fehlentwicklungen

Die Frage einer Vereinheitlichung und Standardisierung kartographischer Signaturen wurde vor einigen Jahren auch seitens der Internationalen Kartographischen Vereinigung aufgegriffen. Sie soll auf breiter Basis einer Lösung zugeführt werden, damit schon in naher Zukunft für die verschiedensten Darstellungsbereiche Signaturenschlüssel empfohlen werden können. Über die Probleme, die mit diesen Bestrebungen in Verbindung stehen, sind in jüngerer Zeit zahlreiche Arbeiten erschienen. Die meisten von ihnen zeigen in geradezu erschreckender Form, unter welch isolierten Aspekten die Aufgabe der Signaturen im Gesamtbild kartographischer Ausdrucksformen betrachtet wird und welche Gefahren daher mit solchen Standardisierungsmaßnahmen verbunden sein können. Bei den Erörterungen wird meist das *Wesen einer höheren kartographischen Informationsaufgabe,* nämlich strukturelle und kausale Raumbezüge für eine integrierte Raumvorstellung zu vermitteln, überhaupt vergessen und anscheinend nur an elementaranalytische Aussagen und Darstellungen gedacht.

Die große Gefahr diesbezüglicher übereilter Lösungen ist in den nicht vermeidbaren Folgeerscheinungen zu sehen:

a) Verleitung, Sachverhalte in lediglich elementaranalytischer Weise darzustellen, da sich die vorgegebenen standardisierten Zeichensysteme dann am unproblematischsten anwenden lassen.

b) Hemmung der Entwicklung der theoretischen Kartographie, da durch das Vorhandensein und die Empfehlung der Verwendung solcher Pseudolösungen das Interesse an den methodischen Fragen der Signaturengestaltung vermindert wird.

Es muß aber erwähnt werden, daß von manchen Autoren die großen Schwierigkeiten und Probleme in der Signaturenfrage richtig erkannt und gewürdigt wurden, so u. a. von F. JOLY (1971), A. H. ROBINSON (1973) und W. WITT (1975).[16]

Fragen wir uns nun, ob der Zeitpunkt für die Inangriffnahme einer Signaturenstandardisierung derzeit günstig oder überhaupt schon gegeben ist, dann muß im Hinblick auf ein generelles Beginnen diese Frage unbedingt verneint werden. Dies aus vier Gründen:

1. *Es fehlen die wissenschaftlichen Vorarbeiten,* ohne die eine Signaturenvereinheitlichung Gefahr läuft, in einen Dilettantismus abzugleiten. Die Theoretische Kartographie als junge Wissenschaft steht mitten in der Arbeit an einem neuen System und einem formalwissenschaftlichen Gebäude ihrer Lehre.
2. Über die *Auffaßbarkeit von Formen und Farben* im kartographischen Gefüge liegen bisher fast keine Arbeiten vor. Der Brückenschlag von der Kartographie zur Experimentalpsychologie hat eben erst begonnen. Die wenigen, bisher erschienenen einschlägigen Arbeiten sind nur als erste Bausteine dieses notwendigen Fundamentes zu betrachten.
3. Die *Automationsbestrebungen* haben auch in der Kartographie neue Ausblicke für die zukünftige Kartengestaltung gebracht; was die Signaturen betrifft, werden in Zukunft gewisse Voraussetzungen erfüllt werden müssen, die aber heute noch nicht exakt und umfassend formuliert werden können.
4. Es ist zu hoffen, daß auch seitens einer weiteren jungen Wissenschaft, der *Informatik,* zum angeschnittenen Fragenkomplex ein Beitrag geleistet werden wird. Aber auch diesbezüglich ist man über eine erste interdisziplinäre Berührung noch nicht hinausgekommen.

7 Die Verknüpfung qualitativer und quantitativer Aussagen bei der Verwendung von Signaturen und Diagrammen

Die meisten bisher besprochenen Signaturenarten bieten genügend Möglichkeiten, qualitative und quantitative Aussagen miteinander zu verbinden. Die Zahl jener Karten, deren Darstellung sich mit vollem Recht auf rein qualitative Angaben beschränken kann, ist vor allem im Anwendungsbereich der thematischen Kartographie sehr gering.

Die quantitativen Aussagen können relativ oder absolut gegeben werden. Häufig genügt eine Relativwertdarstellung allein nicht, da sie meist nicht geeignet ist, richtige Vorstellungen über die absoluten Werte zu erwecken. In solchen Fällen muß zur *kombinierten quantitativen Aussage* gegriffen werden: Zum Zweck der gleichzeitigen Absolut- und Relativwertdarstellung ist es notwendig, Figurengröße und Flächenrasterdichte oft noch durch verschiedene Farbgebung zu ergänzen. Immer wird der Erfolg der Darstellungen aber von der richtigen Wahl des Signaturenmaßstabes, der Grenzwerte und der Wertstufen und schließlich von der richtigen Auffaßbarkeit und Vergleichbarkeit der wiedergegebenen Werte abhängen.

7.1 Der Signaturenmaßstab

7.1.1 Arten von Signaturenmaßstäben

Wir wollen vorerst jene Art quantitativer Darstellung behandeln, welche sich zur Wiedergabe der Objektwerte verschiedener Signaturengrößen bedient. Sie geht von dem Grundsatz aus *„je größer der darzustellende Wert, desto größer die Signatur“*. Hierbei können wir grundsätzlich einerseits zwischen streng proportionalen und willkürlichen Maßstäben, andererseits zwischen kontinuierlichen (gleitenden) und gestuften Maßstäben unterscheiden. Aus dieser Unterscheidung ergeben sich folgende vier Kombinationen (s. Abb. 52):

1. Streng proportional kontinuierliche Maßstäbe
2. Streng proportional gestufte Maßstäbe
3. Willkürlich kontinuierliche Maßstäbe
4. Willkürlich gestufte Maßstäbe

Die damit verbundenen möglichen Alternativen zwingen uns zu folgenden Überlegungen:

a) Gestatten uns die quantitativen Unterschiede der darzustellenden Objektwerte die Verwendung eines streng proportionalen Signaturenmaßstabes? Bei diesem entsprechen die Größen der Signaturen den stets durch gleichbleibenden Faktor reduzierten Objektwerten.

b) Divergieren die darzustellenden Objektwerte derart, daß nur ein willkürlicher Maßstab (z. B. Verwendung zweidimensionaler Figuren, wie Quadrat, Kreis, Dreieck, für Objektwerte, die den dreidimensionalen Figuren Würfel, Kugel, Pyramide inhaltsmäßig entsprechen) leicht unterscheidbare und für die Maximalwerte noch tragbare Figurengrößen ergibt?

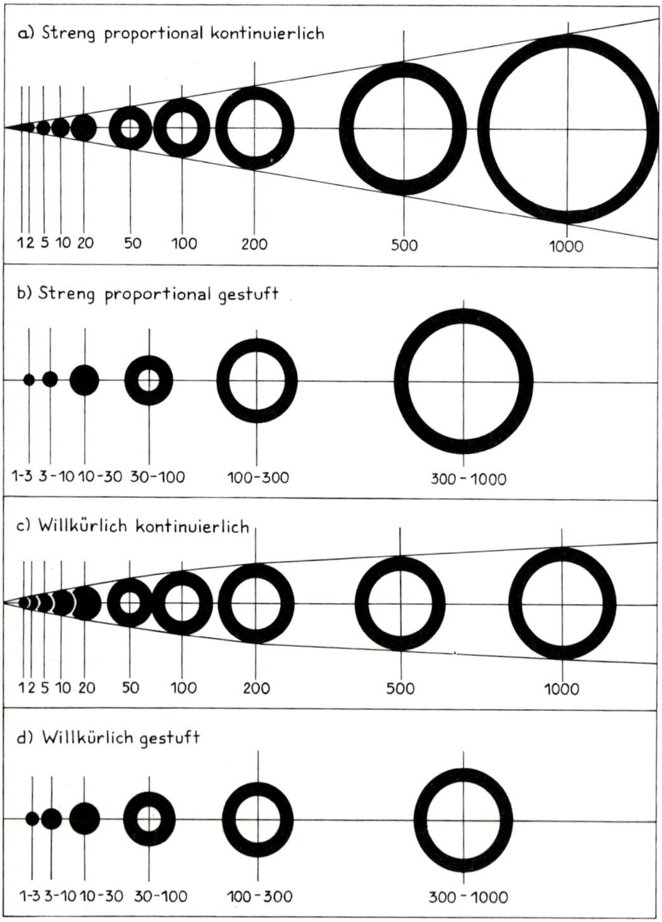

c) Ermöglicht der Kartenmaßstab und das Darstellungsprinzip die Anwendung eines kontinuierlichen Maßstabes, oder muß mit einem gestuften Größenschlüssel das Darstellungsziel erreicht werden?

Kontinuierliche Maßstäbe besitzen den Vorteil der Meßbarkeit der Objektwerte, wodurch jene, welche bei einem gestuften Schlüssel in die Nähe der Stufengrenzen zu liegen kommen, quantitativ genauer ablesbar werden. Als Nachteil wäre die Notwendigkeit anzuführen, daß die Signaturen bis zu Größen geführt werden müssen, bei denen es sich schon um Diagrammfiguren handelt und die zumindest in kleineren Maßstäben eine lagerichtige Eintragung nicht mehr gestatten.

Die *Vorteile des gestuften Schlüssels* liegen in den Möglichkeiten einer lagerichtigeren Eintragung und in einer rasch erfaßbaren quantitativen Aussage; allerdings nur im Rahmen weniger weitgespannter Stufenwerte, wobei für einzelne Objekte vergleichsweise ein zu günstiger oder zu ungünstiger quantitativer Eindruck entstehen kann.

7.1.2 Die Angabe des Signaturenmaßstabes in der Legende

Der Maßstab für die topographische Grundlage einer thematischen Karte soll in der Legende nicht nur zahlenmäßig, sondern durch Aufnahme eines *graphischen Maßstabes* angegeben werden. Noch viel wichtiger ist aber diese Verfahrensweise für den *quantitativen Signaturenmaßstab* des thematischen Inhaltes, um rasch und sicher die wiedergegebenen Objektwerte richtig erkennen und unschwer vergleichen zu können. Mit dem lapidaren Satz z. B. „Die Signaturengrößen ergeben sich aus den Quadratwurzeln der dargestellten Objektwerte" kann man zwar viel Legendenraum sparen, es ist damit aber keinem Kartenleser gedient! Bei der Verwendung kontinuierlicher Maßstäbe ist ein *Interpolationsmaßstab* aufzunehmen, der die Wertbestimmung jeder in der Karte enthaltenen Figurengröße mittels Ausmessung ermöglicht (s. Abb. 53). Bei gestuften Signaturenschlüsseln genügt es, die verwendeten Figurengrößen mit Angabe der Wertspannen, welche durch diese veranschaulicht werden, nebeneinander- oder ineinanderzustellen (s. Abb. 54).

In der Anordnung der Werte sollte ein Signaturenschlüssel immer von den niedrigeren zu den höheren Werten, von unten nach oben und von links nach rechts aufgebaut sein.

◁ *Abb. 52: Signaturenmaßstabsarten nach A. I. Preobraženskij mit etwas geänderten Bezeichnungen (nach Preobraženskij: Ökonomische Kartographie; Gotha 1956, S. 77)*

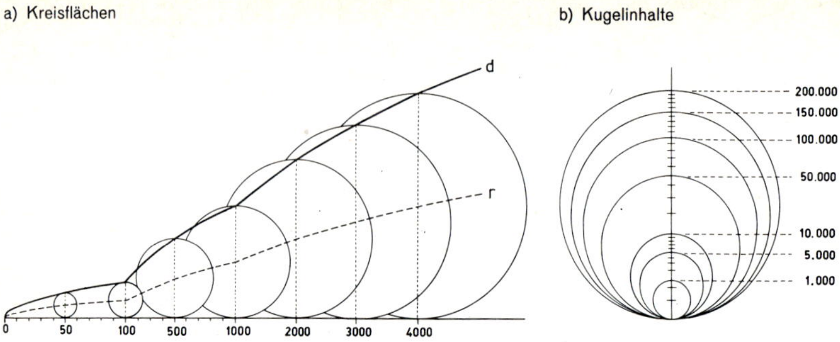

Abb. 53: Beispiele der Gestaltung von Signaturenmaßstäben für die Legende thematischer Karten. a) Streng proportionaler, kontinuierlicher Interpolationsmaßstab nach Kreisflächen; b) streng proportionaler, kontinuierlicher Interpolationsmaßstab nach Kugelinhalten.

Abb. 54: Beispiel für gestufte Signaturen- und Figurenschlüssel

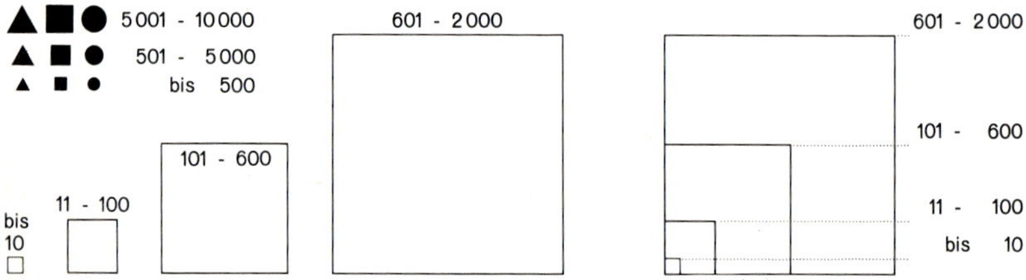

7.1.3 Die richtige Ermittlung der Wertspannen und der Grenzwerte

Es gibt in der Entwurfskartographie kaum ein heikleres Gebiet als einerseits die Wahl einer zweckentsprechenden Funktion für die Wiedergabe absoluter Werte mittels gleitenden Signaturenschlüssels und andererseits die Bestimmung aussagekräftiger Wertspannen und -grenzen für die absolute und relative Wiedergabe bei Verwendung eines gestuften Schlüssels. Ohne Kenntnis der Besetzungszahlen der Darstellungsobjekte in den verschiedenen Größenordnungen kann eine diesbezügliche Entscheidung kaum richtig getroffen werden. Vor dem Entwurf einer kartographischen Ausdrucksform und der Festlegung eines quantitativen Signaturenschlüssels sind also entsprechende Untersuchungen über repräsentative Werte, Streuung der Werte und wissenschaftlich fundierte „Sinnschwellen" vorzunehmen.

7.1.3.1 Kontinuierliche Maßstäbe

Der Kartenentwerfer sieht sich meist vor das Problem gestellt, eine große Zahl quantitativer Aussagen auf einem verhältnismäßig kleinen Raum wiederzugeben. Je größer diese Zahl ist und je mehr die darzustellenden Objektwerte untereinander divergieren, desto schwieriger läßt sich ein gleitender Signaturenschlüssel finden, der einerseits die Einhaltung eines hohen Maßes an Lagetreue, andererseits eine richtige Wertabschätzung garantiert.

Bei kleinen Kartenmaßstäben ist es meist überhaupt unmöglich, Objekte mit geringen Werten quantitativ abschätzbar und visuell unterscheidbar wiederzugeben. Damit stellt sich aber die Frage, ab welcher Größe in einem vorgegebenen Kartenmaßstab eine Objektwiedergabe überhaupt sinnvoll ist und bis zu welcher unteren Wertgrenze auf eine Größenunterscheidung überhaupt verzichtet werden kann?

Bei einer Industriestandortekarte, in der die Betriebe nach der Zahl der Beschäftigten quantifiziert werden sollen, sind also entweder alle Kleinbetriebe bis zu einer bestimmten Beschäftigtenzahl durch eine Kleinstsignatur zu veranschaulichen (s. Abb. 55), oder es gehen solche überhaupt nicht in die Darstellung ein.

Abb. 55: Gleitender Signaturenmaßstab ab einer bestimmten Wertuntergrenze (4000). Darunterliegende Wertspanne durch einen Punkt gekennzeichnet.

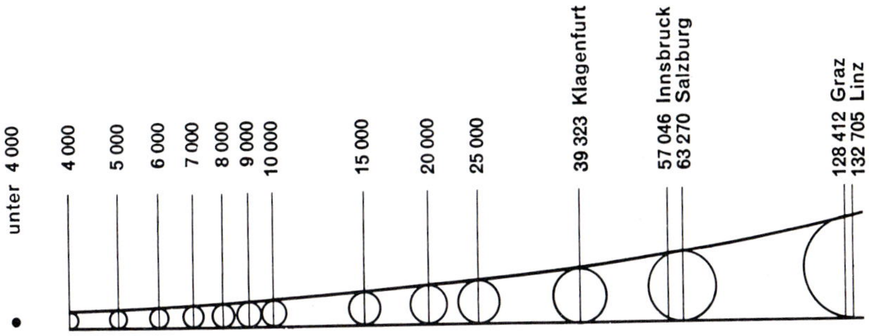

Aus der *Häufigkeitsverteilung,* welche wir unseren Überlegungen über die möglichen Formen der quantifizierten kartographischen Wiedergabe zugrunde legen, gewinnen wir aber auch wesentliche Anhaltspunkte für die Konstruktion eines willkürlich kontinuierlichen Maßstabes. Dieser muß die Häufungen bedeutender Objekte in bestimmten Größengruppen berücksichtigen und geeignet sein, solche von den Objekten anderer Größengruppen deutlich unterscheidbar zum Ausdruck zu bringen. Wege zur Erfüllung dieser Bedingungen sind im Kapitel 7.2.3.1 angegeben. Im engsten Zusammenhang damit steht auch die *quantitative Informationsgenauigkeit,* die für einzelne Größenspannen willkürlich gesteigert werden kann, die allerdings immer durch Zeichen- und Ableseungenauigkeit (0,2–0,3 mm) mit einem zusätzlichen Unsicherheitsfaktor belastet ist.

Häufigkeit der Werte und vorkommender Streuungen sowie Größe der räumlichen Streuungsbereiche sind grundlegend für Überlegungen über die *Zuordnung von Werten zu Werteinheitensignaturen.* Wenn es sich bei diesen Fragen auch nicht direkt um Probleme kontinuierlicher Signaturenschlüssel handelt, so hängt hinsichtlich der Punktestreuungskarten von einer richtigen Zuordnung sehr wesentlich eine entsprechende Aussage über gleitende oder abrupte Übergänge gestreuter Objekte im Raum ab, eine Tatsache, auf die bereits hier hingewiesen werden muß.

7.1.3.2 Gestufte Maßstäbe

Für die *zahlenmäßige Abgrenzung eines gestuften Signaturenschlüssels* gibt es zwei Möglichkeiten. Es können *übergreifende Wertstufengrenzen* Verwendung finden, bei denen jeweils der höchste Wert der niedrigeren mit dem niedrigsten Wert der nächsthöheren Stufe identisch ist. Die volle Berechtigung findet diese Abgrenzung bei allen Darstellungen von Kontinua durch Isolinien, wenn die Wertspannen benachbarter Isolinien ausgedrückt werden sollen.

Gestufte Schlüssel für die Darstellung von Diskreta werden aber in den meisten Fällen mit *nicht übergreifenden Wertstufengrenzen* auszustatten sein (s. unten).

Übergreifende Wertstufengrenzen	Nicht übergreifende Wertstufengrenzen	
20 bis 30	20 bis unter 30	20,1 bis 30,0
10 bis 20	10 bis unter 20	10,1 bis 20,0
bis 10	bis unter 10	bis 10,0

Es ist noch die Frage zu klären, wie weit eine Wertstufenreihe reichen muß und ob sie lückenlos aufeinanderfolgend vorzuliegen hat. Hier gilt die Regel, daß die *Stufenreihe dort beginnt und dort endet, wo die vorhandene Besetzung für den Karteninhalt noch Aussagewert* besitzt. Die Stufenfolge ist außerdem so eng zu gestalten, daß wesentliche regionale Unterschiede quantitativer Art zum Ausdruck kommen können. Sind die Stufenintervalle zu groß, dann sind die Aussagen ihrer Wertspannen nicht repräsentativ.

Bei *geringen Stufenspannen* kann es vorkommen, daß einzelne Stufen überhaupt nicht besetzt sind. In solchen Fällen ist es logisch, nicht mit einer lückenlosen Stufenreihe zu arbeiten, sondern Stufensprünge in Kauf zu nehmen, diese aber durch entsprechende Legendengestaltung besonders zu kennzeichnen (s. Abb. 56 b).

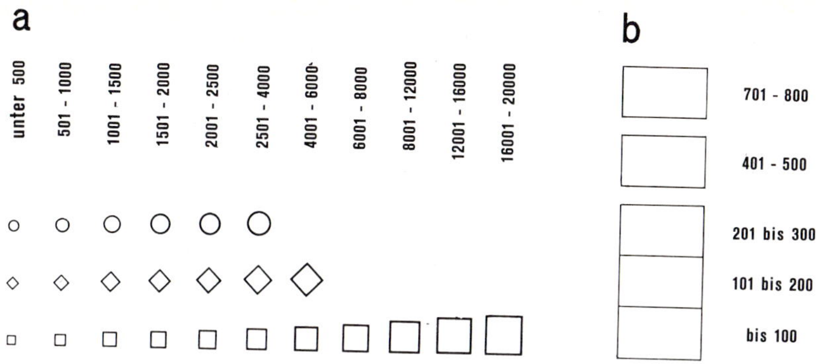

Abb. 56: Gestufter Signaturenschlüssel zur Darstellung von Absolutwerten mittels Figurensignaturen (a) und von Relativwerten durch Flächensignaturen (b). In b kommen Stufenlücken vor, die durch Absetzen der Signaturenkästchen besonders gekennzeichnet wurden.

Was die Stufenspannen betrifft, unterscheiden wir drei Arten von Stufenbildungen:

Stufen mit gleichen Intervallen	Stufen mit geometrisch fortschreitenden Intervallen	Stufen mit ungleichen Intervallen
über 50,0	über 120,0	über 40,0
40,1 bis 50,0	60,1 bis 120,0	30,1 bis 40,0
30,1 bis 40,0	30,1 bis 60,0	25,1 bis 30,0
20,1 bis 30,0	15.1 bis 30,0	20,1 bis 25,0
10,1 bis 20,0	5,1 bis 15,0	10,1 bis 20,0
bis 10,0	bis 5,0	bis 10,0

Sowohl bei Verwendung von Figuren- als auch bei Flächensignaturen ist, wie wir bereits einmal festgestellt haben, auf eine *richtige Wahl der Stufengrenzen und Wertspannen* zu achten. Meist genügen zu diesem Zweck einfache Häufigkeitsdiagramme (s. Abb. 57). In diesem Beispiel wurden die Gemeinden Österreichs mit bis zu 2700 Einw. nach den Größen ihrer Einwohnerzahlen untersucht. Es ergeben sich u. a. folgende charakteristische Stufenspannen: 50–100, 101–170, 171–340, 341–480, 481–730, 731–970, 971–1190, 1191–1540, 1541–2250 und 2251–2700.

Auch zur Ermittlung von Wertspannen und Wertgrenzen für die *räumliche Gruppenbildung* ist die Kenntnis der Häufigkeitsverteilung notwendig, wie dies an einem Beispiel der Häufigkeitsverteilung der Bevölkerungsdichtewerte nach geometrischen Netzwerten von F. KELNHOFER erläutert wird (s. Abb. 58).

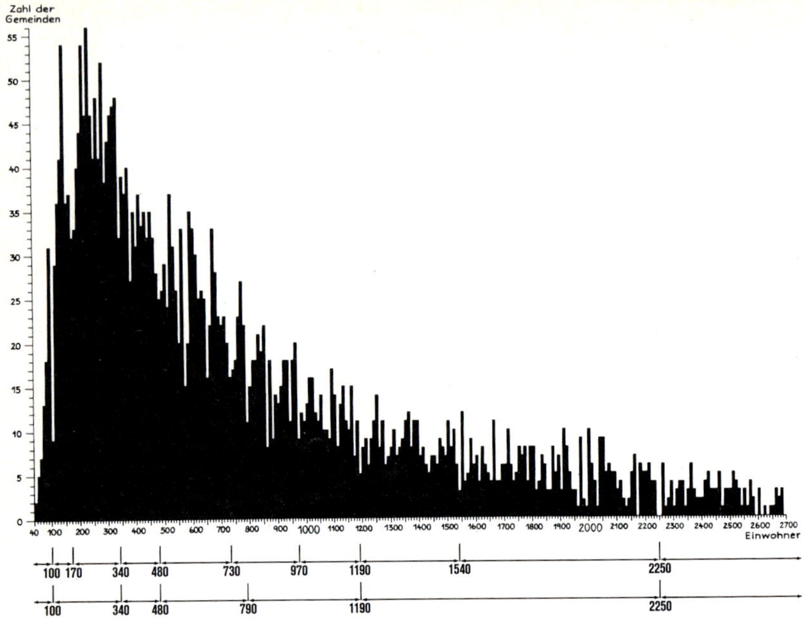

Abb. 57: Häufigkeitsdiagramm zur Ermittlung richtiger Spannen und Grenzwerte gestufter Signaturenschlüssel. Im vorliegenden Beispiel werden die Gemeinden Österreichs mit bis zu 2700 Einw. nach der Größe der Einwohnerzahlen untersucht und charakteristische Stufenspannen und Grenzwerte angegeben.

Für die *Darstellung von Typen und Typengebieten* in Karten erweist sich häufig die *Kombination von drei und mehr quantitativen Merkmalen* als notwendig, wobei in der Kartenlegende die quantitative Abgrenzung der Typen zu veranschaulichen ist. Handelt es sich um drei quantitative Merkmale, dann bietet sich hierfür das *Dreiecksdiagramm,* welches aus Dreieckskoordinaten gebildet ist, an. Es kann mit großem Vorteil immer dann angewandt werden, wenn die quantitativ bestimmten Objekte jeweils durch drei Werte der Dreieckskoordinaten charakterisiert werden können, deren Summe stets gleich ist (z. B. 100%). Konstruktionsweise und Anwendungsbeispiele solcher Dreiecksdiagramme sind der Abb. 59 zu entnehmen.

W. RITTER hat eine Karte über die Wirtschaftstypen der Gemeinden Österreichs auf entsprechenden Untersuchungen unter Verwendung eines Dreiecksdiagramms aufgebaut (s. Abb. 59 c). Folgende Überlegungen sind für die Typenabgrenzung maßgebend gewesen:

Für ein brauchbares Schema einer Typengliederung der Gemeinden nach ihrer Beschäftigungsstruktur *sollten die Schwellenwerte so gewählt werden, daß sie*

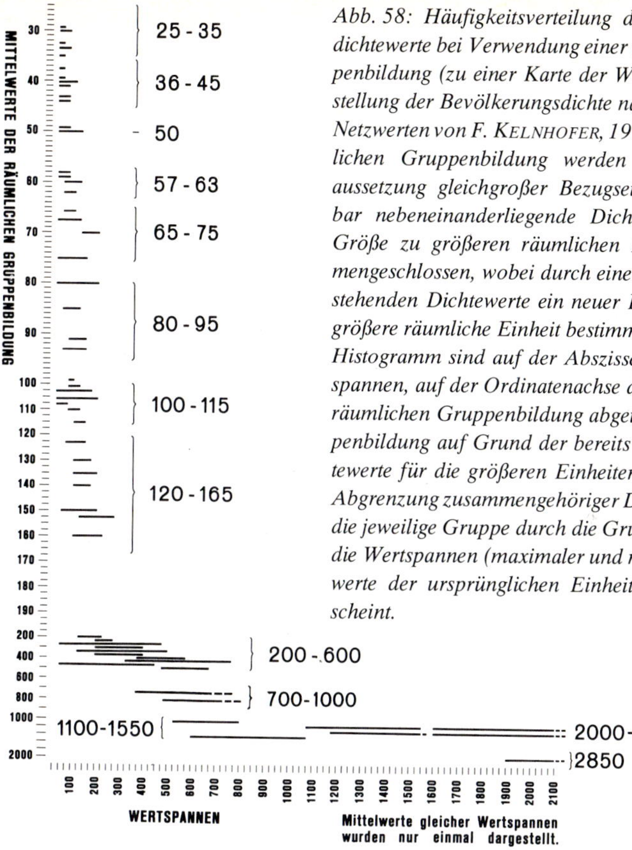

Abb. 58: Häufigkeitsverteilung der Bevölkerungsdichtewerte bei Verwendung einer räumlichen Gruppenbildung (zu einer Karte der Wertgrenzliniendarstellung der Bevölkerungsdichte nach geometrischen Netzwerten von F. Kelnhofer, 1971). Bei der räumlichen Gruppenbildung werden unter der Voraussetzung gleichgroßer Bezugseinheiten unmittelbar nebeneinanderliegende Dichtewerte ähnlicher Größe zu größeren räumlichen Einheiten zusammengeschlossen, wobei durch eine Mittelung der bestehenden Dichtewerte ein neuer Dichtewert für die größere räumliche Einheit bestimmt wird. Im obigen Histogramm sind auf der Abszissenachse die Wertspannen, auf der Ordinatenachse die Mittelwerte der räumlichen Gruppenbildung abgetragen. Die Gruppenbildung auf Grund der bereits gemittelten Dichtewerte für die größeren Einheiten erfolgt nach der Abgrenzung zusammengehöriger Dichtewerte, wobei die jeweilige Gruppe durch die Gruppengrenzen und die Wertspannen (maximaler und minimaler Dichtewerte der ursprünglichen Einheiten) festgelegt erscheint.

Verteilung der Dichtewerte

die Wesensunterschiede zum Ausdruck bringen. Dies wird in dem abgebildeten Dreiecksdiagramm anhand der Gemeinden eines größeren Untersuchungsgebietes – es handelt sich um die Länder Tirol, Vorarlberg und Kärnten – auf Grund der Ergebnisse der Volkszählung veranschaulicht. Außerdem standen noch andere graphische Analysen zur Verfügung, welche hier nicht gebracht werden können.

In dem vorliegenden Diagramm sind Gemeinden landwirtschaftlicher, industriell-gewerblicher (Industriestandort, Arbeitsort) und dienstleistungsbetonter Funktion (Zentraler Ort, Fremdenverkehrsort) eingetragen. Daneben sind Arbeiterwohngemeinden und Sonderformen ausgeschieden.

Wie das Verteilungsdiagramm zeigt, ergeben sich recht deutliche Korrelationen: Erst wenn der Anteil landwirtschaftlich Erwerbstätiger unter 60% sinkt,

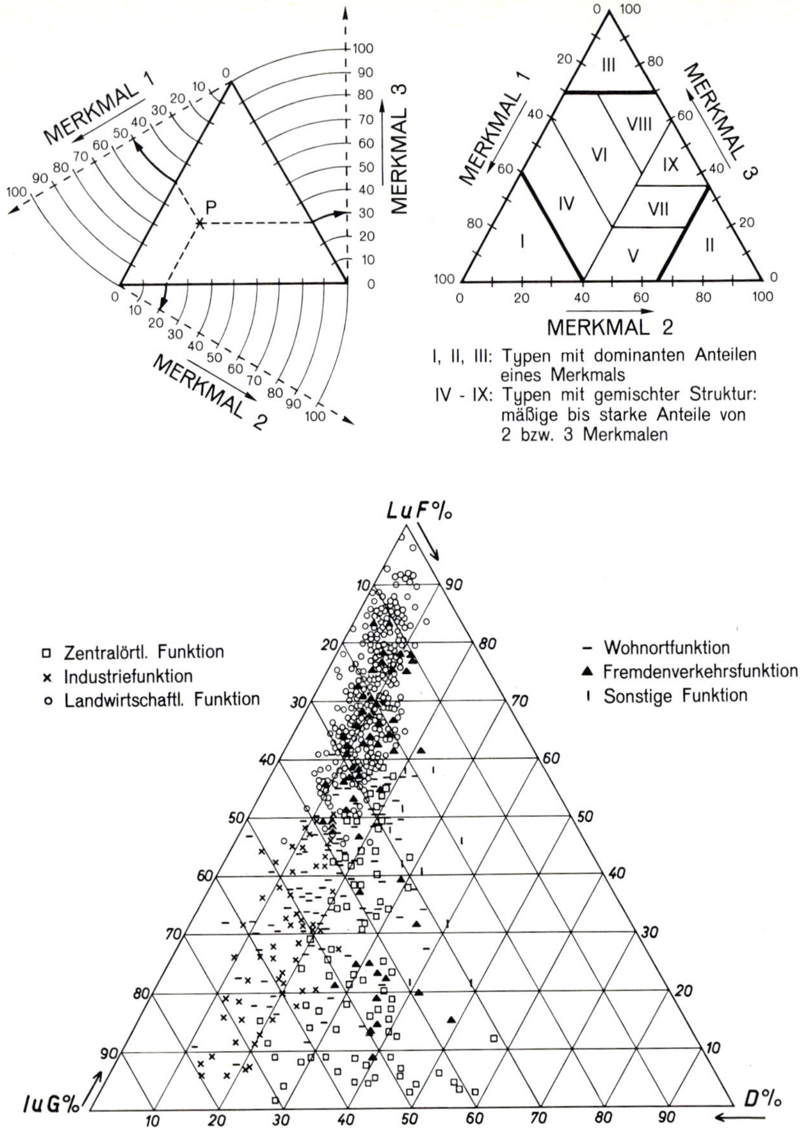

Abb. 59: Konstruktionsweise (a) und Typenabgrenzung (b) mittels Dreieckskoordinaten (nach I. KRETSCHMER: Beiträge zur Typenbildung für Fachatlanten, 1973). Beispiel der Wertverteilung in einem Dreiecksdiagramm (c) zur Darstellung der Wirtschaftstypen der Gemeinden Österreichs (nach W. RITTER: Die Wirtschaftstypen der Gemeinden Österreichs; Diss. a. d. Hochschule für Welthandel in Wien, 1961).

ergibt sich die Möglichkeit eines andersgearteten Strukturbildes der Gemeinde. Vorher ist nur Fremdenverkehr neben der Landwirtschaft möglich. Bei geringeren Anteilen als 50% Landwirtschaft beginnen sich dann dienstleistungs- und industriebetonte Gemeinden recht scharf zu sondern. Die Schwelle zeichnet sich bei einem Dienstleistungsanteil von rund 15% ab, der mit abnehmendem Landwirtschaftsanteil auf 25% ansteigt. Arbeiterwohngemeinden haben in ihrer Masse einen Landwirtschaftsanteil von 25 bis gegen 60%. Sie sind typisch für diesen Übergangsbereich. Unterhalb eines Landwirtschaftsanteiles von 20 bis 25% finden sich an Einwohnerzahl größere Gemeinden mit eigenen Erwerbsgrundlagen („Echte Städte" und „Industriestädte").

Aus dem Dreiecksdiagramm ergibt sich, daß lineare Schwellenwerte ohne Anpassung an die aufgezeigten Unterscheidungen reine Willkür wären. Durch gleitende Schwellenwerte und eine einfühlende Auswertung der Statistik kann man dem physiognomischen Erscheinungsbild einer Gemeinde recht nahe kommen und so rein konstruierte Typenbezeichnungen vermeiden.

An dieser Stelle muß aber noch auf zwei Arbeiten hingewiesen werden[16a], deren Lektüre für jeden Kartenentwerfer ein methodischer Gewinn ist. Während sich I. KRETSCHMER (1973) mit dem *Wesen der Typenbildung* mittels der Kombination quantitativer Merkmale im Hinblick auf ihre graphische und kartographische Darstellung auseinandergesetzt hat, beschäftigte sich F. KELNHOFER (1971/72) in einem wichtigen Beitrag zur Systematik und allgemeinen Strukturlehre der thematischen Kartographie u. a. auch mit der Frage der *Gruppenbildung*. Letztere Erörterungen sollen hier wörtlich wiedergegeben werden (Fußnoten des Originaltextes wurden fortgelassen oder in den Text eingearbeitet):

Die verschiedenen Möglichkeiten der Gruppenbildung lassen sich ganz allgemein folgendermaßen zusammenfassen:

1. Statistische Gruppenbildung
2. Mathematische Gruppenbildung
3. Räumliche Gruppenbildung

Bei der *statistischen Gruppenbildung* werden die Wertstufen nach irgendeiner konventionellen Skala gebildet. Eine solche schematisch festgelegte Skala könnte z. B. lauten: 0–10,0; 10,1–25,0; 25,1–50,0 usw. Der einzige Vorteil einer derartigen Gruppenbildung ist, daß ein Kartogramm – auch von verschiedenen Bearbeitern entworfen – immer das gleiche Bild ergeben wird. Aber gerade die charakteristischen Unterschiede, die doch eine Skala zum Aussdruck bringen sollte, gehen dabei entweder überhaupt verloren, oder sie werden zumindest stark verwischt. Eine gewisse Verbesserung der statistischen Gruppenbildung stellen die sog. *Sinngruppen* dar, bei denen auf die jeweiligen Verhältnisse im Darstellungsgebiet bereits Rücksicht genommen wird (vgl. E. G. KANNENBERG[16b]). Nach rein statistischen Gesichtspunkten verfahren auch die verschiedenen Methoden der *„natürlichen" Gruppenbildung*. Dabei werden mit Häufigkeits- oder Besetzungsdiagrammen bzw. in Korrelationsdiagrammen die „natürlichen" Gruppen ermittelt und als Grenzwerte für die kartographische Darstellung herangezogen.

G. F. JENKS und M. R. C. COULSON haben in ihrer Arbeit „Class Intervalls for Statistical Maps“ (Internat. Jahrb. f. Kartographie, 3, 1963, S. 122 ff.) anschaulichen Blockdiagrammen diese Stufenbildung gezeigt. Das Problem wird aber durch eine mathematische Abhängigkeit der Stufenwerte nicht gelöst. Wohl umgeht man die Willkürlichkeit konventioneller Skalen, überläßt aber die Stufengrenzen der Zufälligkeit einer bestimmten mathematischen Progression.

Alle bisher dargelegten Methoden haben gemeinsam, daß die am Zahlenmaterial des Gesamtraumes orientierte oder auch exakter entwickelte Stufenreihe bereits vor der eigentlichen kartographischen Entwurfsarbeit besteht. Die räumliche Zusammenfassung in der Karte ist also bereits durch die Art der Stufenbildung festgelegt, also noch bevor der tatsächliche räumliche Vergleich durchgeführt worden ist. Da die Stufenbildung rein statistisch erfolgt, können streng genommen bloß statistisch gefundene Zusammenhänge erkannt bzw. dargestellt werden, für die auch eine andere graphische Form (z. B. ein beliebiges Diagramm) geeignet wäre. Natürlich wird man auch auf diesem Weg zu einer räumlichen Differenzierung kommen, aber die Methode selbst kann nicht „als raumadäquat“ bezeichnet werden, da sie auf eine räumliche Trennung bestimmter Erscheinungsformen a priori gar nicht abzielt. Auf diesen Umstand hat besonders W. WITT[16c] wiederholt hingewiesen. Bei den *mathematisch-statistischen Methoden der Gruppenbildung* werden die statistischen Bezugseinheiten aus ihrem räumlichen Zusammenhang herausgerissen und zu einer statistischen (nicht räumlichen) Masse vereinigt, nach nichträumlichen Verfahren in Gruppen geteilt, die auf die Karte übertragen wieder räumlich betrachtet werden sollen. W. WITT kommt zu dem Schluß, daß man am Ende gar nicht mehr entscheiden kann, ob mit diesem Verfahren raumimmanente Zusammenhänge oder bloß Zufälligkeiten, die aus der Zerstörung des räumlichen Zusammenhanges durch die statistischen Verfahren entstanden sind, gefunden werden. Denn schließlich ist das Ziel der Gruppenbildung, nicht bloß eine Möglichkeit zu schaffen, um stark differierende Werte kartographisch noch darstellbar zu machen, sondern auch gleichzeitig ein Mittel der räumlichen Differenzierung und Generalisierung.

Die Methode der *räumlichen Gruppenbildung* geht den umgekehrten Weg, indem erst aus der räumlichen Verteilung die gerade für das Darstellungsgebiet charakteristischen Stufen entwickelt werden (s. W. KÜNZEL[16d]). Die Stufenwerte der Legende sind demnach ein Ergebnis des räumlichen Zusammenschlusses von statistischen Einheiten ähnlicher Werte. Durch diese Form der Gruppenbildung wird das Flächendiagramm in eine Wertegrenzliniendarstellung übergeführt. Ein großer Nachteil dieser Methode ist, daß die Abgrenzung der Stufenwerte weitgehend dem Ermessen des Bearbeiters obliegt, doch muß man demgegenüber bedenken, daß diese Methode der räumlichen Verteilung und der Größe der flächenbezogenen Relativwerte viel mehr gerecht wird als die bisher dargelegten Methoden. Diese Methode ist selbstverständlich für einen zeitlichen Vergleich bzw. einen Vergleich verschiedener Räume nicht geeignet.

7.2 Möglichkeiten der quantitativen Aussage mittels Figurensignaturen

7.2.1 Quantitative Aussagemöglichkeiten im Rahmen gestufter Signaturenschlüssel

Die quantitative Aussage vermag nicht nur durch Anwendung verschiedener *Größenstufen* von Figurensignaturen gegeben werden, sondern es kann hierfür auch deren *Form* und *Ausfüllung* herangezogen werden. Damit verbindet sich auch der Vorteil, für eine Bearbeitung nach dem topographischen oder Lageprinzip eine höhere Zahl von Stufenwerten verwenden zu können. Wir können folgende Kombinationsmöglichkeiten unterscheiden:

a) Veränderung allein der Signaturengröße
b) Veränderung allein der Ausfüllung der Signaturen
c) Veränderung der Größe und Ausfüllung der Figuren
d) Veränderung allein der Form gleich hoher Figuren
e) Veränderung der Form und Ausfüllung gleich hoher Figuren
f) Veränderung der Form und Größe der Figuren
g) Veränderung von Form, Größe und Ausfüllung der Figuren

Wie aus der Abb. 60 leicht zu entnehmen ist, bieten die beiden Gegenpole „Veränderung nur der Größe“ und „Veränderung nur der Ausfüllung“ die meisten Aussichten für eine rasch auffaßbare und graphisch harmonische Gestaltung einer Karte.

Abb. 60: Darstellung von Wertstufenreihen durch Veränderung der Form, Ausfüllung und Größe von Figuren (aus: E. ARNBERGER: Handbuch der thematischen Kartographie; Wien, 1966, S. 311)

Verwenden wir für die quantitative Darstellung *verschiedene Formen,* dann verlieren wir diese als qualitatives Ausdrucksmittel. Es wird daher eine solche Art der graphischen Gestaltung lediglich dann gewählt werden können, wenn wir Objekte nur einer Gattung ohne weitere Unterscheidung wiedergeben wollen. Die Wahl der Figurenform und -ausfüllung muß nach dem Grundsatz der Proportionalität von Figurengewicht zu den wiederzugebenden Objektwerten erfolgen. Dasselbe gilt natürlich auch für die Verwendung von *Farben* als Signaturen- oder Figurenausfüllung, wobei sich die Farbgewichte entsprechend den Werten der darzustellenden Objekte verhalten sollen, – also je höher der Objektwert, desto höher das Farbgewicht. Die Verwendung verschiedener Figuren für einen gestuften Wertschlüssel hat den Vorteil einer eindeutigeren Identifizierungsmöglichkeit, wird aber stets nur ausnahmsweise angewandt werden können.

7.2.2 Quantitative Aussage durch Größenvariation von Figuren und Signaturen

Bei den Figurensignaturen und jenen Signaturenarten, welche durch eine geometrische Form umschrieben werden können, ist eine quantitative Aussage dadurch leicht möglich, daß die Signaturengrößen entsprechend den Objektwerten variiert werden. Dabei bleibt allerdings zu berücksichtigen, daß ein Größenvergleich visuell nur dann möglich ist, wenn es sich um *ähnliche Figuren* handelt, während bei unähnlichen Figuren ein richtiges Abschätzen und Vergleichen äußerst schwierig ist. Dreiecksflächen sind z. B. bei gleichen Grundlinien zu ihren Höhen geradlinig proportional. Es wäre daher möglich, Objektwerte allein durch proportionale Veränderung der Höhen gleichschenkeliger Dreiecke gleicher Grundlinienlängen darzustellen. Der Vergleich solcher unähnlicher Dreiecke läßt aber eine rasche und sichere Abschätzung ihrer Flächeninhalte nicht zu (s. Abb. 61).

Abb. 61: Flächen- und Höhenverhältnisse unähnlicher und ähnlicher Dreiecke

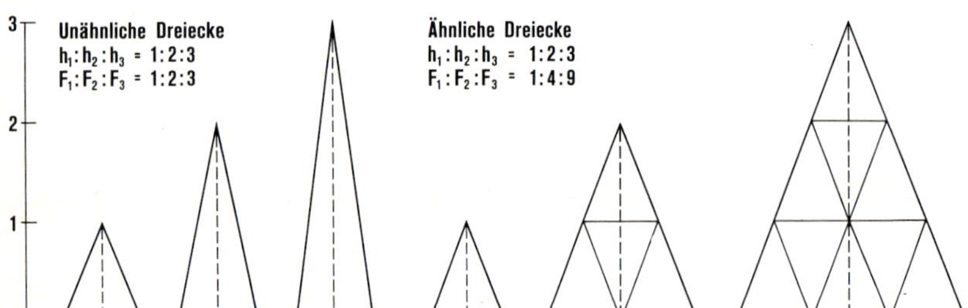

Bei ähnlichen gleichschenkeligen oder gleichseitigen Dreiecken verhalten sich die Höhen wie deren Grundlinien und die Flächen wie die Quadrate der Höhen. Solche ähnliche Figuren haben den Vorteil, einerseits der leichten Vergleichbarkeit, andererseits des mit zunehmenden Flächeninhalten geringeren Größenwachstums (s. Abb. 61).

Ein weiterer nicht zu unterschätzender Vorteil ergibt sich aus der Tatsache, daß sich *Flächen ähnlicher Figuren, wie die Quadrate ihrer Konstruktionselemente verhalten* (Grundlinie, Höhe, Diagonale, Radius usw.). Die Quadratwurzeln der darzustellenden Objektwerte liefern uns also bereits die entsprechenden Längenwerte für die Konstruktion ähnlicher Symbolfiguren. Wir können daher folgende *Ausgangsgleichung* benutzen:

$F_1 : F_2 : F_3 \ldots\ldots\ldots : F_n = x_1^2 : x_2^2 : x_3^2 \ldots : x_n^2$ F = Signaturenfläche
$M_1 : M_2 : M_3 \ldots\ldots : M_n = x_1^2 : x_2^2 : x_3^2 \ldots : x_n^2$ M = Objektwert
$\sqrt[2]{M_1} : \sqrt[2]{M_2} : \sqrt[2]{M_3} \ldots : \sqrt[2]{M_n} = x_1 : x_2 : x_3 \ldots : x_n$ x = lineare Signaturengröße

Nun muß aber noch die *Maßstabseinheit* ermittelt werden! Hierzu ist es notwendig, die gesamte Wertreihe auf ihre repräsentativen Größen hin zu untersuchen und die größten und kleinsten darzustellenden Werte zu ermitteln. Aus letzteren ergibt sich die Maßstabseinheit (E) des Signaturenmaßstabes.

Wenn es sich z. B. um Bevölkerungszahlen von Ortschaften handelt, welche in einer Karte dargestellt werden sollen, und als kleinste noch einzutragende Menge 50 Personen ermittelt werden, dann wäre folgendermaßen vorzugehen:

$$x^2 = \frac{M}{50}, \; x = \sqrt[2]{\frac{M}{50}} \text{ oder allgemein } x_n = \sqrt[2]{\frac{M_n}{E}} \cdot R$$

Ergeben sich die mittels der angegebenen Formel errechneten Werte für eine bestimmte Darstellung als zu groß oder zu klein, dann ist eine *Reduktion* entweder durch einen entsprechenden Faktor (R) oder auf graphischem Wege sofort möglich. Die Formel lautet dann:

$$x_n \text{ reduziert} = \sqrt[2]{\frac{M_n}{E}} \cdot R$$

Diese Reduktion ist auch dann notwendig, wenn in einer Darstellung verschiedene Signaturenformen verwendet werden, welche für einen Wert jeweils flächengleich – also größenmäßig streng vergleichbar – sein sollen. Stellen wir als Beispiel Kreis, Quadrat und gleichseitiges Dreieck gegenüber. Unter der Voraussetzung der Flächengleichheit verhält sich der Kreisdurchmesser zu den Seitenlängen des Quadrates und des Dreieckes wie

$$\frac{2}{\sqrt[2]{\pi}} : 1 : 2 \cdot \sqrt[2]{\frac{\sqrt[2]{3}}{3}}$$

Nehmen wir den Durchmesser des Kreises gleich 1 an, dann ergibt sich folgendes Verhältnis

$$D_{\bigcirc} : s_{\square} : s_{\triangle} = 1 : 0{,}886 : 1{,}347$$

oder

$$D_{\bigcirc} : s_{\square} : s_{\triangle} = 1 : 1{,}77 : 2{,}69$$

Bei der *Signaturengestaltung nach dem Grundsatz der Flächengleichheit* und der strengen Proportion ist allerdings auch noch ein gewisser *visueller Effekt* zu berücksichtigen. Verschiedene flächengleiche Figuren werden dann auch visuell als annähernd flächengleich empfunden, wenn es sich um regelmäßige, gleichseitige Vielecke handelt. Der Kreis wird dabei als Vieleck mit unendlich vielen, gleich langen Seiten betrachtet. Von dieser Regel muß aber eine Figur besonders ausgenommen werden, nämlich das *gleichseitige Dreieck*. Ein dem Kreis flächengleiches Dreieck erscheint fast immer flächengrößer als der Kreis oder irgendein anderes flächengleiches regelmäßiges Vieleck (s. Abb. 62). Bei Verwendung von Dreiecken als Signaturen ist daher fast immer eine zusätzliche *Reduktion* notwendig.

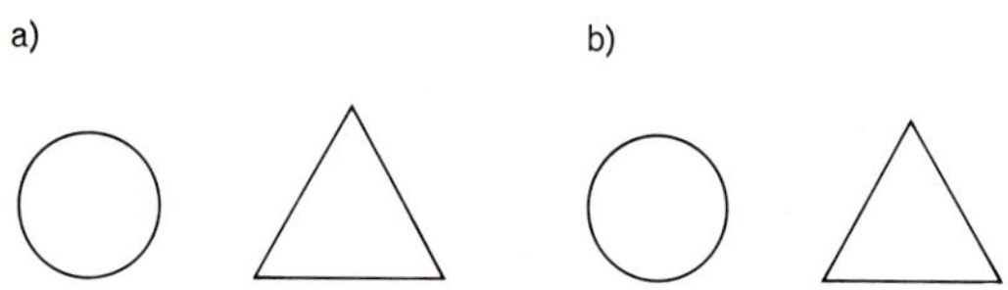

Abb. 62: Der visuelle Effekt beim Vergleich flächengleicher Figuren. a) Kreis und flächengleiches Dreieck; die Fläche des Dreiecks wird größer als die des Kreises eingeschätzt. b) Kreis und flächenmäßig reduziertes Dreieck; beide Figuren werden als etwa flächengleich empfunden.

7.2.3 Die Wahl eines geeigneten Signaturenmaßstabes zur Wiedergabe stark divergierender Objektwerte und die Probleme einer richtigen Größenauffassung und des sicheren Größenvergleichs

7.2.3.1 Maßstabsmöglichkeiten und Berechnungsgrundlagen

Wir haben bereits an anderer Stelle festgestellt, daß in der thematischen Kartographie der Verknüpfung von qualitativen und quantitativen Aussagen besondere Bedeutung zukommt. Sowohl bezüglich der Darstellung bevölkerungsgeographischer als auch wirtschaftsgeographischer Sachverhalte zeigt sich jedoch, daß infolge der stark divergierenden Werte und der erheblichen Wertspannen hierbei lineare Maßstäbe nicht ausreichen und zu *nichtlinearen Signaturmaßstäben* zurückgegriffen werden muß.

Am nächstliegenden und konsequentesten ist es, stets eine Proportion der Objektwerte zu den Flächen der Figuren, durch die sie veranschaulicht werden, herzustellen. Aber auch diese Methode führt oft zu Figurengrößen (s. Abb. 63), die bei Wiedergabe hoher Werte selbst für eine Kartogrammgestaltung viel zu große Flächen überdecken und den Darstellungsraum zu sehr belasten.

Abb. 63: Die Wiedergabe von Objektwerten durch zwei- und dreidimensionale Figuren

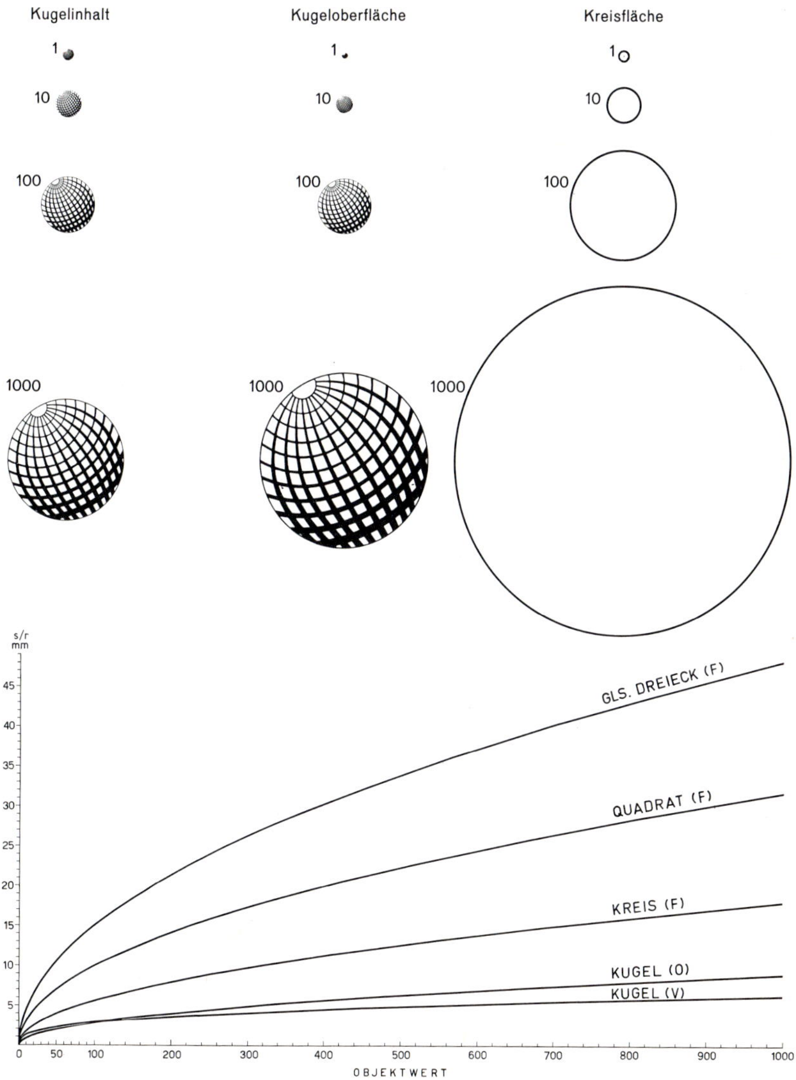

Es wurden daher Signaturenmaßstäbe bevorzugt, welche auf eine Beziehung Objektwert–Volumen *dreidimensionaler Figuren* zurückgehen und entweder zur Wiedergabe ebenfalls dreidimensionale, häufiger aber nur zweidimensionale Figuren verwenden.

Die außerordentlich großen Wertspannen legen auch den Gedanken nahe, einen logarithmischen Maßstab zu wählen. G. JENSCH hat sich in seiner Arbeit „Der nichtlineare Maßstab auf angewandten Karten“[17] ebenfalls mit dieser Möglichkeit auseinandergesetzt und hierzu folgendes festgestellt: „Eine solche Darstellung ist streng maßstabgebunden, sowohl Stetigkeit als auch die Gesetzmäßigkeit des Zuwachsens in der Folge sind gewahrt, Zeichen bzw. deren Dimensionen können beliebig gewählt werden. Damit wären alle bisher beanstandeten Mängel behoben. Nun aber ist der Zuwachs, der die Folge aufbaut, nicht mehr konstant, sondern er nimmt gesetzmäßig ab. Das heißt, die kleinen Größen werden übertrieben dargestellt oder die großen zu klein, je nachdem das größt- oder kleinstmögliche Zeichen vorher fixiert wurde. Darunter leidet in keiner Weise die Meßbarkeit, wohl aber werden Abschätzung und Anschaulichkeit beeinträchtigt. Das führt zu dem Schluß, daß man bei nichtlinearen Darstellungen nicht unnötig weit von der Linearität abweichen sollte, . . .“. In der zitierten Arbeit hat JENSCH eine Methode vorgelegt, welche die Ermittlung der Werte solcher erwünschter Kurven ermöglicht und auch aus einem Nomogramm ablesen läßt.

Wenn wir uns den flachen Verlauf der in Abb. 63 dargestellten Kurven insbesondere für Kreis und Kugel in den höheren Wertbereichen vor Augen halten, dann erkennen wir, daß derart gestaltete proportionale Kartenzeichen *für eine rasche Objektauffassung mitunter zu geringe Größenunterschiede* aufweisen. Dieser Umstand oder der Wunsch, bestimmte Wertbereiche auch durch ihre Signaturengrößen von anderen besonders deutlich abzuheben, ist dafür maßgebend, daß man mitunter den Verlauf der Größenwachstumskurve bricht oder sie versetzt. Im wesentlichen kommen hierfür 3 Möglichkeiten in Frage (s. Abb. 64):

1. In bestimmten Wertbereichen werden zu den Signaturenwerten konstante Werte dazu addiert. Die Kurve wird also parallel versetzt.

2. Der Kurvenverlauf wird gebrochen und zwar derart, daß für bestimmte Wertbereiche die Kurve in einem flacheren, meist aber steileren Winkel ansetzt (empirische Veränderung der Funktion).

3. Der Kurve werden für die einzelnen Wertbereiche verschiedene mathematisch festgelegte Funktionen (z. B. $\sqrt[2]{n}$, $\sqrt[3]{n}$ usw.) zugrunde gelegt.

Eine Objektwertumrechnung in einfache inhaltsgleiche bzw. oberflächengleiche Figuren kann man sich heute meist sparen, da die gesuchten Werte aus zur Verfügung stehenden *Tabellen* entnommen werden können.

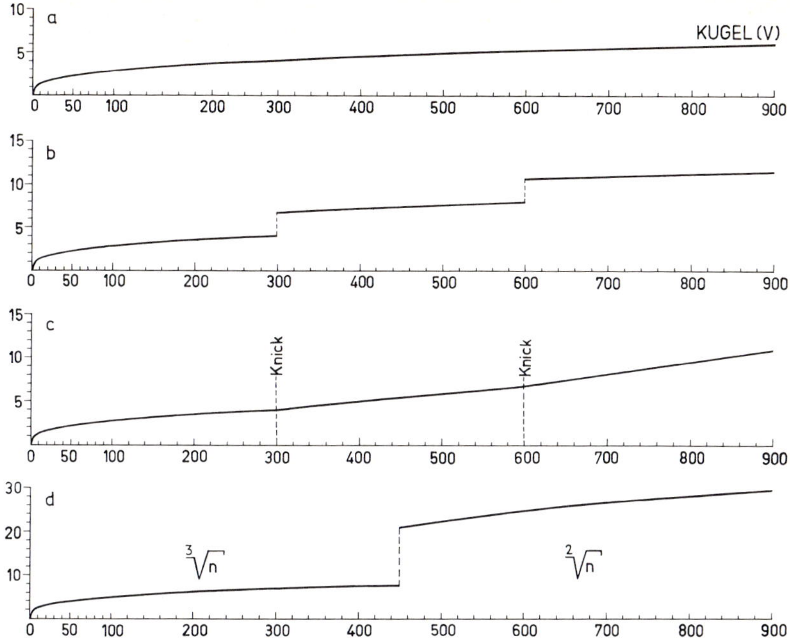

Abb. 64: Parallel versetzte und gebrochene Kurven. Ausgangskurve der vorliegenden Beispiele b und c ist die des Kugelvolumens (aus E. ARNBERGER: Handbuch der thematischen Kartographie; Wien, 1966, S. 322).

7.2.3.2 Richtige Größenauffassung und sicherer Größenvergleich

Wir haben festgestellt, daß ein rascher Größenvergleich nur mittels ähnlicher Figuren erzielt werden kann. Wir dürfen uns allerdings nicht darüber hinwegtäuschen, daß die Sicherheit einer richtigen Wertabschätzung selbst bei Verwendung ausschließlich zweidimensionaler geometrischer Figuren lediglich über den Vergleich mit dem Signaturenmaßstab der Legende erreicht werden kann. Auf eine *übersichtliche Gestaltung dieses Signaturenmaßstabes* muß daher ganz besonderer Wert gelegt werden.

Unter allen zweidimensionalen Figuren gelingt meist die *Größenbewertung des Quadrates* und seiner Unterteilungen am besten, während der Kreis und seine Unterteilung in Kreissektoren beim Flächenvergleich große Unsicherheiten mit sich bringt.

In Abb. 65 sind zwei- und dreidimensionale Figuren ineinander gestellt. Auf den ersten Blick erkennen wir, daß sich mehrere konzentrische Kreise flächenmäßig viel schwerer miteinander vergleichen lassen als ineinander konstruierte Kreise, welche sich in einem Tangentenpunkt berühren. Dasselbe gilt für alle anderen regelmäßigen Vielecke, welche so ineinander gestellt werden sollen, daß sich von jeder Figur jeweils zwei Seiten mit den entsprechenden der ähnlichen Vergleichsfigur decken. Die Tatsache der *schlechten Vergleichbarkeit konzentrischer Figuren* sollte uns auch vor dem meist ganz unnötigen Gebrauch der Kreisringmethode warnen.

Abb. 65: Unterteilung flächengleicher Figuren in konzentrischer Art (oben) und von einem gemeinsamen Tangenten- oder Eckpunkt aus (unten)

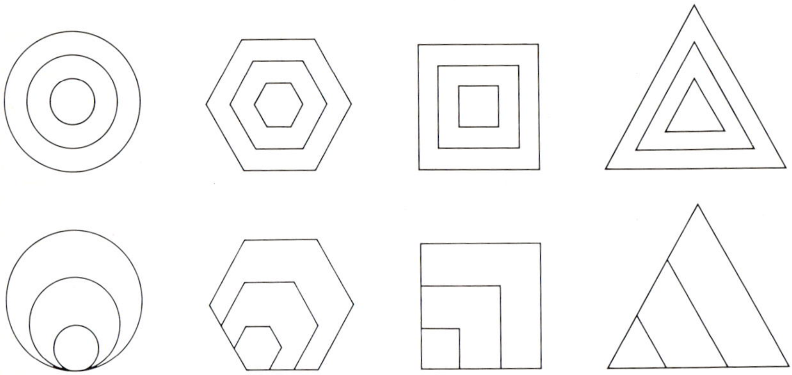

Die Unterteilung von Figuren von einem gemeinsamen Tangenten- oder Eckpunkt aus bietet außerdem die Möglichkeit, neben den Absolutwerten auch die Relativwerte rasch und sicher zu erkennen.

Die *größten Fehleinschätzungen* ergeben sich beim Vergleich der Volumina und Oberflächen dreidimensionaler Figuren, soweit der Betrachter nicht den Signaturenmaßstab zur Hilfe nimmt. Hierüber liegen bereits mehrere Tests und damit auch gesicherte Erkenntnisse vor. W. WILLIAM-OLSSON, G. EKMAN und R. LINDMAN (1961) testeten die wertmäßige Auffaßbarkeit von Kugeln, Kuben, Kreisflächen und Quadraten, deren Inhalt sich zu den dargestellten Objektwerten proportional verhält.[18] Wie nicht anders zu erwarten war, zeigte sich, daß der *Vergleich von Kugelvolumina* zu etwas größeren Fehleinschätzungen als der von Kuben führte. Die Schätzung der Werte beim Vergleich von Kugeln wurde häufig in Anlehnung an Kreisflächen gleicher Durchmesser vorgenommen. Auch beim *Vergleich von Kuben* ließen sich die Versuchspersonen dazu verleiten, die Wertschätzung entsprechend Quadraten gleicher Seitenlängen vorzunehmen. Bei sehr großer Divergenz der dargestellten Objektwerte ergeben sich für die wertmäßige Auffassung der zwischen den Extremgrößen liegenden Figuren besondere Schwierigkeiten.

Besonders aufschlußreich sind auch die Ergebnisse eines Testes mit 2483 Schülern, welcher von P. GROHMANN (1975) im Rahmen einer Arbeit an meiner Lehrkanzel in Verbindung mit meinem Institut für Kartographie der Österreichischen Akademie der Wissenschaften durchgeführt wurde[19].

Aus den umfangreichen Untersuchungen möge hier nur ein als Nebenprodukt angefallenes Teilergebnis wiedergegeben werden (s. Abb. 66). GROHMANN kommt zu folgenden Schlüssen: Der Vergleich verschieden großer Figuren miteinander zeigt, daß *je kleiner die Figur im Verhältnis zur Vergleichsfigur ist, umso schwieriger auch die Angabe eines annähernd richtigen Größenverhältnisses wird.* Beim Flächenvergleich weist die große Figur einen doppelt so hohen Wert im richtigen Lösungsbereich auf wie die kleine, bei den Körpern einen fünfmal so hohen Wert. Differenziert nach dem Alter ist die Zahl der Lösungen im richtigen Bereich bei der Altersgruppe 2 (Alter 13,9–20 Jahre) durchwegs größer als bei der Altersgruppe 1 (Alter 10,0–13,8 Jahre). *Kreise sind schwerer zu schätzen als die entsprechenden Quadrate.* Die Werte für Würfel und Kugeln fallen um 15–20% unter jene der Flächen, z. B. Mädchen der Altersgruppe 1 nur 1–2% der Lösungen im richtigen Bereich. Die Knaben erbringen bei der Körperschätzung um rund 4% bessere Ergebnisse als die Mädchen.

Die *Bereiche der Fehlschätzungen sind nach Alter verschieden,* die Geschlechter verhalten sich aber ähnlich (s. Abb. 66). Folgende Ergebnisse sind charakteristisch:

Flächenschätzungen: A_2 erreicht bei der kleinen Figur das Maximum der Schätzungen unmittelbar vor dem richtigen Lösungsbereich und im richtigen Bereich bei der großen Figur. A_1 weist bei der kleinen Figur eine größere Streuung der Lösungen auf mit deutlicher Tendenz zur Unterschätzung. Bei der großen Figur finden sich die meisten Lösungen in dem richtigen vorhergehenden Lösungsbereich, aber immer noch 40% der Lösungen im richtigen Bereich.

Körperschätzungen: Bei Würfel und Kugel erreicht keine Altersgruppe das Maximum der Lösungen im richtigen Bereich. Für die kleine Figur zeigt sich eine breite Streuung mit klarem Trend zur Unterschätzung, der bei den Mädchen der Altersgruppe 1 besonders stark ausgeprägt ist. Die große Figur wird vor allem von A_1 unterschätzt, von A_2 aber auch zum Teil (Würfel bei den Knaben) überschätzt.

Um beim Vergleich von Raum- und Flächeninhalten ähnlicher drei- und zweidimensionaler Figuren eine richtige Größenvorstellung zu unterstützen, wurden von vielen Entwurfskartographen *in die Figuren ab einer bestimmten Größe Zahlen eingetragen.* Diese haben die Aufgabe, den Absolutwert in Hundert, Tausend oder Million Einheiten auszudrücken (s. Abb. 67).

Auch bei der Verwendung von *Diagrammen* in kartographischen Darstellungen ist eine Stütze der richtigen Größenermittlung unbedingt notwendig. Meist kann man den Diagrammen *Maßskalen* beifügen oder die Figuren durch ein Gitternetz in Größeneinheiten zerlegen, wie dies die Abb. 68 zeigt.

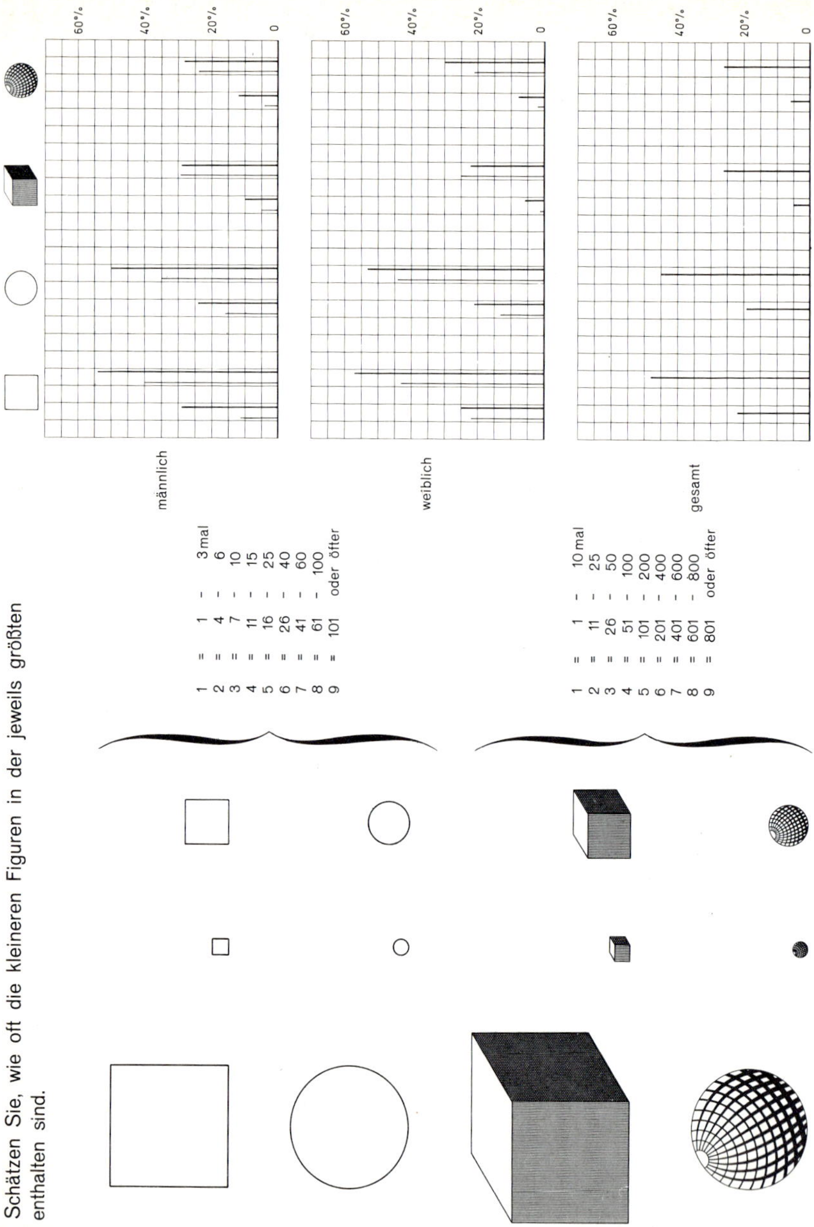

Abb. 66: Flächen- und Volumenschätzung. Ergebnisse eines Testes mit 2483 Schülern Höherer Schulen, durchgeführt von P. GROHMANN. *A*1 = Altersgruppe 10,0–13,8 Jahre, A2 = Altersgruppe 13,9–20,0 Jahre. Die jeweils linke Säule bezieht sich auf die kleine, die rechte auf die große Testfigur.

Abb. 67: Ziffernmäßige Kennzeichnung der Wertgrößen von Figuren

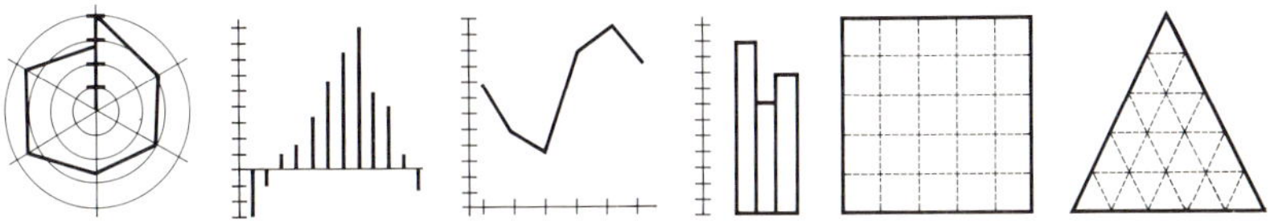

Abb. 68: Unterstützung der größenmäßigen Auffassung durch Beifügen eines Maßstabes zu jedem Diagramm oder Unterteilung der Figuren in Größeneinheiten.

7.3 Möglichkeiten der quantitativen Aussage für streckengebundene Objekte mittels Liniensignaturen und Bändern

7.3.1 Die Anwendung von Liniensignaturen zur Wiedergabe streckengebundener Objektwerte im Rahmen gestufter Signaturenschlüssel

Mittels *Liniensignaturen* sind wir lediglich imstande, quantitative Aussagen im Rahmen *gestufter Schlüssel* auszudrücken. Wir können zu diesem Zweck entweder Linien verschiedener Farbe oder verschiedener Gestaltung verwenden (s. Abb. 69). Letztere bieten die Möglichkeit, eine umfangreichere Skala zu bilden, da sie sich deutlicher und sicherer unterscheiden lassen als Farblinien, die von ihrer Umgebung überstrahlt werden und außerdem infolge Fehlsichtigkeit des Betrachters einer sehr verschiedenen Beurteilung unterliegen können.

Abb. 69: Beispiel einer quantitativen Aussage mittels Liniensignaturen.

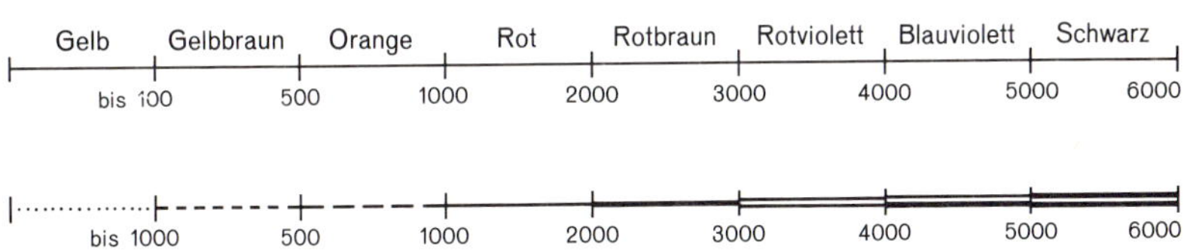

Verwendet man Linien verschiedener Farbrichtungen für streckengebundene Wertaussagen, dann ist einerseits auf gute Trennung der Farben zu achten, andererseits müssen sich die Farbgewichte wie die darzustellenden Werte verhalten.

Liniensignaturen haben gegenüber Bändern den Vorteil, eine *Gestaltung nach dem topographischen oder Lageprinzip* durchführen zu können. Wenn zusätzlich die Farbe hinzugezogen werden kann, gestatten sie Kombination von qualitativer und quantitativer Aussage, wobei erstere an die Farbe, letztere an die Form gebunden werden sollte, aber auch umgekehrt vorgegangen werden kann. Die quantitative Aussage bezieht sich entweder auf die vorkommenden Einzelwerte oder auf den Mittelwert eines Streckenbereiches innerhalb der vorgegebenen Wertspannen.

7.3.2 Quantitative Darstellung streckengebundener Objektwerte durch Bänder im Rahmen gestufter und gleitender Signaturenschlüssel

Die oben angeführte Art quantitativen Ausdrucks vermag oft die Werte und ihre Unterschiede in nicht genügend genauem Ausmaß zu veranschaulichen. Man sieht sich dann gezwungen, eine Bearbeitung nach dem *Diagrammprinzip* vorzuziehen und die Objektwerte mittels *Bänder* durch verschiedene Bandbreiten zum Ausdruck zu bringen.

Banddarstellungen rücken allerdings, selbst bei Verwendung größerer Kartenmaßstäbe, von der Lage- und Flächentreue sehr erheblich ab. Als Entwurfsergebnis erhalten wir also keine Karte, sondern ein Kartogramm. Dennoch ist diese Darstellungsform, z. B. für die Wiedergabe von Transportleistungen, Belastungen von Verkehrswegen u. a. m., wegen ihrer Anschaulichkeit sehr zu empfehlen.

Bei der Bandmethode unterscheiden wir gestufte und kontinuierliche oder gleitende Wertwiedergabe. Ein *gestufter Signaturenschlüssel* wird dann Verwendung finden, wenn die Wertangaben entweder nur für bestimmte Strecken als Repräsentativ- oder Mittelwerte gegeben sind oder auf ein genaueres Bild einer Wertänderung innerhalb dieser Strecken verzichtet wird (s. Abb. 70). Für die Bänderdarstellung können auch Werteinheitensignaturen (Werteinheitenlinien) Verwendung finden, die entsprechend den darzustellenden Werten zu Wertlinienbündeln summiert werden.

Bei entsprechender Dichte der Meßstellen ist die Anwendung eines *gleitenden Signaturenschlüssels* sinnvoll. Voraussetzung ist allerdings, daß sich zwischen den Meßstellen entweder kein oder ein im Verhältnis zum Signaturenmaßstab nur sehr unerheblicher Wertzu- bzw. Wertabfluß vollzieht (s. Abb. 71).

Eine *Kombination von Linien- und Bandsignaturen* ist sowohl für die gestufte als auch gleitende Darstellung in der Form möglich, daß für die niedrigen Werte Liniensignaturen, für die höheren Werte Bänder verwendet werden. Die Umrechnung der Objektwerte auf Bandbreiten soll in jedem Falle einer logischen Gesetzmäßigkeit folgen und die Breitenzunahme zu den höheren Werten hin eine harmonische sein. So können sich z. B. die Bandbreiten zu den Objektwerten wie die $\sqrt[2]{}$ oder $\sqrt[3]{}$ der Werte, die sie darstellen sollen, verhalten.

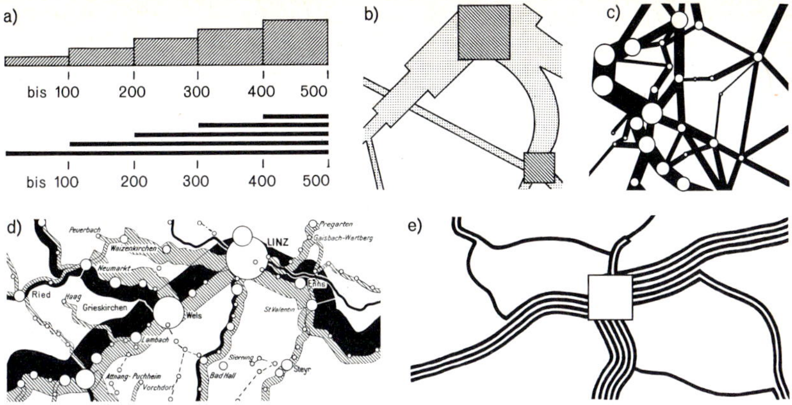

Abb. 70: Bänderdarstellungen mittels gestuftem Signaturenschlüssel. Ausschnitte aus Bänderkartogrammen der Straßenbelastung (b, c: nicht untergliedert) und des Personen- und Güterverkehrs der Eisenbahnen (d: untergliedert). Banddarstellung mittels Werteinheitensignaturen (e: eine Linie = 100).

Abb. 71: Zeichenschlüssel (a) und beispielhafte Ausschnitte gleitender oder kontinuierlicher, untergliederter Bänderkartogramme (b, c)

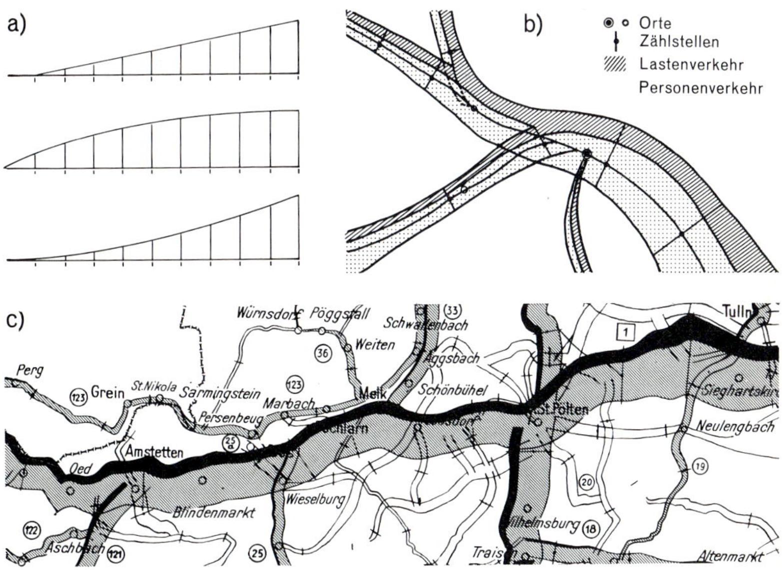

Die Bänder selbst können parallel zu ihrer Erstreckungsrichtung eine weitere *sachliche Aufgliederung* aufweisen. Eine solche Untergliederung kann durch verschiedene Schraffuren, Farben oder durch Aufrasterung der gleichen Farbe (s. Abb. 71 b und c) gekennzeichnet werden. Außerdem ist es möglich, Aufhellungsstufen ein und derselben Farbe auch noch als zusätzliches qualitatives Merkmal heranzuziehen. Dies ist ein weiterer Vorteil, den die Banddarstellungen in Kartogrammen gegenüber den nach dem Lageprinzip gestalteten Karten besitzen, welche sich lediglich der Liniensignaturen bedienen können.

7.4 Die Verwendung von Diagrammen in der Kartographie für qualitative und quantitative Aussagen

Eigentlich haben uns bereits die Banddarstellungen in das weite Anwendungsgebiet der Diagramme in den verschiedenen kartographischen Ausdrucksformen eingeführt. Sie bieten uns viel umfangreichere Möglichkeiten *einer genaueren quantitativen und untergliederten qualitativen Aussage,* als alle anderen signaturhaften Darstellungsformen. Dieser Vorteil muß allerdings wieder mit dem Verzicht auf eine exakt lagetreue Wiedergabe erkauft werden. Die Diagrammfiguren überdecken derart große Räume, daß sie zwar unter Umständen noch lagerichtig eingetragen werden können – d. h., daß sich der Mittelpunkt des Diagrammes mit der genauen Ortslage des darzustellenden Objektes deckt – immer aber andere Karteninhalte verdeckt oder verdrängt werden, und wir daher *Kartogramme oder Kartodiagramme* erhalten. Die Aussagekraft eines Kartogrammes kann aber bei richtiger Gestaltung wesentlich größer als die einer Karte sein.

Diagramme bieten eine bessere und genauer ablesbare Information über absolute und relative Wertgrößen als Signaturen. Die Verwendung von *Korrelationsfiguren vermag auch die inneren Beziehungen dargestellter Objektinhalte besser zu durchleuchten.* Die Gestaltung der Diagramme unterliegt den Gesetzmäßigkeiten und dem logischen Aufbau der graphischen Darstellung, wie sie die Statistik verwendet. Es handelt sich ja auch meist um rein statistisches Material, welches auf diese Weise ausgewertet und kartographisch verarbeitet werden soll. Die Abb. 72 bietet eine Übersicht der wichtigsten Diagrammformen.

Kurvendiagramme können nach einem arithmetischen oder einem geometrischen (logarithmischen bzw. halblogarithmischen) Maßstab konstruiert sein. Die Wahl eines Verkürzungsmaßstabes sollte niemals ohne dringende Notwendigkeit vorgenommen werden und mag wohl überlegt sein. Daß sich Werte über

Abb. 72: Die wichtigsten Formen der Diagramme (aus E. ARNBERGER: Handbuch der thematischen Kartographie; Wien, 1966, S. 243). ▷

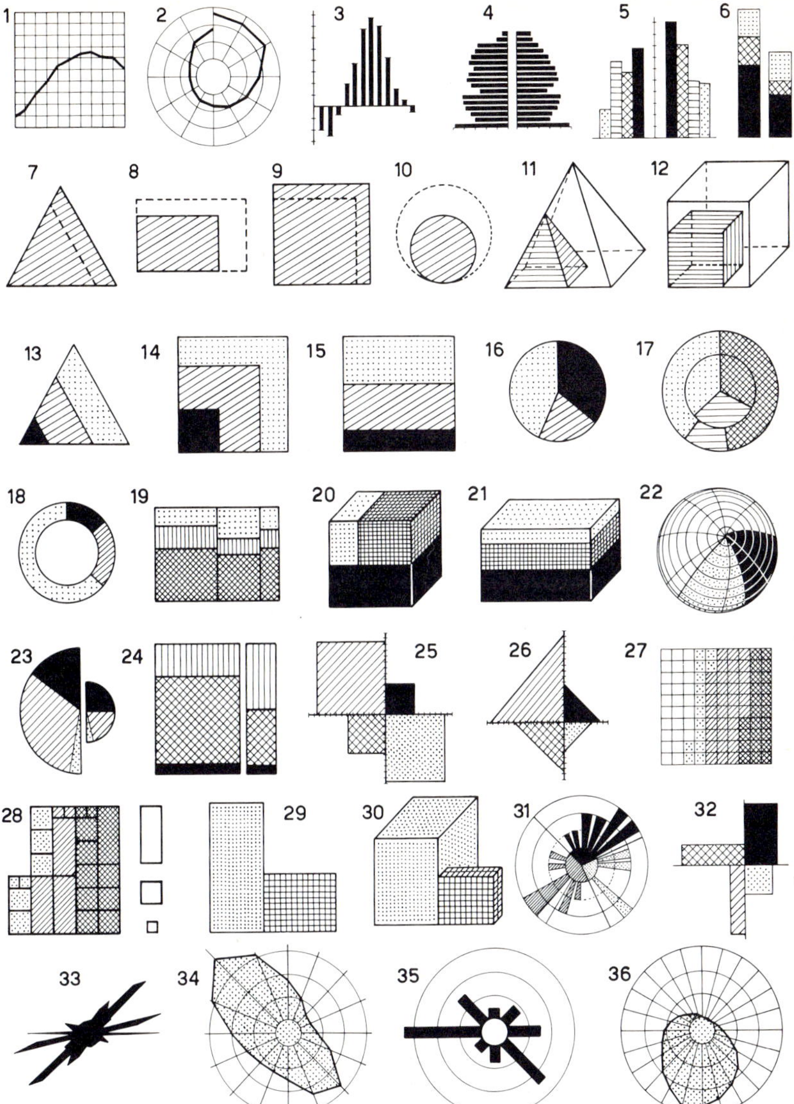

1) Arithmetisches Kurvendiagramm; 2) Kurvendarstellung mittels Polarkoordinaten; 3 und 4) Stäbchendarstellungen; 5 und 6) Säulendarstellungen nicht unterteilt bzw. unterteilt (Absolutwerte); 7–10) Zeitlicher Vergleich von Absolutwerten durch ineinander gezeichnete Flächenfiguren; 11 und 12) dasselbe mittels Körperfiguren; 13–19) Unterteilte Flächendiagramme; 20–22) Unterteilte Körperdiagramme; 23–26) Gegenübergestellte (gekoppelte) Diagramme; 27 und 28) Baukastendiagramme relativ und absolut; 29 und 30) Korrelationsfiguren (Zwei- und Dreifachkorrelationen); 31–36) Richtungs- und Tendenzdiagramme (31 und 32 sachlich, 33–35 räumlich, 36 zeitlich).

sehr große Wertspannen erstrecken (von sehr niedrigen bis zu sehr hohen), kann allein noch nicht als Argument zur Verwendung eines logarithmischen Maßstabes herangezogen werden. Über die grundsätzliche Verschiedenheit von arithmetischer und logarithmischer Darstellung wird man sich allein schon dadurch klar, wenn man die Bedeutung des Verlaufes zweier paralleler Kurven zueinander in einem arithmetischen und logarithmischen Netz vergleicht. Für Kurvendiagramme können wir entweder *rechtwinklige* oder *Polarkoordinaten* verwenden. Letztere leisten besonders zur Darstellung entweder richtungsorientierter Sachverhalte (z. B. vorherrschende Windrichtungen und -stärken im Jahresablauf) oder Erscheinungen mit periodischen Schwankungen (z. B. saisonbedingte Unterschiede der Arbeitslosenziffern) gute Dienste.

Stäbchen- und Säulendarstellungen können sowohl für den zeitlichen als auch sachlichen Vergleich herangezogen werden. Die Konstruktion von Stäbchendiagrammen kann so platzsparend vorgenommen werden, daß sich diese leicht und weitgehend orts- und lagerichtig in die Karte einbauen lassen (z. B. Altersaufbau der Bevölkerung nach Altersjahren oder nach Altersgruppen). Zur Veranschaulichung zeitlicher Entwicklungen sind sie immer dann heranzuziehen, wenn die beobachteten Werte für eine Kurvendarstellung zeitlich nicht dicht genug aufeinanderfolgen oder es sich um Mittelwerte längerer Zeitabschnitte (z. B. Monatsmittel der Temperatur) handelt. Säulendarstellungen erfordern mehr Raum, bieten dafür aber wieder die Möglichkeit einer weiteren Untergliederung.

Besonders vielfältig ist die Konstruktions- und Ausdrucksmöglichkeit von *Flächen- und Körperdiagrammen.* Die Diagrammfiguren sollen in ihrer Formgestaltung und Konstruktion möglichst einfach und leicht vergleichbar sein. Solche Figuren sind Quadrat, Rechteck, Dreieck, Kreis, Würfel, Quader und die Kugel. Untereinander größenmäßig leicht vergleichbar sind allerdings – wie wir bereits früher erörtert haben – nur ähnliche Figuren. Zweidimensionale Figuren sind größenmäßig sicherer vergleichbar als dreidimensionale. Erstere sind daher immer vorzuziehen. Nur dort, wo infolge einer besonders starken Divergenz der darzustellenden Objektwerte die Körperfigur im Hinblick auf die Auslastbarkeit der kartographischen Ausdrucksformen geboten erscheint oder für die Aussage einen bedeutenden methodischen Erfolg verspricht, sollte man sich zu ihrer Verwendung entschließen.

Am einfachsten ist die Darstellung eines sachlich nicht aufgegliederten Merkmals durchzuführen. Es handelt sich dabei um selbständige, regional bzw. lokal verschieden große, sonst aber gleichartige Massen. Die quantitativen Unterschiede kommen durch verschiedene Flächen bzw. Rauminhalte oder unterschiedlichen Umfang ähnlicher Diagrammfiguren zum Ausdruck.

Soll ein Hauptmerkmal in mehrere Sekundärmerkmale oder Untergruppen aufgegliedert werden, dann bedienen wir uns des *unterteilten Diagramms.* Diese Unterteilung kann entweder wieder durch ineinandergestellte ähnliche Figuren oder durch eine streifenhafte Untergliederung vorgenommen werden. Beide

Methoden geben nun nicht nur eine Aussage über die Absolutwerte, sondern auch über die Anteile an der Gesamtmasse. Das anteilsmäßige Durchziehen einer streifenförmigen Aufteilung ist leichter als jede andere Form abschätzbar.

Die *Aufgliederung der Kreisfigur in Sektoren* ist ebenfalls eine beliebte Form des unterteilten Diagrammes. Anscheinend überlegt man aber gerade bei der Wahl dieser Figur nicht, wie schwierig es ist, Kreissektoren visuell, sowohl absolut als auch relativ richtig einzuschätzen und miteinander zu vergleichen. Das mag auch darin begründet liegen, daß wir zwar gewöhnt sind, einen Kreisumfang in 360 Grade, aber nicht in 100 % einzuteilen und daß verschieden große Kreissektoren eben keine ähnlichen Figuren sind. Die Beliebtheit der Kreise in der Kartographie hängt anscheinend mit ihrer harmonischen Einfügung in die meisten graphischen Strukturen zusammen.

Ähnliche ineinandergestellte Figuren werden auch zum Zweck des Mengenvergleiches gleichartiger Objekte zu verschiedenen Zeitpunkten verwendet (z. B. Bevölkerungszahlen verschiedener Stichtage). Schwierigkeiten der Darstellung ergeben sich, wenn infolge gleicher Werte zu verschiedenen Zeitpunkten sich die Diagramme völlig decken.

Mit Hilfe *gegenübergestellter (gekoppelter) Figuren* bietet sich eine ausgezeichnete Möglichkeit, in kausalem Zusammenhang stehende, verschiedenartige Massen zu vergleichen (z. B. Produktion und Absatz von Waren).

Rechtecke und Quadrate sind unter allen Figuren am besten dazu geeignet, nach der *Baukastenmethode* lückenlos aneinandergereiht zu werden. Dadurch ist es möglich, selbständige Sachinhalte rein quantitativ zu einem Oberbegriff zu summieren. Bei einer Karte der Eisen- und Metallindustrie z. B. wäre das kleinste Bauelement der Einzelbetrieb, dessen Zugehörigkeit zur Industriegruppe (Eisen- und Stahlwerke, Gießerei, Fahrzeugbau usw.) durch entsprechende Schraffur oder Farbe gekennzeichnet ist. Die Gesamtheit der aneinandergefügten Betriebssignaturen einer Industriegruppe bilden einen Baublock, und zwar den der entsprechenden Industriegruppe. Die Baublöcke der einzelnen Industriegruppen lassen sich nun wieder zum sachlich höhergeordneten Baublock der eisen- und metallverarbeitenden Industrie vereinen usw. Dadurch wird der quantitative Vergleich der gesamten Eisen- und Metallindustrie verschiedener Orte in ihrer Betriebsgrößenstruktur erleichtert.

Ein ganz besonderes Augenmerk sollte in Zukunft der Verwendung von *Korrelationsfiguren,* die bisher in kartographische Darstellungen nur ausnahmsweise Eingang gefunden haben, geschenkt werden. Diese dürfen nicht mit Korrelationsdiagrammen, die z. B. – wie beim Dreiecksdiagramm – das Ermitteln richtiger Grenzwerte von Mehrfachkorrelationen erleichtern, verwechselt werden.

Korrelationsfiguren setzen Variable in eine mathematisch funktionelle Beziehung und gestatten es, durch multiplikative Verknüpfung von zwei oder mehr verschiedenartigen Größen auch aus dem Inhalt der Figuren eine weitere quantitative Aussage dieser Beziehungen zu gewinnen. Selbst über einfachste zweidimensionale Figuren bietet sich die Möglichkeit, wertvolle Anhaltspunkte modellhafter Vorstellungen zum Zweck einer Typenbildung zu erhalten, wie dies die Abb. 73 für die Korrelation von Preis und Absatz einer Warengruppe zeigt. Die *multiplikative Verknüpfung der Werte* für Preis und Absatz ergibt in der Form des Flächeninhaltes der Rechtecke jeweils quantitative Aussagen über den Umsatz.

Abb. 73: Beispiel einer zweiachsigen Korrelationsfigur, aus deren verschiedenartiger Form und ihrem Vorkommen in Verbreitungsgebieten ähnlicher Formen sich raumrelevante Typen ableiten lassen.

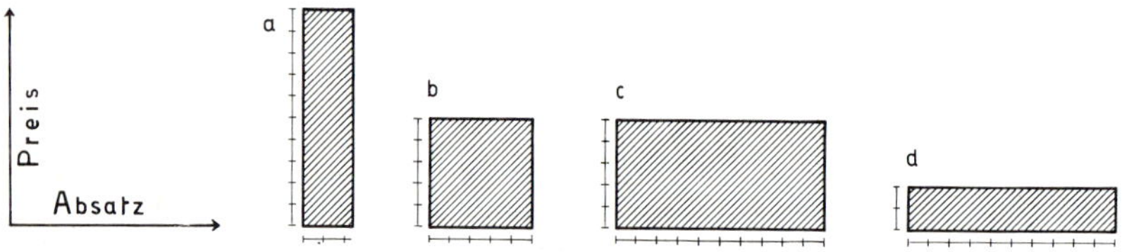

Durch Hinzufügen einer dritten Variablen erhalten wir dreidimensionale Korrelationsfiguren, die in die kartographischen Ausdrucksformen in verschiedener Achsenlage eingetragen werden können (s. Abb. 74). Würden z. B. für die Darstellung des Fremdenverkehrs in der Abb. 74 der Achse A die Zahl der gemeldeten Gäste, der Achse B die durchschnittliche Zahl der Übernachtungen pro Gast und der Achse C den durchschnittlichen Verdienst pro Übernachtung und Aufenthaltstag zugeordnet werden, dann könnten durch die Form der Quader jeweils die Zugehörigkeit zu einem Fremdenverkehrstypus (hoher Quader = Aufenthaltsfremdenverkehr, liegender Quader = Durchgangsfremdenverkehr) und durch das Volumen der Gesamtgewinn aus dem Fremdenverkehr ausgedrückt werden.

Abb. 74: Beispiel dreidimensionaler Korrelationsfiguren in verschiedener Achsenlage (Erklärung s. im Text).

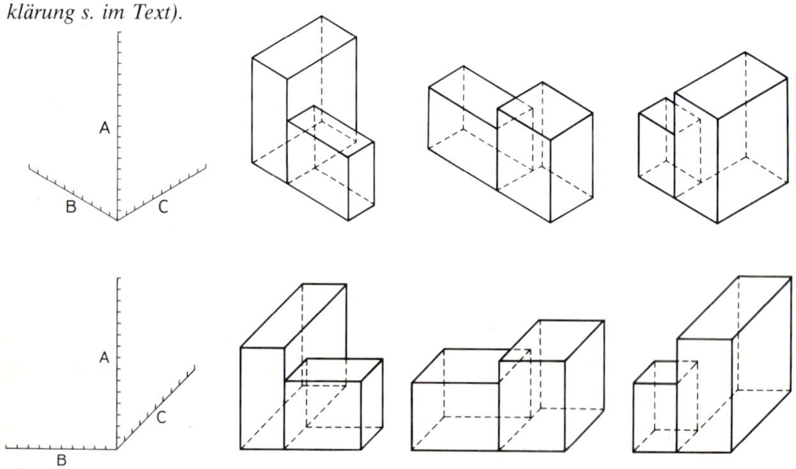

F. KELNHOFER (1971/72) unterscheidet zwischen *Korrelationsfiguren,* in denen eine multiplikative Verknüpfung der verschiedenen achsengebundenen Wertangaben bzw. eine quantitative Gesamtaussage durch den Figureninhalt möglich ist, und Korrelationszeichen, die diese Bedingung nicht mehr zu erfüllen vermögen[20]. *Korrelationszeichen* sind also mehrachsige Figuren, die kausal zusammenhängende, aber mathematisch ungekoppelte Absolut- oder Relativwerte wiedergeben (s. Abb. 75). Sie können mitunter bereits *komplizierte Modellvorstellungen* zum Ausdruck bringen und stellen eine kartographische Forschungsmethode dar. Wenn man den Achsen der Korrelationszeichen von Abb. 75 quantitativ ausdrückbare, für einen Strukturaufbau typische Kriterien zuordnet und ihr regional unterschiedliches Zusammenwirken mittels dieser Zeichen kartographisch darstellt, dann bietet sich auf diese Weise ein sicherer Weg für eine weitgehend sichere Typenkonstituierung und -abgrenzung. Auf diese Weise könnten z.B. sehr gut die zentralen Funktionen wiedergegeben werden.

Abb. 75: Sechsachsiges Korrelationszeichen (pseudodreidimensionale Figuren)

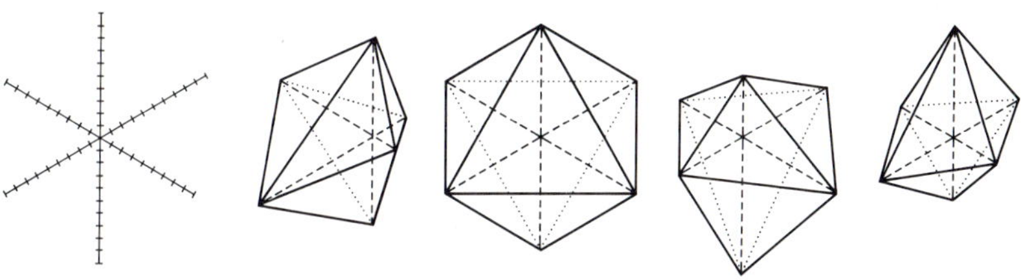

Die Diagrammfiguren können auch der Darstellung richtungsorientierter oder zeitablaufgebundener Sachverhalte dienen. Dies kommt besonders deutlich bei den *Richtungs- und Tendenzdiagrammen* zum Ausdruck. Beispiel hierfür wären die Diagramme, welche in Klimakarten zur Darstellung der prozentualen Häufigkeit der Windrichtungen nach Monaten im Jahresablauf oder in morphotektonischen Karten zur Wiedergabe des Streichens und Fallens von Verwerfungen und Klüften verwendet werden. Auch für die Veranschaulichung örtlicher Klimaverhältnisse wurden Klimadiagramme entwickelt, welche sich in stark verkleinerter Form in das Kartenbild einfügen lassen und oft mehrere Klimaelemente korrelieren (s. Abb. 76).

Abb. 76: Klimadiagramme für die Klimacharakterisierung von Orten nach F. LAUSCHER

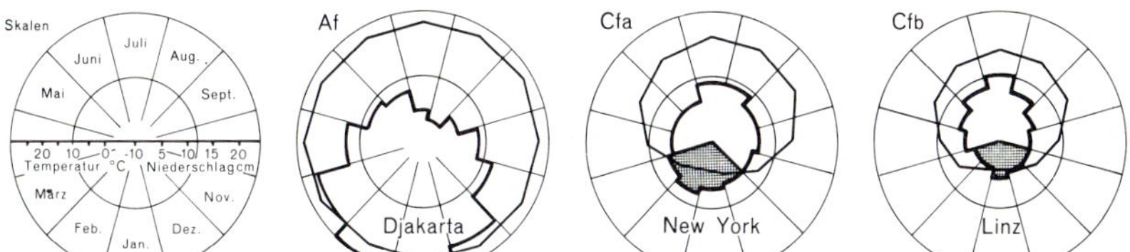

7.5 Die quantitative Aussagemöglichkeit graphisch flächenhafter Ausdrucksmittel

Wir haben im Kapitel 6.4.3 die Möglichkeiten einer qualitativen Aussage für flächenhaft verbreitete Objekte kennengelernt. Quantitative Aussagen für solche kommen hauptsächlich als Relativwerte im Rahmen gestufter Signaturenschlüssel in Frage. Das Problem der richtigen Wahl geeigneter Bezugsflächen werden wir noch später erörtern (Abschnitt 11).

Für die quantitative Kennzeichnung flächenhaft verbreiteter Objekte gilt die Regel, daß den steigenden Objektwerten auch zunehmende Gewichte der Flächensignaturen entsprechen sollen.

Visuelle *Flächenraster,* welche sich aus Punkten, Linien und gekreuzten Linien ergeben, lassen sich leicht zu objektwertproportionalen Reihen aufbauen (s. Abb. 28 und 77), die in einer Schwarz-Weiß-Darstellung geeignet sind, Wertstufen von Kontinua in harmonischer Folge wiederzugeben. Ist ein Wechsel der Rasterrichtung notwendig, dann ist unbedingt darauf zu achten, daß dadurch nicht visuell störende Effekte hervorgerufen werden, welche die Lesbarkeit der Karte beeinträchtigen.

Abb. 77: Folge visuell erkennbarer Raster zur quantitativen Darstellung von Kontinua

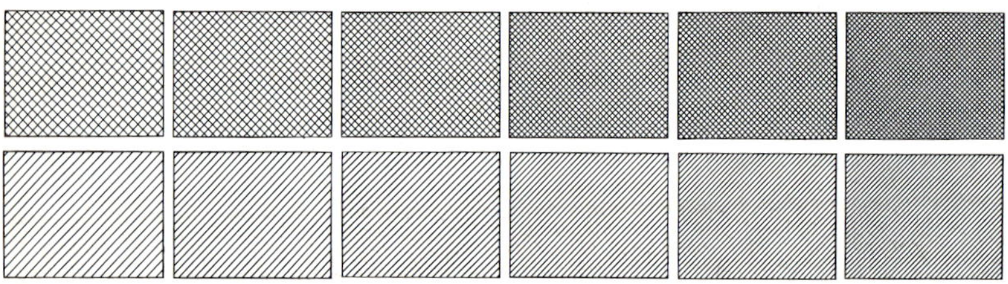

Sind auf einer Karte in Schwarz-Weiß-Darstellung verschiedenartige, flächenhaft verbreitete Objektinhalte vertreten, dann werden Flächenraster allein nicht ausreichen. Besonders dann nicht, wenn auch noch quantitative Unterschiede ausgedrückt werden sollen. In solchen Fällen muß man zu *Flächenmustern* greifen, die sich ebenfalls gewichtsmäßig zu Wertstufenreihen aufbauen lassen (s. Abb. 78).

Besondere Probleme sind mit der Anwendung von Flächentönen und Farbtonwerten verschiedener Farbrichtungen für den Aufbau wertadäquater Signaturenreihen verbunden. Rasterelemente können mit bloßem Auge nicht mehr wahrgenommen werden, wenn ihr Abstand dem Betrachter unter einer Bogenminute erscheint, was etwa 50 Rasterelementen pro cm entspricht. Unter solchen Bedingungen erhalten wir in Richtung der Verdichtung hin nur noch *Tonwertstufen,* die sich ebenfalls zu einer quantitativen Signaturenreihe aneinander-

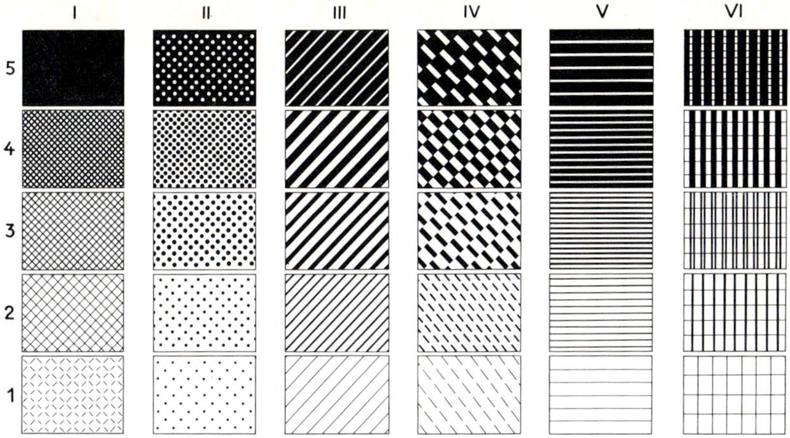

Abb. 78: Flächenmusterarten (I bis VI) in Wertstufenaufbau mit steigenden Wertstufen (1 bis 5)

schließen lassen. Die Zahl der deutlich trennbaren Tonwertstufen ist allerdings verhältnismäßig gering. Um eine Verlängerung einer solchen Wertstufenreihe zu erhalten, müssen wir Tonwertstufen mit visuellen Flächenrastern und Flächenmustern kombinieren (s. Abb. 79).

Abb. 79: Verlängerte Tonwertstufenskala durch Kombination mit Flächenrastern und Flächenmustern

Bunte Farben lassen sich zu einer *einpoligen oder zu einer zweipoligen Wertstufenskala* kombinieren. Als einpolige Farbskalen sind solche Farbreihen zu bezeichnen, welche aus Tonwerten nur einer Farbrichtung (z. B. Grün) oder eines engen Farbrichtungsbereiches (z. B. Gelbgrün bis Blaugrün) aufgebaut sind (s. Abb. 80 a und b). Zweipolige Farbskalen erstrecken sich von entgegengesetzten Farbrichtungen und müssen daher die Assoziationsfähigkeit der Farben (z. B. Blaugrün-Assoziation „feucht", Rot-Assoziation „trocken") berücksichtigen. Das Beispiel der Klimakarten läßt die Vor- und Nachteile beider Methoden recht gut erkennen. So lassen sich z. B. Karten über die mittleren Niederschlagsmengen durch eine einpolige Skala im Blaugrün- und Grünbereich sehr logisch aufbauen, vermögen aber nur eine geringe Zahl gut unterscheidbarer Farbstufen zu bieten. Für Karten zur Darstellung der mittleren Temperaturen ist auch eine zweipolige Skala, die zahlreichere Farbstufen ermöglicht, methodisch vertretbar, wenn sie den Gefühlswert der verschiedenen Farbrichtungen berücksichtigt und sich vom Blaugrünbereich für die niedrigeren Temperaturen zum Rotbereich für die höheren Temperaturen erstreckt (s. Abb. 80 c).

Abb. 80: Einpolige Farbskala in der Form von Aufhellungsstufen derselben Farbrichtung (a) und der Kombination von Farbrichtungen eines engen Farbrichtungsbereiches (b). Zweipolige Farbskala mit den Polen entgegengesetzter Farbrichtungen (c).

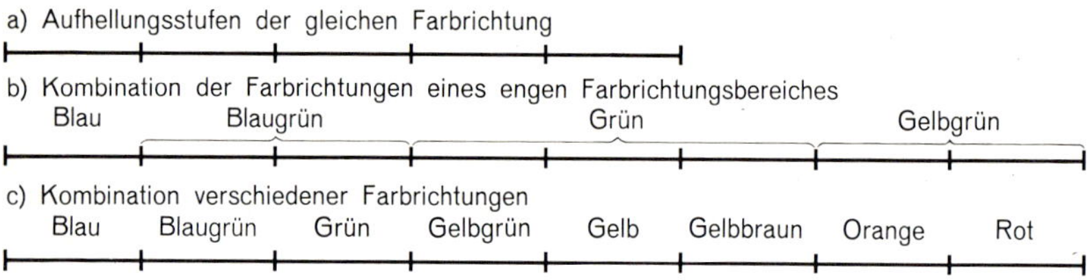

7.6 Rasterfelder- und Flächeneinheitenmethode für die Angabe von Arealgrößen

Aus methodischen Gründen wird auf diese quantitative Darstellungsmöglichkeit von Arealen im Abschnitt über Absolut- und Relativwertdarstellung und ihre Bezugsflächen unter 11.1.5 und 11.2.1.2 eingegangen.

8 Die Anwendung von Nomogrammen in der thematischen Kartographie – eine Hilfe zur Einsparung immer wiederkehrender, gleichartiger Rechenoperationen

Die *Nomographie* verfolgt als Teilbereich der praktischen Mathematik das Ziel, funktionale Zusammenhänge graphisch so wiederzugeben, daß aus diesen Darstellungen Zahlenangaben mit einer den jeweiligen praktischen Bedürfnissen entsprechenden Genauigkeit und möglichst geringem Zeitaufwand entnommen werden können (F. KELNHOFER, 1975). *Es werden also mathematisch definierbare Abhängigkeiten zwischen zwei oder mehr Variablen zur Darstellung gebracht.* Daraus ergeben sich zwei große Vorteile: Erstens können immer wiederkehrende, gleichartige Rechenoperationen erspart und die Werte mit hinlänglicher Genauigkeit direkt aus den Nomogrammen abgelesen werden, zweitens vermitteln diese Nomogramme ein anschauliches Bild und eine rasche und sichere Vorstellung über die funktionalen Zusammenhänge der Variablen, eine Grundvoraussetzung für viele Entwurfsüberlegungen, z. B. über Kartenbelastbarkeit, Wahl des richtigen Signaturenmaßstabes, kartometrische Auswertegenauigkeit usw.

Obwohl sogar Kartennetzentwürfe mit Hilfe von Nomogrammen erheblich erleichtert werden können, beschränkte sich die Verwendung in der thematischen Kartographie hauptsächlich auf Signaturenschlüssel zur Objektwertwiedergabe und die Entwurfsarbeiten im Rahmen quantitativer Aussagen. Hierüber liegen aus jüngerer Zeit mehrere praktisch bedeutungsvolle Arbeiten und Entwurfshilfen vor, deren Benutzung empfohlen werden kann und die daher kurz angeführt werden sollen: Um die Ermittlung optimaler, nichtlinearer Signaturen- und Figurenmaßstäbe für die Anwendung in der thematischen Kartographie hat sich G. JENSCH (1951/52) bemüht[21], dessen Ausführungen durch J. FISCHER (1954/55) wesentlich ergänzt wurden[22]. Den praktischen Bedürfnissen des Kartenentwurfes in der Raumplanung trägt besonders die Arbeit von G. TAEGE (1964) über „Die absolut-maßstäbliche Kartierung von Objekten auf thematischen Karten mittels geometrischen Figuren als flächenproportionale Kartensymbole“[23] Rechnung. Einen Überblick über die oben angeführten Ergebnisse gibt E. ARNBERGER (1966) im „Handbuch der thematischen Kartographie“[24].

Am ausführlichsten und in den Anwendungsmöglichkeiten auch umfassendsten hat sich mit Nomogrammen in jüngster Zeit jedoch F. KELNHOFER beschäftigt[25]. Die Wiedergabe der großformatigen Nomogrammnetze ist in dieser Publikation leider nicht möglich, es soll aber an dieser Stelle das Prinzip solcher Nomogramme an einem einfachen Beispiel von F. MERTENSEN zur Ermittlung der Größen von Quadraten, Kreisen, gleichseitigen Dreiecken und regelmäßigen Sechsecken als Kartensymbole bei absolutmaßstäblichen Kartierungen, einem Arbeitsbehelf für das Büro für Territorialplanung bei der Bezirksplanungskommission Magdeburg (Magdeburg 1965), gezeigt werden (s. Abb. 81).

Abb. 81: Nomogramm zur Ermittlung der Größen von Kartensymbolen nach F. MERTENSEN.

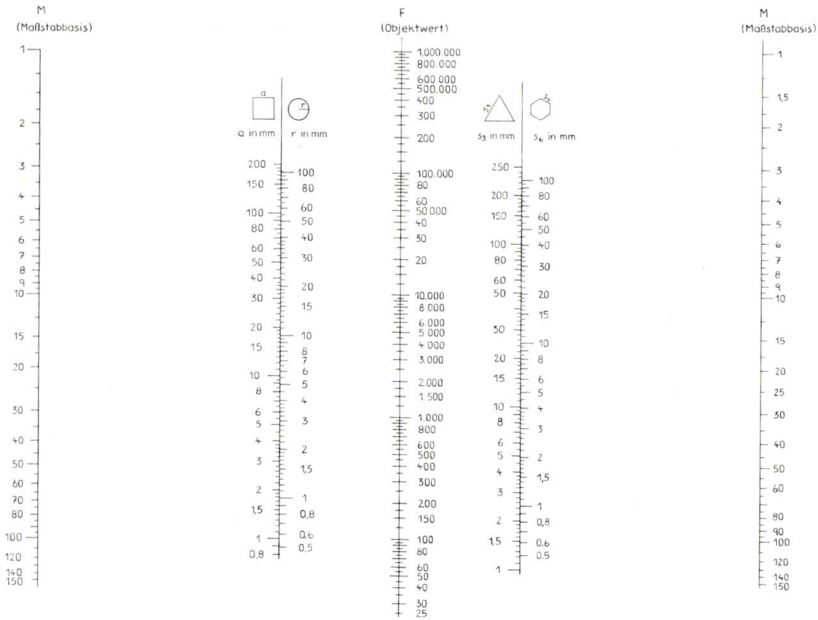

F = Quantitätswert eines Objekts, der durch die Symbolfläche dargestellt werden soll. M = Maßstabbasis des Kartensymbols, das heißt der Wert, welcher einer Symbolfläche von 1 mm² entspricht. α, γ, s_3 und s_6 sind Meßstrecken zum Zeichnen der Kartensymbole gemäß der nachstehenden Funktionen:

$$\alpha = \sqrt{\frac{F}{M}} \qquad \gamma = \sqrt{\frac{F}{M \cdot \pi}} \qquad s_3 = \sqrt{\frac{F}{M} \cdot \frac{4}{\sqrt{3}}} \qquad s_6 = \sqrt{\frac{F \cdot 2}{M \cdot 3 \cdot \sqrt{3}}}$$

Anwendungsbeispiel:
Mittels eines Kreissymboles sollen 1000 Einw. (das heißt $F = 1000$) kartiert werden, wobei 1 mm² Fläche des Kartensymboles 25 Einw. darstellen soll (das heißt $M = 25$). Um den entsprechenden Meßstreckenwert ($= \gamma$) zu erhalten, wird mit einem Lineal der Punkt 25 auf der linken M-Leiter mit dem Punkt 1000 auf der F-Leiter verbunden. Der Schnittpunkt dieser Verbindungsstrecke mit der γ-Leiter zeigt den gesuchten Meßstreckenwert, nämlich $\gamma = 3{,}6$ mm.

9 „Thematische Oberfläche“: Isolinien (Wertlinien), Pseudoisolinien und Wertefeldergrenzen (Wertegrenzen)

9.1 Isolinien (Wertlinien), ein Darstellungsmittel für Kontinua

Mit der Bedeutung, dem Wesen und der Methode der *Isolinien* haben sich in jüngerer Zeit mehrere Verfasser kritisch beschäftigt[26]. Nach IMHOF *dürfen nur solche Linien als Isolinien bezeichnet werden, welche gleiche Werte eines Kontinuums verbinden.* Unter Kontinuum ist diesbezüglich eine raum- oder flächenfüllende Erscheinung zu verstehen, deren Wertänderungen von Ort zu Ort stetig vor sich gehen und die in ihrem Verbreitungsgebiet überall vorhanden ist (Wärmeverhältnisse, Luftdruck, Niederschläge, Schneedecke).

Alle Punkte ein- und derselben Isolinie – die nichts anderes als eine fiktive Meß- und Veranschaulichungshilfslinie ist – besitzen den gleichen Objektwert, allerdings mit jeweils verschiedenen Lagewerten. Die einzelnen Punkte von Isohypsen, die die Landoberfläche topographisch festlegen, sind durch drei Lagewerte festgelegt. Bei den Isolinien in der thematischen Kartographie kommt zu diesen jeweils noch der Wert oder eine Wertkorrelation für die quantitative Aussage über das spezielle Objekt hinzu. Mitunter ist entsprechend der Geländeoberfläche auch die Vorstellung einer *thematischen Oberfläche* berechtigt, bei deren kartographischer Wiedergabe bisher allerdings oft die Höhendarstellung der Lage nicht aufgenommen ist oder es sich, wie z. B. bei Klimakarten, um auf den Meeresspiegel reduzierte Werte handelt (s. Abb. 82).

Abb. 82: Geländeoberfläche und thematische Oberfläche im Profil (links) und in grundrißlicher Isoliniendarstellung (rechts). Die Isolinien des thematischen Inhaltes besitzen durch ihre Lage in der Karte und ihren Bezug zu den Isohypsen drei zusätzliche variable Lagewertinformationen.

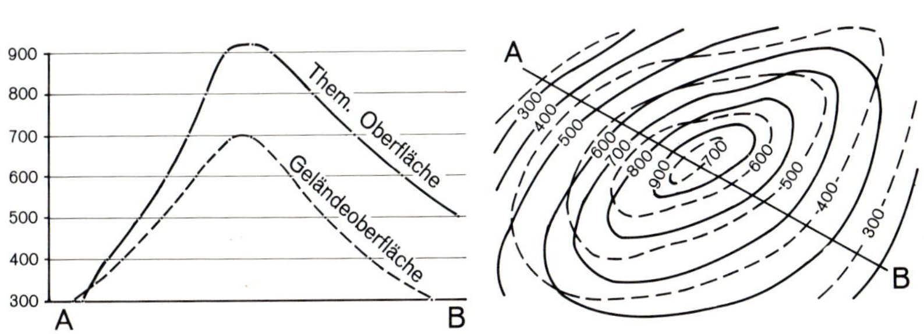

Viele unserer *thematischen Kontinua* können bei ihrer kartographischen Wiedergabe eine Kombination mit dem Relief und einer Höhendarstellung nicht entbehren, da direkte Kausalzusammenhänge bestehen. Hierzu gehören z. B. viele Themen unserer Klimakarten (z. B. Abhängigkeit der wirklichen Temperaturen von der Höhenlage, Zusammenhänge Windrichtungen und Relief, kausale Gründe der verschiedenen Höhe der Niederschläge an Luv- und Leeseiten von Bergzügen).

Isolinienkonstruktionen sind nicht nur für Kontinua, die in der Natur konkret vorkommen, berechtigt, sondern können auch für *abstrakte Kontinua* (z. B. Verkehrsfernen von den Verkehrswegen, zeitliche Erreichbarkeit) verwendet werden. Als extremes Beispiel solcher Art führt IMHOF die *Verzerrungsnetze*, welche bei der Untersuchung alter Karten gute Dienste leisten und sich der Äquideformaten bedienen, an. Äquideformaten sind Linien, die Punkte gleicher Verzerrung (Deformation) eines Kartennetzes verbinden. Es handelt sich dabei um Isolinien geometrisch konstruierter Kontinua, die in der Natur nicht vorkommen und keinen Zusammenhang mit einer Gelände- und Höhendarstellung besitzen.

Alle *Wertgefällslinien (Stromlinien)* verlaufen auf kürzestem Wege von den höheren Werten zu den benachbarten niedrigeren und schneiden die Isolinien überall rechtwinkelig (s. Abb. 83).

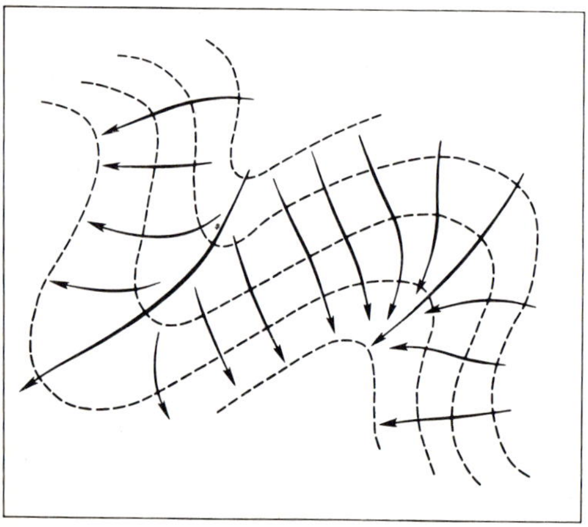

Abb. 83: Isolinien und Wertgefällslinien (nach E. IMHOF, aus: Isolinienkarten. Internat. Jahrbuch für Kartographie, I/1961, S. 89)

Die *Konstruktionsgrundlage der Isolinien sind Wertkoten,* die außerdem in Isolinienkarten als ergänzendes quantitatives Aussageelement zusätzlich aufgenommen werden können. Die für eine Isolinienkonstruktion zur Verfügung stehende Kotendichte ist ausschlaggebend für ihre Konstruktionsgenauigkeit und sollte dies daher auch meist für die Maßstabswahl sein. Wiederholt wurde mit Recht darauf hingewiesen, daß die Maßstäbe z. B. der meisten Klimakarten viel zu groß gewählt sind und nicht den oft nur sehr weitmaschig vertretenen Stationsnetzen entsprechen. Dem Mangel an zur Verfügung stehenden Wertkoten wird dann oft so abgeholfen, daß man z. B. bei Karten der wirklichen mittleren Temperaturen von Gebirgsgebieten, die Isolinien entlang der Isohypsen zieht und dadurch eine Genauigkeit vortäuscht, die vom Quellenmaterial her überhaupt nicht gegeben ist.

Die *Wahl der Wertstufen* (sie entsprechen begrifflich den Vertikalabständen der Höhenlinien) kann auf eine äquidistante Folge, auf die Kombination zweier Äquidistanzsysteme, auf progressiv wachsende Stufen und auf regellose Stufen fallen. Es ist dabei aber auf eine möglichst rasch und richtig auffaßbare Vorstellung der thematischen Oberfläche durch den Betrachter zu achten. Regellose Stufen sollten ohne zwingenden Grund gemieden werden.

Zur leichteren und rascheren Vorstellung des Wertreliefs können für die Wertstufen *Flächenfarbtöne* vorgesehen werden, welche das Isolinienbild binden und die Aussage besser veranschaulichen. Wesentlich dabei ist es, auf kontinuierliche Übergänge der Ton- und Farbwerte zu achten. Was die Naturnähe, den Gefühlswert und das Gewicht der Farben betrifft, darf auf die Ausführungen von 6.4.3.6 verwiesen werden.

9.2 Pseudoisolinien als Darstellungsmittel räumlich verbreiteter, dicht gestreuter Diskreta in kleineren Maßstäben

In jüngerer Zeit, gefördert durch die Möglichkeiten, welche die elektronische Datenverarbeitung bietet, wird die Isolinienmethode zur Wiedergabe von „Wertefeldern" gestreuter Objekte, die aber nicht Kontinua sind, angewandt. Solche unechte Isoliniendarstellungen findet man häufig in der Bevölkerungskartographie. IMHOF bezeichnet solche Linien, die sich nicht aus den Werten eines Kontinuums zusammensetzen, als *„falsche oder Pseudoisolinien"*.

Mit kleiner werdendem Maßstab rücken über einen Raum gestreute Objekte im Kartenbild immer näher zusammen und vermitteln den Eindruck eines Wertefeldes, welches man nach der Isolinienmethode veranschaulichen könnte. Der wesentliche Unterschied zum Kontinuum besteht jedoch in der nicht stetigen, sondern typisch sprunghaften Änderung der Werte. Die sprunghafte Änderung in eine stetige zu transportieren, heißt die Wirklichkeit verfälschen und eine Verteilungsstruktur vortäuschen, die dem Wesen der Darstellungsobjekte und ihrer Verbreitung nicht entspricht (s. Abb. 84). Damit verlassen wir den Weg einer adäquaten Umsetzung des Sachinhaltes unserer Karten und nehmen es auf uns, bewußt einen falschen Informationsgehalt aufzunehmen und mitzuteilen.

Wie *unrealistisch und konstruiert* solche Kartenbilder besonders in kleineren Maßstäben wirken, zeigt ein Kartenausschnitt über die Dichte der Bevölkerung in Italien aus dem „Atlante Fisico-Economico d'Italia" (s. Abb. 85). Das Pseu-

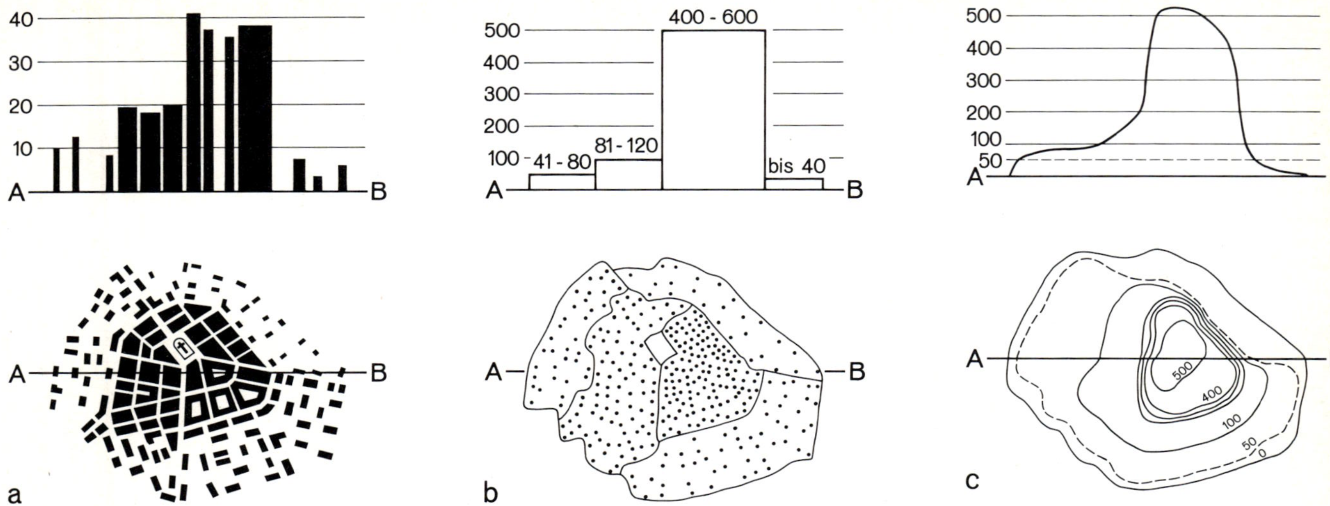

Abb. 84: Bevölkerungsverteilung und Darstellung der Bevölkerungsdichte. a) Verbauungsweise einer Siedlung; oben: Zahl der Bewohner der Häuser und Häuserblöcke an der Profillinie A–B. b) Gebiete mit durchschnittlich gleicher Bevölkerungsdichte, abgegrenzt durch Wertegrenzlinien; oben: Von der Profillinie A–B geschnittene Dichtestufen. c) Bevölkerungsdichtedarstellung derselben Siedlung mittels Pseudoisolinien, welche bei Dichtesprüngen zwischen die wirklichen Werte hineinkonstruiert werden müssen und sich dort nicht der Realität entsprechend scharen.

doisolinienbild z. B. von Rom entspricht in keiner Weise der wirklichen Dichteverteilung des Stadtgebietes und seiner näheren und weiteren Umgebung. Wir müssen allerdings an dieser Stelle hervorheben, daß man auch mit Pseudoisolinien vernünftigere Kartenbilder gestalten kann, als dies aus der Abb. 85 zu entnehmen ist. Auch die Geländeoberfläche in der Natur weist oft sprunghafte und sehr typische Veränderungen (Wandstufen) auf, und es würde sich niemand der Forderung verschließen, solche auch adäquat durch eine entsprechende Isohypsenführung (Aussetzen oder Auskeilen von Isohypsen an jenen Stellen, an denen sie sich überlagern) zum Ausdruck zu bringen.

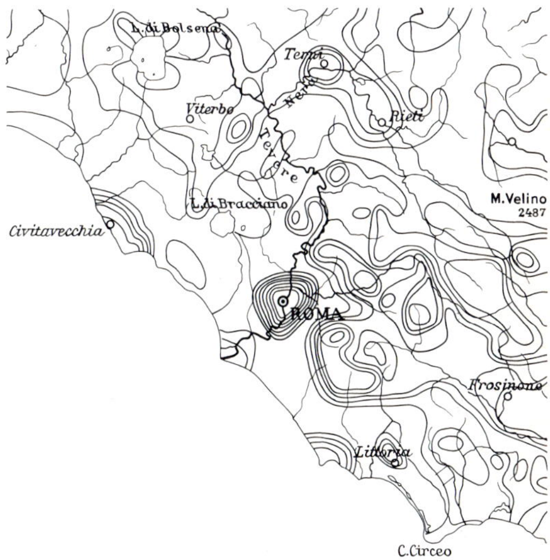

Abb. 85: Ausschnitt aus der Karte „Densità die Popolazione“ aus dem Atlante Fisico-Economico d'Italia (Milano, Consociazione Turistica Italiana, 1939, Karte 25).

Pseudoisoliniendarstellung, welche dem Entwurf fälschlich eine stetige Veränderung der Bevölkerungsdichte zugrunde legt.

Wenn wir für *Isolinien statistischer Oberflächen von Diskreta* (Nichtkontinua) die Bezeichnung „*Pseudoisolinien*“ vorziehen, dann ist damit aber nicht schon von vornherein eine abwertende Beurteilung im Sinne von „falsch“, sondern lediglich eine Klarstellung, daß es sich um „Scheinisolinien“ handelt, verbunden. Die Übersetzung von „pseudo“ nur durch „falsch“ vorzunehmen, entspricht nicht dem Bedeutungsumfang dieses Wortes. Die hier angestrebte klare Unterscheidung würde nicht nur den mitunter mißverstandenen Ausführungen W. Witts (s. Zitat 26) gerechter werden, sondern auch der Beseitigung des Begriffswirrwarrs in der Kartographie und Geographie (s. 9.4) und dem Aufbau klarer und streng abgegrenzter Begriffsinhalte dienlich sein. Die Unterscheidung Isolinie und Pseudoisolinie ist aber auch deshalb notwendig, um von vornherein den Vorwurf getarnter manipulierter Arbeitsweisen auszuschalten.

Die mit dem Begriff *„statistische Oberfläche"* verbundenen Überlegungen und die Anwendung von Pseudoisolinien (Isoplethen) zur Wiedergabe kulturgeographischer Erscheinungen wurden in den letzten Jahrzehnten im angelsächsischen Raum weiter ausgebaut und haben unbestritten wissenschaftlich wertvollere Ergebnisse erbracht. Mit der Entwicklung der elektronischen Datenverarbeitung und der Möglichkeit, mittels verhältnismäßig einfacher Programme mühelos und mit geringen Kosten sehr rasch „Isoplethendarstellungen" statistischer Oberflächen sozial- und wirtschaftsgeographischer Inhalte zu gewinnen, wurden solche Methoden auch in den USA zur Wiedergabe eines nur unter bestimmten Bedingungen geeigneten Materials, ohne diese Einschränkung voll zu berücksichtigen, verwendet. Der notwendige Einbau von Blockaden und Barrieren zur realeren Wiedergabe von Sachverhalten nichtkontinuierlichen Datengefälles unterblieb häufig wegen des damit verbundenen Arbeitsaufwandes bei der Programmerstellung und den höheren und kostspieligeren Computerzeiten. Diese mitunter unzulängliche Arbeitsweise wurde schließlich in Europa vielerorts recht kritiklos übernommen, was zur Überbewertung ihrer Ergebnisse führte. Wer sich nun gegen eine solch wahllose Anwendung der Pseudoisolinienmethode ausspricht oder überhaupt nur den Begriff „Pseudoisolinie" statt Isoplethe befürwortet, wird sogleich als Vertreter einer lediglich konventionellen Kartographie (was man darunter versteht, vermag bisher niemand zu definieren) abgestempelt, der die Vorteile des EDV-Zeitalters nicht zu nützen weiß. Eine solche Polarisierung wirkt sich aber in der Wissenschaft nachteilig aus. In die Beurteilung über die Brauchbarkeit einer Methode für eine kartographische Darstellung müssen einerseits die Untersuchungen über den Informationsgehalt und die Informationssicherheit (auch innerhalb der vorgegebenen Lagefehlergrenzen), andererseits kartographisch-methodische Überlegungen einfließen. Über letztere kann sich weder der EDV- und Computertechniker noch der Fachwissenschaftler des darzustellenden Sachgebietes hinwegsetzen.

In keiner Weise mögen obige Darlegungen aber die *Bedeutungen der „Isoplethenkarten" als Forschungsmittel* schmälern. Besonders für Trenduntersuchungen sind solche Darstellungen und Darstellungsreihen eine rasch zu gewinnende und wissenschaftlich bedeutungsvolle Hilfe. Soweit die Abweichungen der aus ihnen gewonnenen Trendrichtungen von den wirklichen Richtungen in einem tragbaren Spielraum bleiben, sind die Aussagen über die räumlichen Veränderungen statistischer Oberflächen ein wissenschaftlicher Gewinn.

Die Bagatellisierung der angeblich nur scheinbaren „Ungenauigkeit" der Pseudoisoliniendarstellungen ist aber nichts anderes als ein Herumdrücken um die wissenschaftlich erforderlichen Genauigkeitsangaben und die Mühen einer diesbezüglich exakten Untersuchung. Ansätze einer solch notwendigen Forschungsarbeit und für eine Kartometrie in diesem Teilbereich der thematischen Kartographie finden wir u. a. in den Arbeiten von J. L. MORRISON (1967, 1970)[27] sowie von M.-L. HSU und A. H. ROBINSON (1970)[28], auf deren Ergebnisse hier aber nicht näher eingegangen werden kann. Einen ausgezeichneten

Überblick über den gesamten Fragenkomplex und die *Isolinienmethode als Instrument der Raumanalyse,* den wir aber in manchen Aussagen nicht unwidersprochen lassen können, bietet H. KISHIMOTO.[29]

Ein wichtiges *Forschungsinstrument der Raumanalyse* und zur Erfassung der Kausalzusammenhänge variabler Erscheinungen ist die Korrelation statistischer Oberflächen. Vielfältige direkte Beziehungen, wie Bebauungsdichte – Grundstückspreise, Bevölkerungsdichte – Warenangebot und Absatz, Bodengüte – Hektarertrag, Sonnenscheindauer – Fremdenverkehrsauslastung und dergleichen bieten sich hierfür an. Unter den verschiedenen heranzuziehenden Methoden ermöglicht der visuelle Kartenvergleich solcher Darstellungsinhalte Vorstellungen über die Zusammenhänge; diese Methode ist aber nicht frei von subjektiven Einflüssen und bietet auch keine streng wertmäßige Erfassung der Korrelationen.

Schon 1962 hat A. H. ROBINSON durch seine Arbeit „Mapping the Correspondence of Isarithmic Maps“[30] einen einfachen Weg der Korrelation statistischer Oberflächen über Isoliniendarstellungen gewiesen. Es handelt sich dabei allerdings nur um zwei elementare Erscheinungen, und zwar um eine kontinuierliche (Niederschlag) und eine diskrete (Bevölkerungsdichte). Aus der zitierten Arbeit sind in Abb. 86 einige Figuren wiedergegeben.

ROBINSON bezog seine Untersuchungen auf ein Gebiet der Great Plains, dessen Größe (etwa 800×2000 km) so gewählt wurde, daß die feuchte Zone im O und die trockene Zone im W in entsprechender Ausdehnung vertreten ist. Durch Isoliniendarstellungen wurden nun für drei verschiedene Zeitperioden die statistische Oberfläche von Bevölkerung und Niederschlag wiedergegeben (Abb. 86 a und b zeigt als Beispiel nur die letzte Periode). Mittels einer Gitternetzfolie (Abb. 86 c) wurden für den Gesamtraum je 640 Stichprobenwerte ermittelt und die Korrelationen für die Kartenpaare der Zeitperioden berechnet. Zur *Konstruktion der Korrelationsoberfläche* dienten als Kontrollpunktwerte 40 in gleichmäßigen Abständen über den Raum verteilte Korrelationskoeffizienten (Abb. 86 c). Die Korrelationsoberfläche (Abb. 86 d) zeigt für die drei Perioden einen fast gleich gelagerten Höhenrücken, der sich weitgehend mit der Grenze zwischen Steppe und Prärie deckt. Wenn hier verhältnismäßig einfache Zusammenhänge mit der beschriebenen Methode zu einer großräumigen Analyse geführt wurden, dann soll nicht verkannt werden, daß die Kausalkomplexe sich nur ausnahmsweise in so elementarer Form darbieten und lösen lassen. Dennoch ist die Bedeutung statistischer Oberflächen diskreter Sachverhalte für die Raumanalyse klar zu erkennen.

Als Arbeitsmittel hat daher die Pseudoisolinienmethode im Forschungsprozeß ihre volle Rechtfertigung, allerdings nur bei einer überlegten und verantwortungsbewußten Anwendung und Ausdeutung. Wieweit sie zur Wiedergabe von Endergebnissen wissenschaftlicher Erkenntnisse geeignet ist, muß kritisch von Fall zu Fall untersucht werden.

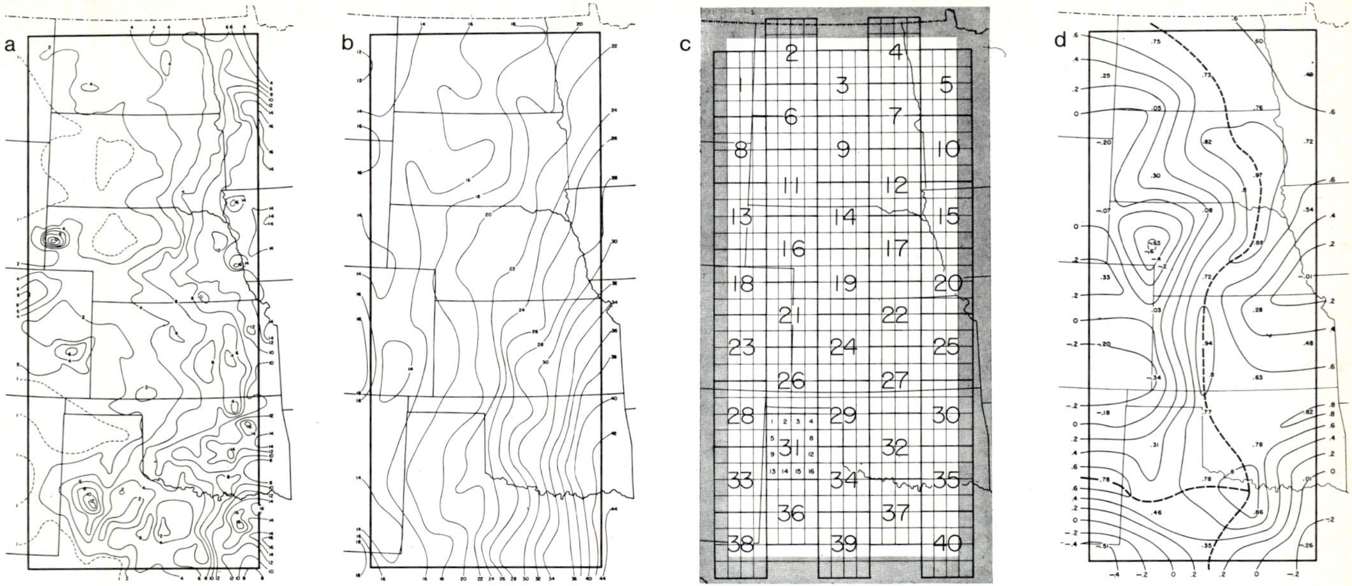

Abb. 86: Der methodische Weg zur Korrelationsoberfläche und ihrer kartographischen Wiedergabe; a) Pseudoisolinien der Bevölkerung 1950; b) Isolinien der mittleren Jahresniederschläge der Periode 1930–1949; c) Gitternetz zur Ermittlung der je 640 Stichprobenwerte für die Errechnung der Korrelationswerte und für ihre Verteilung über 40 Kontrollpunkte; d) Korrelationsbild der Beziehungen Bevölkerungsdichte 1950 und mittlere Jahresniederschläge 1930–1949. Der Höhenrücken der Korrelationsoberfläche ist durch eine gestrichelte Linie hervorgehoben. (Alle Beispiele aus A. H. ROBINSON: Mapping the Correspondence of Isarithmic Maps; 1962)

9.3 Wertefeldergrenzen (Wertegrenzen), ein adäquates Darstellungsmittel der Dichtewiedergabe gestreuter Diskreta

Hat man die Möglichkeit, für gestreute Diskreta die Verteilungsstruktur mittels einer Punktestreuungskarte zu untersuchen und Felder gleicher Struktur und Zugehörigkeit zu einer repräsentativen Dichtestufe abzugrenzen, dann erkennt man sehr bald die großen Vorteile der Wertegrenzenmethode (s. Abb. 84).

Unter *Wertefeldergrenzen* oder *Wertegrenzen* im weitesten Sinne versteht der Verfasser Linien, die entweder das Verbreitungsgebiet bestimmter Werte bzw. eines bestimmten Stufenwertes oder einer Wertkorrelation abgrenzen. Die *Genauigkeit* der Linienführung solcher Wertegrenzen hängt von der räumlichen Bezugseinheit, welche der Werteberechnung zugrunde liegt bzw. von der räumlichen Dichte der gestreuten Werte ab. Je kleiner die räumliche Bezugseinheit der Werteberechnung oder je dichter die Streuung der Werte ist, desto genauer kann die Wertegrenze gezogen werden. Sie selbst besteht aber im Unterschied zu den Isolinien und Pseudoisolinien überhaupt nicht aus Punkten einer bestimmten Wertigkeit.

Für die Wiedergabe der Dichtewerte verbreiteter Diskreta kommen Wertefeldergrenzen dem Wesen und der besonderen Art der Datenspeicherung und des Informationsgehaltes kartographischer Ausdrucksformen viel näher als Pseudoisolinien. Die Maßstabswahl ist für die Stufenspannen der Wertefelder und für die Wahl der Distanz der Pseudoisolinien wesentlich, es gibt aber keine Maßstabsgrenze, die einen Übergang von der einen zur anderen Darstellungsmethode erzwingen könnte oder gerechtfertigt erscheinen ließe.

Wertegrenzen lassen sich in allen Maßstabsbereichen dem Generalisierungsgrad angepaßt anwenden und haben den Vorteil, die *reale Verbreitung von Dichtewerten der Diskreta* am besten zum Ausdruck zu bringen. Ein Beispiel hierfür zeigt die Abb. 87, in der die Bevölkerungsverteilung und -dichte einer von Bergen umgebenen Hafenstadt wiedergegeben ist. Schon das Verteilungsbild (a)

Abb. 87: Die Bevölkerungsverteilung einer Hafenstadt und die Darstellung der Bevölkerungsdichte mittels Wertegrenzen

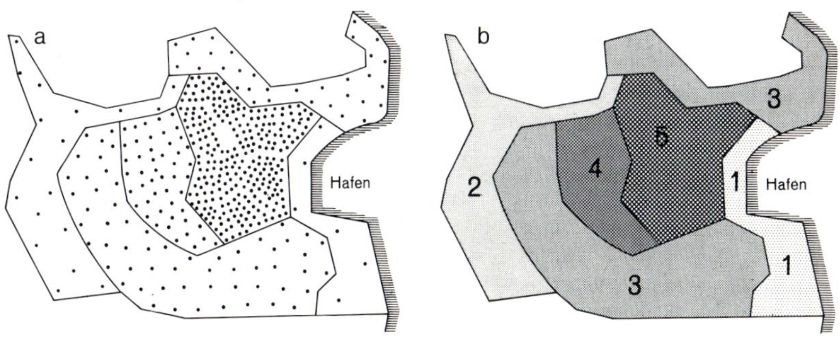

weist darauf hin, daß sprunghafte Änderungen der Dichtewerte (b) für dieses Siedlungsgebiet typisch sind.

Das alte, engbebaute Wohngebiet weist eine besonders hohe Dichte (Dichtestufe 5) auf. An dieses schließen im SW Viertel mit gemischter Wohn-, Gewerbe- und Geschäftsfunktion an (Dichtestufen 3 und 4), während im O und SO das Hafengebiet hauptsächlich der Verwaltungsfunktion und dem Warenumschlag dient und daher durch ein sprunghaftes Absinken der Bevölkerungsdichte (Dichtestufe 1) auffällt. Im N grenzen an die Stadt moderne, locker bebaute Wohngebiete (Dichtestufe 3) an. Zu den Gebieten mit durchschnittlich sehr geringer Bevölkerungsdichte gehört der sehr locker mit ebenerdigen Häuschen bebaute Raum der steil ansteigenden Berghänge im W (Dichtestufe 2). Für die kartographische Aussage und den speziellen Informationsgehalt der beiden Karten a und b war die Zielsetzung wesentlich, die Zusammenhänge zwischen Bevölkerungsverteilung und funktioneller Struktur zum Ausdruck zu bringen, was lediglich mit der Wertegrenzenmethode erreicht werden konnte.

9.4 Sprachverwirrung auf dem Anwendungsgebiet der Isolinien

Unter den Arbeiten, die sich bisher mit der Geschichte und Terminologie der Isolinienkarten beschäftigt haben, sind die von W. HORN „Die Geschichte der Isarithmenkarte“[31] sowie von J. L. M. GULLEY und K. A. SINNHUBER „Isokartographie. Eine terminologische Studie“[32] besonders aufschlußreich.

Wenn wir die Terminologie der Linien, welche Punkte gleicher Werte verbinden, verfolgen, dann können wir feststellen, daß die meisten Fachgebiete dafür Zusammensetzungen mit „Iso-“ oder „Is-“ vorziehen. GULLEY und SINNHUBER geben in der obengenannten Arbeit allein schon 166 verschiedene Isolinienarten an, deren Benennung z. T. schon in die Frühzeit der Isolinienverwendung zurückgeht. Dies ist auch der Grund, weshalb der Verfasser es nicht für sinnvoll hält, von dem nicht nur in der Geographie und Kartographie alteingeführten Oberbegriff *„Isolinie“* abzugehen. Neben diesem bestehen aber gleichwertig noch die Oberbegriffe *„Isarithmen“* und *„Isoplethen“*, wobei der erstgenannte Begriff im deutschen Sprachraum besonders von W. HORN (1959) und W. WITT auch wegen seines sprachlich einheitlichen griechischen Aufbaues empfohlen wird, während die zweitgenannte Bezeichnung besonders in Amerika gebräuchlich ist.

Wenn wir für die flächenbezogene und oberflächenbestimmende quantitative Darstellung ein Begriffssystem zusammenstellen wollen, dann müssen zwei wesensverschiedene Aussagetypen Berücksichtigung finden. Es sind dies einerseits die *flächenbezogenen (oder raumbezogenen) Aussagen* mittels Figurensignaturen, Diagrammen und Flächensignaturen, andererseits die *oberflächenbestimmenden* (im Sinne einer thematischen Oberfläche) *durch Isolinien* (siehe hierzu auch Abb. 88).

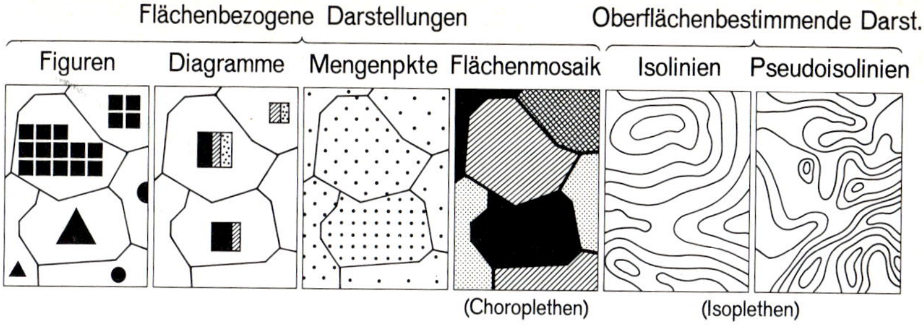

Abb. 88: Flächenbezogene (raumbezogene) und oberflächenbestimmende Darstellungsweisen

Für die in der Abb. 88 wiedergegebenen Darstellungsweisen finden wir in der Literatur die verschiedensten Benennungen und Begriffsdefinitionen, auf deren bedeutendste hinsichtlich der Beispiele d) bis h) nachstehend eingegangen werden soll:

Flächenbezogene und oberflächenbestimmende Darstellungen

Flächenmosaik
d (und e + f)
Synonyma:
Flächenkolorit
Choroplethen
Chorogramme

Isolinien
g + h
Synonyma:
Wertlinien
Isoplethen
Isogramme
Isarithmen

Isolinien
(für Kontinua)
g
Synonyma:
Wertlinien
Isometren
Isarithmen

Pseudoisolinien
(für Diskreta)
h
Synonyma:
Fiktive Wertlinien
Isoplethen
Pseudoisarithmen
Fiktive Isolinien

Flächenmosaike: Als räumliche Bezugsgrundlage dienen dieser Methode Verwaltungsgebiete, statistische Erhebungsgebiete und Gitternetzfelder. Unter den zahlreich vorkommenden anderen Bezeichnungen wären die Begriffe *Choroplethen* (im Gegensatz zu den Isoplethen) und *Chorogramm* (im Gegensatz zum Isogramm) zu erwähnen. Die Flächenmosaike gehören zu den am frühesten verwendeten, quantitativ arealbezogenen Darstellungen in der thematischen Kartographie.

Isolinien: Die ärgste Sprachverwirrung ist in den methodischen Erörterungen über die Isolinien zu finden. Am verständlichsten ist in Europa immer noch der Gebrauch von „Isolinien", während über die methodische Ableitung und Bedeutung des Begriffes *„Isarithme"* nicht immer eindeutige Meinung besteht und diese Benennung vielfach als veraltet gilt[33] (aus dem Griechischen: iso = gleich, arithmos = Zahl). Ob sich die Bezeichnung *„Wertlinie"* im deutschsprachigen Raum durchsetzen wird, ist noch abzuwarten. Im englischen Schrifttum ist „isoline" weit verbreitet und außerdem auch noch der bereits von F. GALTON 1889 eingeführte Begriff „Isogramm" im Gebrauch geblieben. Sehr unterschiedlich ist die Bedeutungsverwendung des besonders in den USA, aber auch sonst im englischsprachigen und nordeuropäischen Schrifttum gebrauchten Begriffes *„Isophlethen"*, der oft als Oberbegriff, dann aber auch wieder in eingeschränkter Weise als Synonym für Pseudoisolinien erscheint. Um eine Klarstellung der Begriffssystematik hat sich schon 1944 J. K. WRIGHT in seiner Arbeit „Terminology of Certain Map Symbols"[34] vergeblich bemüht. Was die Isolinienmethode betrifft, schlägt er als Oberbegriff „Isogramm" vor und unterscheidet weiterhin die „Isometren" als Linien, welche aus Meßwerten bestehen, von den „Isoplethen", welche auf Flächen bezogene oder aus diesen gewonnene Werte repräsentieren.

Für die Anwendung der Methode in manchen Wissens- und Anwendungsbereichen scheint eine Untergliederung der Isolinien ganz unwesentlich und für das Forschungsvorhaben uninteressant zu sein. Es ist aber zu bedenken, daß Begriffsbenennungen und ihre Definitionen sich in ein großes System kartographischer Begriffe einbauen lassen müssen und hierfür die methodischen Überlegungen der Kartographie und nicht anderer Wissenschaften maßgeblich sind.

10 Die qualitativ richtige Abgrenzung von Verbreitungsräumen

10.1 Die Grenzen echter flächenhafter Erscheinungen (Areale)

Solche echte flächenhafte Erscheinungen sind z. B. Wasserflächen, Gletscher, Waldland, Grünland, Ackerland, Anbauflächen und andere Areale, die von einem Objekt weitgehend erfüllt werden oder einer Funktion in ihrer Gesamtheit dienen.

Handelt es sich um natürliche Erscheinungen, dann sind die *Grenzen solcher Areale oft unscharf* und durch mannigfache Übergänge aufgelöst (z. B. Waldgrenze, Grenze zwischen Felsregion und alpinem Grünland), oder sie sind zeitlichen Schwankungen unterworfen (z. B. Abgrenzung von Seeflächen, von Gletscherflächen u. dgl.). Die Festlegung von Grenzen solcher Erscheinungen stellt an und für sich schon ein Kompromiß dar. Als typisches Beispiel hierfür kann die obere Waldgrenze im Gebirgsland dienen, die häufig in einen breiten Übergangssaum aufgelöst ist und im kalkalpinen Raum allmählich in die Legföhrenstufe übergeht. Gletscher hingegen sind im aperen (schneefreien) Zustand dort klar abgrenzbar, wo sie nicht unter einer mächtigen Moränendecke begraben liegen, sind aber dafür Schwankungen unterworfen, die sich besonders im Zungengebiet stark auswirken. Seespiegel wiederum zeigen oft ganz erhebliche jahreszeitliche Schwankungen und sehr unterschiedliche Uferlinien, so daß eine Abgrenzung sehr überlegt definiert werden muß.

Alle solche Grenzziehungen unterliegen einer gewissen Willkür und subjektiven Ansicht, über die allerdings mit kleiner werdendem Maßstab der Deckmantel der Generalisierung gezogen wird.

Klare, dafür aber nicht immer sinnvoll gezogene Grenzen gibt es nur dort, wo der Mensch eingreift und Flächen einer gewissen Zweckbestimmung und Funktion widmet.

Jede Abgrenzung von Arealen bedarf von vornherein einer definitionsmäßigen Festlegung, die häufig auch in die Kartenlegende aufzunehmen ist.

10.2 Die Grenzen von Verbreitungsräumen gestreuter Objekte (Pseudoareale)

In der thematischen Kartographie haben wir sehr häufig nicht nur Abgrenzungen echter Areale wiederzugeben, sondern auch die Grenzen von Räumen darzustellen, in denen bestimmte Objekte in gestreuter Lage vorkommen. W. Witt nennt solche Verbreitungsgebiete „*Pseudoareale*“ im Sinne von Scheinarealen. Ihre Abgrenzung erfolgt aus der Kenntnis der räumlichen Verteilung der Objekte oder ihrer Zeugnisse und den Überlegungen, wo diese vorkommen müßten oder nicht vorkommen können. Mitunter besitzen solche Aussagen einen stark *hypothetischen Charakter,* und zwar immer dann, wenn Lücken der Belegorte lediglich durch spekulative Überlegungen geschlossen werden müssen oder die Verbreitung und Dichte der Belege nicht repräsentativ für die tatsächliche Ausbreitung des dargestellten Objektes ist. So können z. B. die Häufungen prähistorischer Funde lediglich mit dem Wohnort, dem Arbeitsgebiet und dem Fleiß eines Prähistorikers zusammenhängen und überhaupt nichts über die tatsächliche Verbreitung der belegten Kultur aussagen. Auf der Basis eines solch zufälligen Materials Abgrenzungen vorzunehmen, heißt nicht Scheinareale, sondern *falsche Areale* darstellen.

Ein Beispiel einer Pseudoarealkarte aus dem volkskundlichen Fachgebiet, die auf einer verhältnismäßig geringen Zahl von Belegorten, aber zusätzlichen Sach- und Raumkenntnissen aufgebaut ist, zeigt die Abb. 89. Die Pseudoareale sind im Original durch verschiedenfarbige Raster wiedergegeben, die auch die Darstellung von Überschichtungen gestatten.

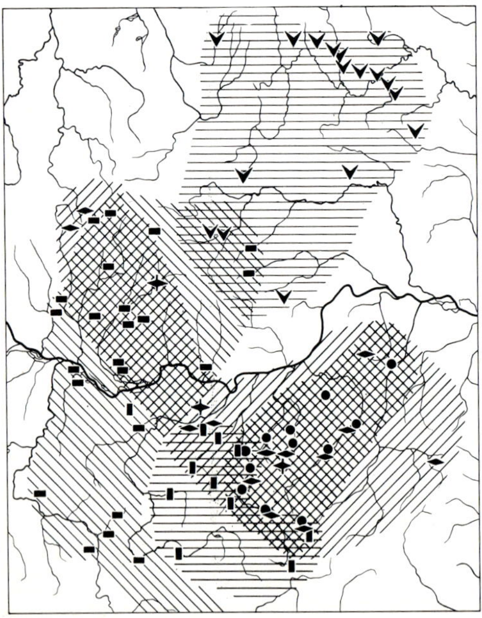

Abb. 89: Beispiel einer Pseudoarealkarte. L. SCHMIDT: Berchtengestalten in Glaube und Brauch; aus dem Atlas von Niederösterreich (und Wien), 5. Doppellieferung 1955, Kartenblatt 134.

10.3 Die Abgrenzung korrelierter räumlicher Verbreitungen mittels der Grenzgürtelmethode

Für die Abgrenzung verschieden strukturierter Landschaftsräume können Karten der Verbreitung wesentlicher Landschaftselemente und strukturbeteiligter Kriterien dienlich sein. Durch Überdecken solcher Karten gleichen Maßstabes auf einem Durchleuchtungstisch kann man leicht die *Kernräume* eruieren, in denen die dargestellten Elemente und Faktoren zusammenfallen, einen *Grenzgürtel,* in dem sie sich nur teilweise decken und ein *Randgebiet,* in das nur einzelne hineinreichen.

Die Bedeutung der Grenzgürtelmethode als kartographisches Forschungsinstrument wurde schon 1915 von O. MAULL erkannt, der sie in den Folgejahren als Methode der Raumanalyse ausbaute[35]. In seiner „Politischen Geographie" (München 1925 und Berlin 1956) hat er vier Arten von Grenzgürteln unterschieden:

a) Scheidegürtel: viele Strukturgrenzen auf engem Raum;
b) Schwellengürtel: weiteres Auseinanderziehen der Strukturgrenzen;
c) Übergangsgürtel: allmählicher Übergang in andere Strukturelemente;
d) Rand- und Endgürtel: allmähliches Verschwinden bestimmter Elemente.

In jüngerer Zeit hat sich mit der Grenzgürtelmethode besonders W. WITT befaßt[36], der sie auch heute noch als das einzige herkömmliche Mittel bezeichnet, mit dem man die Grenzen geographischer Regionen finden kann. Er stellt fest: „. . .; man nimmt die Grenze dort an, wo die Grenzlinien sich annähernd decken. Wenn Statistiker sich mit regionalen Aufgaben befassen müssen, die die Berücksichtigung einer Vielzahl von Merkmalen erfordern, so halten sie sich lieber an die Faktorenanalyse und ähnliche Methoden, aber die Korrelation der signifikanten Kriterien beschränkt sich auf das Gebiet als Ganzes und kann nicht unterscheiden zwischen Kerngebieten und Übergangszonen, in denen die Korrelation nicht mehr stimmt."

Zur oben zitierten Feststellung kommt noch dazu, daß *mittels statistischer Methoden* auch die vielfältigen Kausalzusammenhänge zur topographischen Situation und insbesondere zur Geomorphologie nur sehr schwer zu fassen sind und die aus ihrer Berücksichtigung entstehende gewaltige Vermehrung der Variablen zu einer untragbaren Kostensteigerung einer Materialaufarbeitung über die elektronische Datenverarbeitung führen würde. Diesbezüglich ist die spekulative Methode des Kartenvergleichs noch immer die billigere und meist auch rascher zum Ziel führende.

Die Abb. 90 zeigt, wie mittels der Grenzgürtelmethode das Kerngebiet und die Übergangszone einer Landschaft (Hessen) ermittelt werden kann. Mit kleiner werdendem Maßstab erleichtert sich diese Aufgabe wesentlich, da die Grenzlinien der Raumkriterien immer näher zusammenrücken, so daß schließlich unschwer eine mittlere Grenze gezogen werden kann.

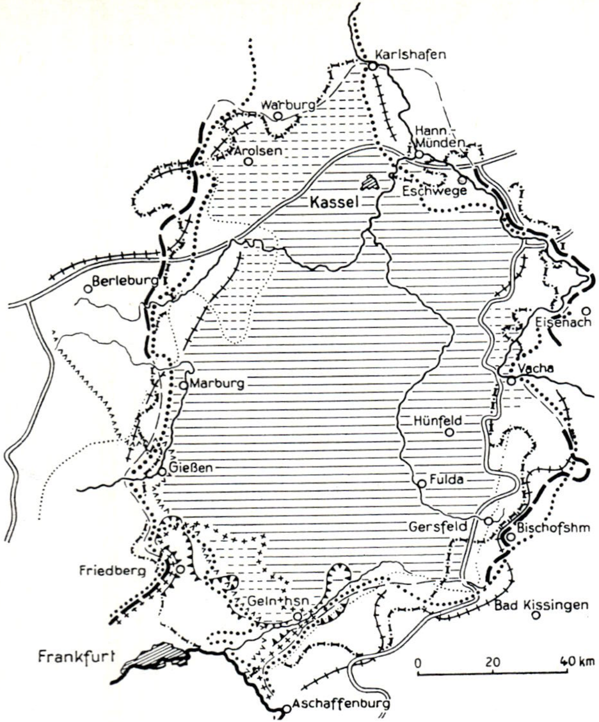

Legende

- Geomorphologische Grenze (Stärke der Signatur im Maße ihres Landschaftsausdrucks)
- Klimagrenze
- Grenze zwischen waldreichen und waldärmeren Gebieten
- Mundartgrenzen
- Grenze zwischen der Volksdichte von über und unter 150
- Grenze zwischen ertragreichen und ertragärmeren Gebieten
- Grenze zwischen vorwiegend landwirtschaftlichen und vorwiegend industriellen Gebieten
- Achsen der Bahnlückengebiete
- Grenze des Regierungsbezirks Kassel bzw. – im Südwesten – der Provinz Oberhessen
- Einheitsgebiet } der Landschaft Hessen
- Nächstverwandte Randgebiete } der Landschaft Hessen

Abb. 90: Anwendung der Grenzgürtelmethode zur Bestimmung des Kerngebietes und der Übergangszone der Landschaft Hessen. In die Karte sind die für eine Ermittlung wichtigen Grenzen verschiedener thematischer Inhalte eingetragen (aus: O. MAULL, Die Bedeutung der Grenzgürtelmethode für die Raumforschung; Ztschr. für Raumforschung, Jg. 1950, H. 6/7, S. 239 f).

10.4 Die Wiedergabe von Säumen und Übergangszonen

Die oben angeführte Grenzlinienmethode ist auch besonders dazu geeignet, Grenzsäume und Übergangszonen ausfindig zu machen. Aber auch sonst sind wir häufig in die Lage versetzt, *Verzahnungen und Übergänge* regionaler Art in unseren kartographischen Ausdrucksformen qualitativ und quantitativ so darzustellen, daß sie leicht und inhaltlich sicher und richtig aufgefaßt werden können. Zu diesem Zweck können wir uns verschiedener Methoden bedienen:

a) *Übergänge von Farbrichtungen und Farbgewichten.* Für die qualitative Kennzeichnung ist eine zweipolige Farbenreihe am besten geeignet (z. B. Rot-Gelb; Übergänge in Orangetönen). Mehr als drei Farbpole (drei Sachverhalte, die sich im Übergang befinden) können weder kartographisch noch auffassungsmäßig erfolgversprechend bewältigt werden. Intensitäten des Überganges sind durch die Wahl entsprechender Farbgewichte ausdrückbar.
b) *Übergänge von Rastern und Mustern.*
c) Darstellung durch *Streifenverzahnung.*

Für b) und c) zeigt die Abb. 91 einfache Beispiele. Gerade die geographisch so wichtige Wiedergabe der Übergangsgebiete und Übergangsintensitäten wird in unseren thematischen Karten bisher in unbegreiflich sträflicher Weise vernachlässigt.

Abb. 91: Darstellung von Übergangs- und Durchmischungsgebieten durch Übergänge von Farbrichtungen (a) und Streifenverzahnungen (b und c). Letztere sind auch dazu geeignet, Relativwertanteile auszudrücken.

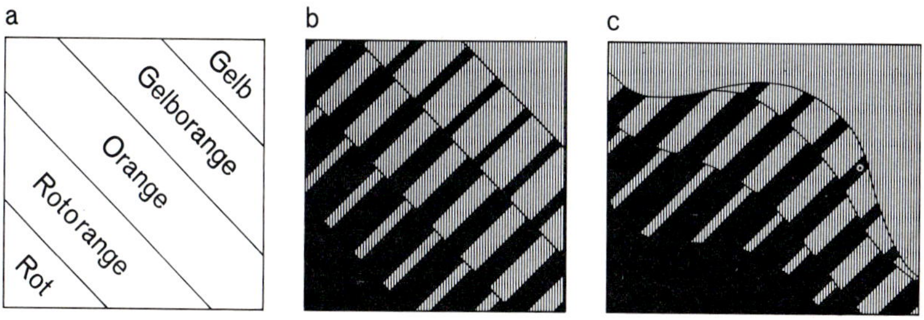

11 Absolut- und Relativwertdarstellungen und ihre Bezugsflächen

Quantitative Aussagen können in absoluter oder relativer Methode vorgenommen werden. Die absolute Wiedergabe stellt Mengen oder Mengenunterschiede, die relative Gliederungs- und Beziehungszahlen dar. Als Zielsetzung jeder kartographischen Umsetzung von Objektgrößen haben wir uns immer die *richtige Mengenvorstellung* bei gleichzeitiger *raumentsprechender Mengenbezogenheit* durch den Betrachter vor Augen zu halten. Beide Gesichtspunkte in zweckentsprechender Weise miteinander zu verbinden, ist besonders in kleineren Maßstäben nicht immer ganz leicht zu erfüllen.

Wie bisher müssen wir wieder zwischen ortsgebundenen und -bezogenen, streckengebundenen und -bezogenen und raumgebundenen und -bezogenen Aussagen unterscheiden. Als weitere Unterscheidungsmerkmale kommen aber noch die verschiedenen regionalen Bezugssysteme und die Möglichkeiten, quantitative Aussagen für Einzelobjekte oder in zusammenfassender Weise, für mehrere gleichartige Objekte zu geben, hinzu.

11.1 Das Ausmaß der Realität orts- und raumbezogener Absolutwertaussagen

11.1.1 Die quantitative Darstellung von Einzelobjekten nach dem Lageprinzip

Der Entwurf hat von der Voraussetzung auszugehen, daß jedes Objekt – gleichgültig ob verschieden- oder gleichartig – durch eine Signatur in maßstabentsprechender Lagerichtigkeit wiederzugeben ist. Die quantitative Aussage bezieht sich also lediglich auf *ein* Einzelobjekt und kann natürlich mittels gestuftem oder gleitendem Schlüssel durchgeführt werden. Wenn also die eisenverarbeitende Industrie nach Größenstufen der Arbeitnehmerzahlen für einen Ort wiedergegeben werden soll und drei Betriebe bestimmter Größe vorhanden sind, wären drei *Einzelsignaturen* entsprechender Größe lagerichtig einzutragen (s. Abb. 92 a).

11.1.2 Die quantitativ zusammenfassende Darstellung von Einzelobjekten

Mit kleiner werdendem Maßstab oder aus sachlichen Gründen kann es notwendig erscheinen, *mehrere Objekte quantitativ zusammenfassend* wiederzugeben (s.

Abb. 92 b). Es kann sich dabei um gleichartige Objekte (z. B. Betriebe der eisenverarbeitenden Industrie) oder auch verschiedenartige Objekte (Industriebetriebe insgesamt) handeln, für die eine solche Aussage sinnvoll erscheint (Arbeitnehmer in der Industrie, Steuereinnahmen aus dem gesamten Gewerbe usw.). Die Einzelsignatur wird nun zur „*Sammelsignatur*", deren Aussage nicht mehr orts-, sondern raumbezogen ist. Für den Kartenentwurf ist es wichtig, die Zusammenfassung nach kausal sinnvoll abgegrenzten Räumen vorzunehmen. Wo es vom Quellenmaterial her möglich ist, sollten für die Signaturenstellung nicht die Gebiete der Verwaltungseinheiten oder der regionalen statistischen Erhebungseinheiten, sondern innerhalb dieser die *tatsächlichen Verbreitungsräume und Standorte* Berücksichtigung finden (s. Abb. 92 c, d).

Abb. 92: Die quantitativ zusammenfassende Darstellung durch Sammelsignaturen. a) Lagetreue quantitative Darstellung von Einzelobjekten mittels Einzelsignaturen; b) Quantitativ zusammenfassende Darstellung von Einzelobjekten mittels Sammelsignaturen nach Standorträumen; c) Lagetreue quantitative Darstellung qualitativ verschiedener Einzelobjekte in den Verwaltungseinheiten; d) Quantitativ zusammenfassende Darstellung verschiedener Einzelobjekte nach Verwaltungsgebieten unter Berücksichtigung ihrer Standorträume.

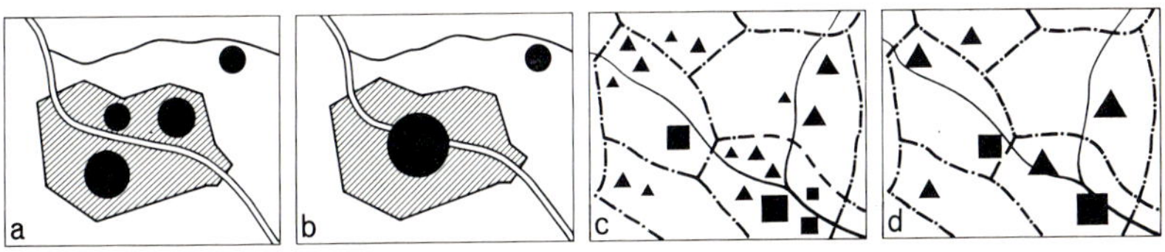

11.1.3 Bezugsflächen für die Wiedergabe gestreuter Objekte

Im Abschnitt 10 haben wir uns mit der qualitativ richtigen Abgrenzung von Verbreitungsräumen beschäftigt. Die dort wiedergegebenen Überlegungen sind auch für die Wahl der Bezugs- und Aussagefläche zur Darstellung gestreuter Objekte (Diskreta) grundlegend. Es ergeben sich folgende Möglichkeiten (s. Abb. 93):

1. *Mengenpunktlage entsprechend der tatsächlichen Objektverteilung.* Die Mengenpunkte erhalten eine maßstabentsprechende Wertzuordnung und werden jeweils in den Schwerpunkt der zusammengefaßten Streuungsgebiete gesetzt. Die Dichte der gesetzten Mengenpunkte entspricht den lokalen Verhältnissen.
2. *Regelmäßige Mengenpunktanordnung im Objektverbreitungsraum.* Die Darstellung entspricht den tatsächlichen Verhältnissen nur dann, wenn innerhalb des Verbreitungsraumes nur geringfügige Werte- und Dichteunterschiede bestehen.
3. *Regelmäßige Mengenpunktanordnung über die Gesamtfläche regionaler Verwaltungseinheiten* und statistischer Erhebungsräume. Da sich diese nur aus-

nahmsweise mit dem tatsächlichen Verbreitungsraum decken, sonst aber wesentlich größere Areale umfassen, werden nicht nur die lokalen Unterschiede unterdrückt, sondern es ergibt sich auch ein unzutreffendes Bild der Ausbreitung und der Dichte der Streuung.

4. *Regelmäßige Mengenpunktanordnung innerhalb von Gitternetzfeldern.* Je feinmaschiger solche Netze sind, desto näher kommt die Kartenaussage über die Objektverteilung der Wirklichkeit. Feinmaschige Gitternetze erfordern allerdings eine sehr weitgehende regionale Aufgliederung des statistischen Quellenmaterials. Da die horizontale und vertikale Lage der Netzlinien oft in ungünstiger Weise Agglomerationen zerreißt, verwendet man oft *Gitterfelder variabler Lage,* welche in die stets günstigste Position eingeschoben werden. Die auf die Gitterfelder entfallenden Werte besitzen den großen Vorteil, untereinander nach gleichen Flächeneinheiten streng vergleichbar zu sein (s. Abb. 93 d). Heute bedient man sich hauptsächlich *starrer Gitternetze* (s. Abb. 93 e und f), welche auch einen exakten Zeitvergleich ermöglichen und außerdem für die Aufarbeitung koordinatengebundener Statistiken geeignet sind. Solche Darstellungen können auch als Quellenmaterial für zahlreiche Umformungen dienen.

5. *Verwendung von Sammelsignaturen oder Sammeldiagrammen in Schwerpunktlage des tatsächlichen Verbreitungsraumes.* Diese Methode wird meist dadurch erzwungen, daß das Quellenmaterial eine regional detailliertere Bearbeitung nicht ermöglicht.

6. *Verwendung von Sammelsignaturen oder Sammeldiagrammen in geometrischer Mittelpunktlage regionaler Verwaltungsgebiete* und statistischer Erhebungseinheiten. Der Aussagewert solcher Kartogramme ist umso geringer, je größer und unterschiedlicher die regionalen Gebiete sind.

11.1.4 Bezugsstrecken für die quantitative Aussage über streckengebundene Objekte

Die Wahl der Streckenlängen und der Streckenabschnitte richtet sich hauptsächlich nach zwei Kriterien, und zwar der Eigenschaft der Bezugsstrecken, die nach Möglichkeit innerhalb eines Abschnittes ziemlich einheitlich sein sollen (z. B. für Aussagen über Flußstrecken jeweils geologisch und niederschlagsmäßig einheitliche Abschnitte), und den Zu- und Abgängen, die durch *geeignete Wahl der Streckengrenzen* und Meßstellen nicht nur erfaßt, sondern auch kartographisch wiedergegeben werden sollen. Gleichen sich die Zu- und Abgänge innerhalb einer Strecke aus, dann ist der quantitative Aussagewert einer solchen streckenbezogenen Darstellung stark gemindert.

Als Beispiele für streckenbezogene Aussagen können Karten über Wasserführung von Flüssen oder Verkehrsbelastung von Straßen und anderen Verkehrswegen angeführt werden. Über letztere besteht eine reiche einschlägige methodische Literatur, die auch die richtige Wahl der Zählstellen behandelt.

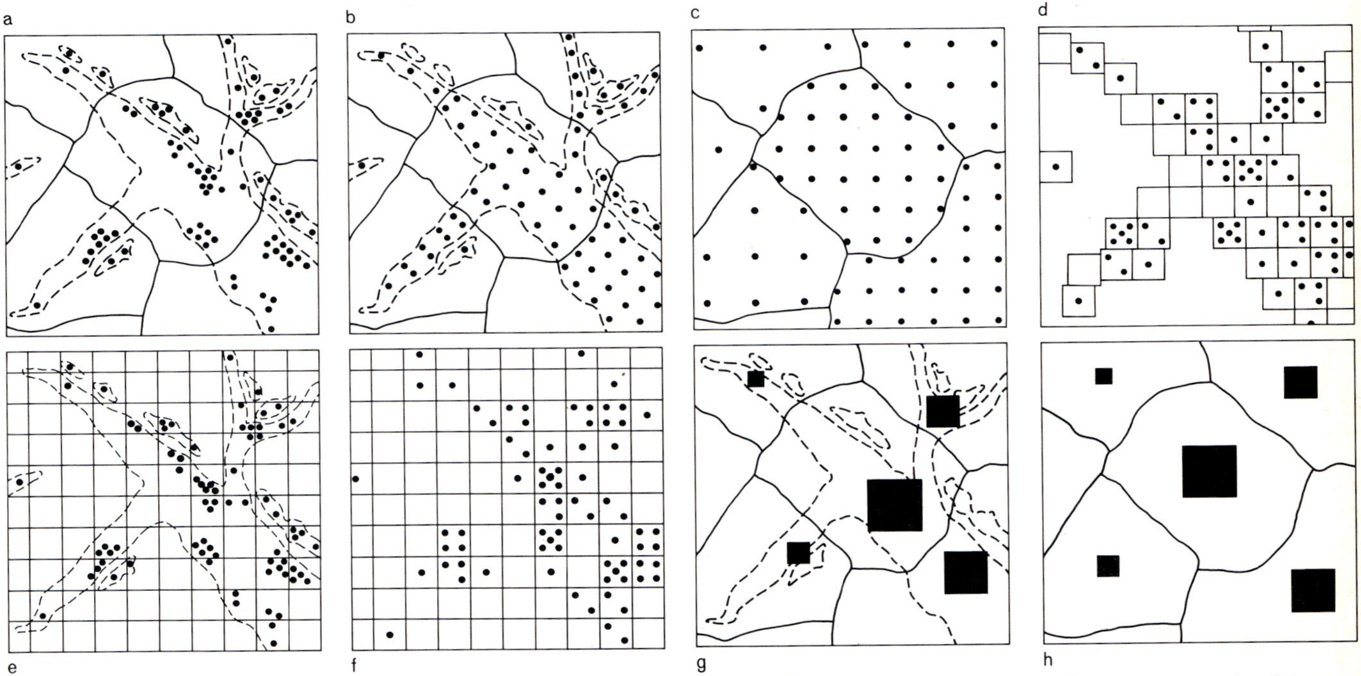

Abb. 93: Darstellungsmöglichkeiten gestreuter Objekte mittels Mengenpunkten und Sammelsignaturen. a) Mengenpunktlage entsprechend der tatsächlichen Objektverteilung; b) Regelmäßige Mengenpunktanordnung über den Objektverbreitungsraum; c) Regelmäßige Mengenpunktanordnung über die regionalen Verwaltungsgebiete oder die statistischen Erhebungsräume; d) Regelmäßige Mengenpunktanordnung in gleich großen Gitternetzfeldern variabler Lage; e) Tatsächliche Mengenpunktverteilung in Quadratgitternetzfeldern; f) Regelmäßige Mengenpunktanordnung in den Feldern eines starren Gitternetzes; g) Sammelsignaturen oder Sammeldiagramme im Verteilungsschwerpunkt von regionalen Verwaltungseinheiten oder statistischen Erhebungseinheiten; h) Sammelsignaturen oder Sammeldiagramme im geometrischen Mittelpunkt der regionalen Verwaltungseinheiten oder statistischen Erhebungseinheiten.

Wie irreführend die Aussage bei einer falschen Anlage der Meßpunkte (Zählstellen) und unüberlegter Abgrenzung der Bezugsstrecken sein kann, ist aus der Abb. 94 leicht zu entnehmen.

Abb. 94: Aussage über die Verkehrsbelastung eines Straßenstückes bei richtiger (a) und falscher (b) Bezugsstreckenwahl. A: Streckengrenzen, ⸸ Zählstellen. Die Bänder entsprechen den Verkehrsbelastungen der Bezugsstrecken.

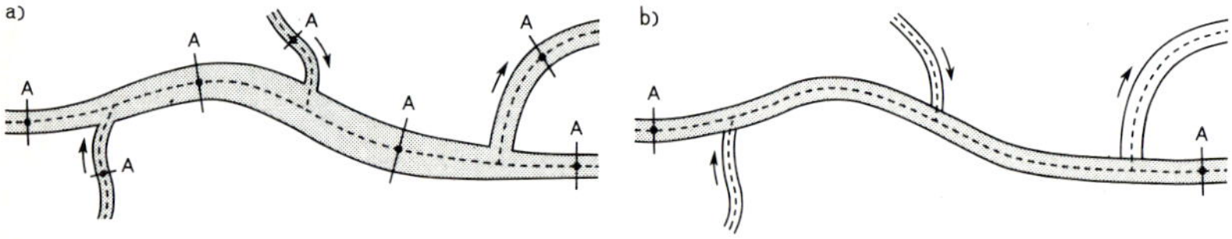

11.1.5 Kartenmaßstabbezogene Arealgrößenangaben durch Rasterfelder und Werteinheitenflächen

Für eine flächenhaft quantifizierende Darstellung liegt der Gedanke nahe, den *Kartenmaßstab zugleich als Signaturenmaßstab* zu verwenden. Wir können dies dadurch erreichen, daß wir die Karte mit einem *Raster (Gitternetz)* ausstatten, dessen Maschenweiten so gewählt werden, daß jedes Feld der runden Zahl von Einheiten eines gebräuchlichen Flächenmaßes entspricht (s. Abb. 95 a). Unter weitgehender Wahrung des Lageprinzips werden nun jeweils so viele Felder durch die entsprechende Flächensignatur gekennzeichnet, daß ihre Summe die Größe des Objektwertes ergibt. Da die einzelnen Rasterfelder im Gesamtraum des Kartenblattes immer dieselben Werte besitzen, ist ein quantitativer Vergleich über den gesamten Darstellungsraum hin möglich. Bei der Abb. 95 a handelt es sich um die Wiedergabe von Weingärten (schwarz), des Ackerlandes (Linienraster), Grünlandes (Punktraster) und Waldes (Kreuze) auf einer Verwaltungsgrenzengrundlage. Durch Auszählen der Rasterfelder innerhalb der Verwaltungseinheiten kann außer der Absolutwertaussage auch jeweils rasch der Anteil der einzelnen Gattungen an der Gesamtfläche ermittelt werden.

Nicht immer ist es allerdings leicht, in den einzelnen Maßstäben *runde Flächengrößenzahlen* an runde Maße der Maschenweiten und Größen der Werteinheitensignaturen zu binden, wie dies aus nachstehender Tabelle zu ersehen ist:

Größe der Flächeneinheit	Maßstab 1: 25000	50000	100000	500000	1 Million
1 x 1 mm (1 mm²)	6,25 Ar	25,00 Ar	1,00 Ha	25,00 Ha	1,00 km²
1 x 2 mm (2 mm²)	12,50 Ar	50,00 Ar	2,00 Ha	50,00 Ha	2,00 km²
2 x 2 mm (4 mm²)	25,00 Ar	1,00 Ha	4,00 Ha	1,00 km²	4,00 km²
4 x 4 mm (16 mm²)	1,00 Ha	4,00 Ha	16,00 Ha	4,00 km²	16,00 km²
5 x 5 mm (25 mm²)	1,56 Ha	6,25 Ha	25,00 Ha	6,25 km²	25,00 km²
10 x 10 mm (100 mm²)	6,25 Ha	25,00 Ha	1,00 km²	25,00 km²	100,00 km²

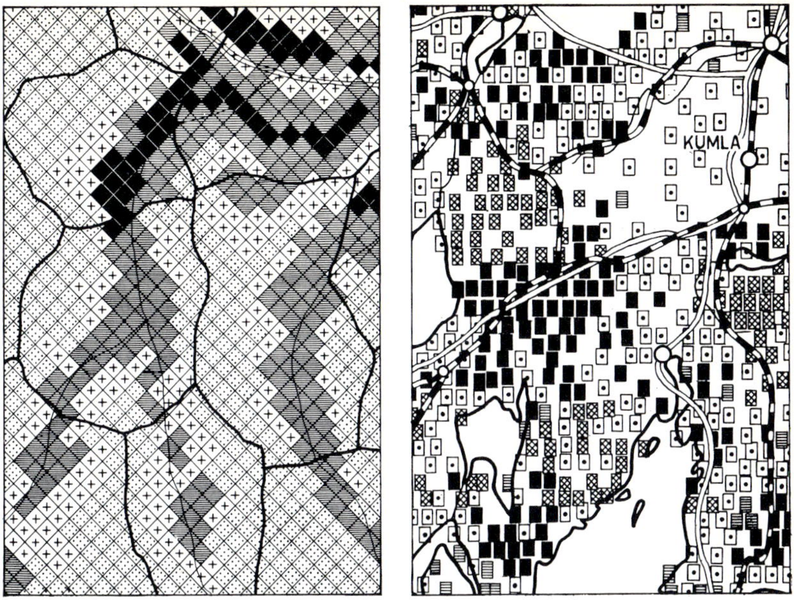

a b

Abb. 95: Kartenmaßstabentsprechende Flächeneinheiten als quantitatives Ausdrucksmittel. a) Quadratrasterfelder als Werteinheitenflächen (Ausschnitt aus E. Arnberger: Handbuch der thematischen Kartographie; 1966, Abb. 84); b) Rechtecke als Werteinheitenflächen (etwas vergrößerter Ausschnitt einer im Mehrfarbendruck erschienenen Karte 1:2 000 000 von M. Lundquist: Distribution of forest land by owner categories; Atlas över Sverige; Blatt 95–96, Stockholm 1959).

Außer der Rastermethode gehört zu den besten Methoden einer Absolutwertdarstellung von Flächen jene, welche sich *maßstabentsprechender Flächeneinheiten* bedient. Zu diesem Zweck werden meistens Quadrate oder Rechtecke verwendet. Jede dieser Figuren stellt ebenfalls einen runden Wert eines gebräuchlichen Flächenmaßes (also entweder 1 ha, 10 ha, 50 ha, 100 ha oder 1 km² usw.) dar. Wieder stimmt der Signaturenmaßstab mit dem Kartenmaßstab überein, so daß die quantifiziert ausgewiesenen Flächen – vorausgesetzt, daß die Projektion dies überall gestattet – mit der Kartenfläche streng vergleichbar ist. Es handelt sich um eine besondere Art von *Werteinheitensignaturen* für flächenhafte Darstellungen, wobei die Summierung aller mittels dieser Signaturen gekennzeichneten Teilflächen jeweils zur Größe des entsprechenden Anteils der Kartenfläche führt. Diese Methode wurde mit großem Erfolg auch bei mehreren Karten des Atlasses von Schweden verwendet (s. Abb. 95 b).

11.2 Bezugsflächen der Absolut- und Relativwertdarstellung und ihre Aussagekraft

Eine noch viel bedeutendere Rolle als bei der Absolutwertdarstellung spielt die Wahl der Bezugsfläche bei der relativen Methode. Die Ansichten über diese Problematik gehen aber sehr stark auseinander. Die Grundregel lautet hier, daß als Bezugsfläche für Verhältniszahlen und Dichteberechnungen die größte Aussagekraft den jeweiligen *Verbreitungsgebieten* zukommt. Diese Regel besitzt aber viele Ausnahmen. Hieße es doch nach ihr, daß z. B. in einer Karte der Hauptkulturarten und der landwirtschaftlichen Bodennutzung der Wald und die landwirtschaftlich genutzte Fläche auf die gesamte Wirtschaftsfläche bezogen werden müßte, hingegen als Bezugsfläche für Ackerland und Grünland die landwirtschaftlich genutzte Fläche, für die Anbauflächen der Körnerfrüchte oder der Wurzel- und Knollenfrüchte das Ackerland, und schließlich für die Anbauflächen der einzelnen Getreidearten die gesamte Getreidefläche heranzuziehen wären. Aber gerade das letztangeführte Verhältnis ist zwar statistisch-rechnerisch möglich und seinem Erkenntniswert nach wertvoll, jedoch in einer adäquaten kartographischen Ausgrenzung infolge der Fruchtwechselwirtschaft auch dann nicht sinnvoll, wenn der Maßstab der Kartengrundlage dies gestatten würde. Es erfolgt daher die Darstellung der Werte in einem wesentlich größeren Bezugsraum.

11.2.1 Bezüge zwischen regionaler Verwaltungs- und Erhebungseinheit, Verbreitungsraum, rechnerischer Bezugsfläche und kartographischer Aussagefläche

Wenn wir das zur Verfügung stehende statistische Quellenmaterial und seine Verarbeitung in Karten näher untersuchen, dann verdichten sich häufig die Bedenken über die geographische Relevanz vielfach verwendeter Bezugssysteme für die Aufarbeitung regionaler Daten. Der Mangel einer gewissenhaften Analyse der Bezugsmöglichkeiten, ihrer Aussagekraft und Interpretationsvoraussetzungen tritt meist recht deutlich in Erscheinung und läßt die Gedankenlosigkeit der Auswertung von Statistiken recht offensichtlich erkennen. Die Abhandlung von E. Dheus (1970) ,,Geographische Bezugssysteme für regionale Daten"[37] scheint diesbezüglich einen Weg der Läuterung vorzubereiten, bedarf aber in begrifflicher Hinsicht mancher Ergänzung. Vor allem müssen wir auch auf die Brauchbarkeit und die Möglichkeiten einer weiteren Verwendung von Gebietseinheiten der Verwaltung und regionalen Erhebungseinheiten der Statistik eingehen, solange ein koordinatengebundenes statistisches Quellenmaterial noch weithin fehlt und uns daher die Möglichkeit genommen ist, seine Auswertung grundsätzlich über Raster (Gitternetze) vorzunehmen.

Über die geographische Relevanz der Kartenaussage entscheidet u. a. das Verhältnis der rechnerischen Bezugsfläche zum tatsächlichen Verbreitungsraum und der kartographischen Aussagefläche. Da für den Kartenentwerfer hier nicht immer eine freie und zweckentsprechende Wahl möglich ist, sondern die Erhebungs- und regionale Aufarbeitungsart Grenzen setzt, müssen die Vor- und Nachteile solcher Gebietseinheiten klargelegt werden.

11.2.1.1 Verwaltungsgebiete

Die in der Verwaltungsstatistik für eine regionale Aufgliederung verwendeten größeren Gebietseinheiten sind nicht nur ihrer Größe nach zu unterschiedlich und umfangreich, sondern sehr oft auch *strukturell außerordentlich heterogen.* Sehr deutlich zeigt sich dieser Mangel in allen horizontal und vertikal stark gegliederten Räumen (z. B. Bergland), in denen Verwaltungsgebiete oft die naturräumlich verschiedensten, aber auch in ihrer Wirtschaftsstruktur sehr uneinheitlichen Gebiete zusammenfassen und aus diesem Grund als regionale Einheiten statistischer Ausweisungen ungeeignet erscheinen. Im Gebirgsland setzen sich selbst die kleinsten politischen Einheiten – die Ortsgemeinden – oft nicht nur aus naturräumlich und wirtschaftlich verschiedenartigen Gebieten zusammen, sondern es liegt auf ihrem Raum mitunter auch eine Vielzahl in ihrer Bevölkerungsstruktur und Siedlungsweise grundverschiedener Bevölkerungsagglomerationen und Streusiedlungen.

Eingemeindungen und Zusammenlegungen von Ortschaften führen dazu, daß die Gemeindefläche als räumliche Bezugsgrundlage für siedlungs- und bevölkerungsgeographische Sachverhalte oft unbrauchbar ist. In einer Stadtgemeinde liegen oft mehrere strukturell unterschiedliche Orte. In solchen Fällen divergiert z. B. der siedlungsgeographische Stadtbegriff vom administrativen so stark, daß wir nicht mehr imstande sind, die Einwohnerzahl einer Stadt, sondern nur noch die meist viel höhere ihres Gemeindegebietes statistisch ausgewiesen zu bekommen. Es liegen allerdings nicht überall die Verhältnisse so extrem wie in Schweden, wo z. B. die Stadt Kiruna nach Eingemeindung der Nachbargemeinde Karesuando eine Fläche von 19 447 km² mit zahlreichen, von der Stadt sehr weit entfernt liegenden Siedlungen besitzt, so daß das gesamte Stadtgebiet zwar 31 000 Einwohner, die Stadt im Sinne des siedlungsgeographischen Ortsbegriffes aber nicht einmal ²/₃ davon beherbergt (1971).

Was hier in bezug auf politische Verwaltungsgebiete zum Ausdruck gebracht wurde, gilt vielfach auch für Verwaltungsgebiete anderer Art (z. B. Gerichtswesen, kirchliche Verwaltungsgebiete usw.). Dennoch besitzen *Verwaltungsgebiete als räumliche Bezugseinheiten* auch ihre positiven Seiten. Die Darstellung des Bevölkerungswesens auf Gemeindebasis bietet z. B. den großen Vorteil eines leichten Vergleiches mit anderen nur nach Gemeinden ausgewiesenen Erscheinungen und Einrichtungen des Kommunalwesens. Flächenangaben und Gebietsänderungen politischer Verwaltungsgliederungen sind weltweit leichter zu verfolgen als Änderungen anderer Bezugsgebiete. Das ist z. B. der Grund, weshalb die Bevölkerungsdichte außer auf den objektiv schwer zu erfassenden Siedlungsraum immer noch auf die Katasterfläche der Verwaltungsgebiete bezogen wird, womit man auch eine weltweite Vergleichbarkeit und Fortführungsmöglichkeit erreicht.

11.2.1.2 Statistische Erhebungsgebiete und regionale Aufgliederung von Statistiken

Wo die Verwaltungsstatistik noch nicht koordinatengebunden erhoben und ausgewiesen wird, lehnt sie sich an die politischen Verwaltungsgebiete an oder untergliedert diese in sogen. *Zählsprengel.* Für letztere gelten in etwas eingeschränktem Ausmaß dieselben kritischen Äußerungen, die für die Beurteilung der politischen Gebiete gemacht wurden. Hier macht sich der Mangel bemerkbar, daß bei der Erhebung und Erstellung der Verwaltungsstatistik fast ausschließlich volkswirtschaftliche und administrative Interessen größerer Gebietskörperschaften Berücksichtigung finden und *wichtige geographische und der Regionalplanung dienende Gesichtspunkte unbeachtet* bleiben. Verwaltungsstatistik wird so zum Selbstzweck, und die Millionenkosten ihrer Erhebung können nur einem kleinen Teil des Interessentenkreises dienstbar gemacht werden.

Der Wunsch nach regionaler Aufgliederung statistischer Tabellen geht in berechtigter Weise oft so weit, daß ihm der Statistiker nicht mehr entsprechen zu dürfen glaubt, da die ausgewiesenen Massen kleinster Gebietseinheiten zu gering sind, um noch irgendeine *repräsentative Aussage* bieten zu können. Diese Sorge des Statistikers können wir aber nicht in jedem Falle teilen. Für uns ist das in den Tabellen enthaltene Zahlenmaterial der Verwaltungsstatistik ein Rohmaterial, das richtig sein soll, dem wir aber ohne weitere Verarbeitung selbst noch gar keine repräsentative Aussagekraft zugestehen können.

Der Geograph – und ebenso der Raumplaner – bedient sich bei der Mittelwertbildung selbstverständlich derselben Methoden wie der Statistiker, er grenzt aber die Gebiete, für die er eine repräsentative Aussage gewinnen will, ganz anders ab. Um seinen räumlichen Gesichtspunkten Rechnung tragen zu können, benötigt er eine regionale Aufgliederung der Statistik nach kleinsten Gebietseinheiten. Der große statistische Topf, in dem einerseits manche Fehler der Erhebung und Aufarbeitung, andererseits aber auch wichtige lokale Strukturen und Eigenheiten untergehen, ist hierfür ungeeignet.

Andererseits ist die Berechtigung der *Forderung nach regionaler Aufgliederung* natürlich mitunter auch begrenzt. Eine Grenze ist schon durch die räumliche Erhebungseinheit gegeben, die bei der Aufarbeitung nicht mehr unterschritten werden kann. Andere Einschränkungen ergeben sich aus dem Erhebungsprinzip. Ein Beispiel aus dem Bereich der Landwirtschaftsstatistik möge dies erläutern: Die Erhebung der Bodenbenutzung kann entweder nach dem Territorial- oder Lageprinzip (Belegenheitsprinzip) oder nach dem Wirtschaftsprinzip erfolgen. Beim *Lageprinzip* werden die Teilflächen eines land- und forstwirtschaftlichen Betriebes, die außerhalb der Wohnsitzgemeinde des Bewirtschafters oder der Betriebssitzgemeinde liegen, in jener Gemeinde gezählt, auf deren Gebiet sie sich befinden. Alle für eine Gemeinde erhobenen land- und forstwirtschaftlichen Flächen ergeben zusammen mit den in der Gemeinde liegenden nicht land- und forstwirtschaftlich genutzten Flächen, die zu keinem land- und forstwirtschaftlichen Betrieb gehören, die tatsächliche Gemeindefläche. Die Kulturflächenausweise der Katastermappen entsprechen diesem Prinzip. Hier kann auf die kleinste Einheit zurückgegangen werden, allerdings müssen wir uns bewußt sein, daß in vielen Ländern solche Flächenausweise trotz neuestem Vermessungsstand oft ganz veraltete Kulturangaben enthalten. So sind z. B. ausgewiesene Weinbauflächen oft längst zu Grünland oder einer anderen Nutzungsart umgewidmet worden.

Erhebungen nach dem *Wirtschaftsprinzip* erfassen jeden Betrieb mit allen ihm zugehörigen Flächen, ohne Rücksicht auf die Grenzen der Gemeinden oder anderer Verwaltungseinheiten. Es werden also jene Flächen eines Betriebes am Betriebssitz miterhoben, auch dann, wenn sie in ganz anderen Gemeinden liegen (Überländer). Es kann daher die nach dem Wirtschaftsprinzip ausgewiesene Gesamtwirtschaftsfläche einer Gemeinde mitunter ein Vielfaches ihrer tatsächlichen Fläche betragen. Der Wunsch nach räumlich noch kleineren Erhebungseinheiten würde also keinen Gewinn, sondern eher einen Nachteil für die kartographische Auswertung bringen. In sehr vielen Fällen würde z. B. eine Erhebung nach Katastergemeinden statt nach den meist größeren Gemeinden zu einer noch größeren Zahl und Fläche der Überländer führen und somit die Auswertung noch mehr erschweren.

11.2.1.3 Bezugsmöglichkeiten koordinatengebundener Daten mittels der Rastermethode

Eine volle regionale und kartographiegerechte Auswertemöglichkeit für alle Zwecke bietet lediglich eine *koordinatengebundene Datei.* Wir denken dabei nicht allein nur an die Verwaltungsstatistik, sondern an alle Daten, welche in regionaler Aufgliederung als Quelle weiterer wissenschaftlicher und kartographischer Verarbeitung dienlich sein können. In einem Zeitalter, in dem vielerorts mit hohen Kosten zweckgebundene *Datenbanken* eingerichtet werden, stellt sich umso dringlicher die Frage, ob solche nicht wenigstens einheitlichen Gesichtspunkten ihrer regionalen Datenbindung folgen sollten. Das bisher ungelöste Problem einer kleinräumigen Gliederung läßt sich über die *punkthafte Koordinatenbindung der Daten* leicht überbrücken. Als Ausgangsbasis haben wir uns punktbezogene Daten vorzustellen, die entweder die Quanten an einem bestimmten Punkt angeben (Niederschläge, Luftdruck, Schneehöhe usw.) oder aber solche für kleine Flächen summenmäßig durch Koordinaten in ihrer Lage festlegen. Voraussetzung hierfür ist die Wahl eines geeigneten Koordinatensystems, wobei meist mit Recht den *Gauss-Krüger-Koordinaten* der Vorzug gegeben wird.

Die Erfassung punktbezogener Daten ist methodisch problemlos und hängt nur vom Vermessungsstand eines Gebietes ab.

Die Speicherung flächenbezogener Daten bedingt vorerst eine Entscheidung über ein möglichst vielen Zwecken dienendes kleinräumiges Gliederungssystem, über das bisher leider noch keine einhellige Meinung herrscht. Die Stadtforschung und Stadtplanung hat für ihre speziellen Zwecke hierzu wertvolle Beiträge geleistet. Neben verschiedenen anderen kleinräumigen Gliederungsmöglichkeiten wurden die *Blocksysteme, Planquadratraster* und *Koordinatennetze* als flexible Bezugssysteme für regionale Daten erörtert.

Wenn wir die Forderung der strengen Vergleichbarkeit regionaler Gliederungseinheiten mit dem Wunsch einer leichten Verarbeitbarkeit im Prozeß der elektronischen Datenverarbeitung verbinden, dann gelangen wir unwillkürlich zu abstrakten *geometrischen Rastern (Gitternetzen),* die folgende Vorteile besitzen:

1. Untereinander homogene Gliederungseinheiten (Rasterfelder) gestatten eine strenge regionale und zeitliche Vergleichbarkeit der gitterfelderbezogenen Inhalte.
2. Regelmäßige Teilbarkeit der Rastermaschen und Rasterfelder ermöglichen die Anpassung an verschiedene Maßstäbe und eine maßstabgerechte Generalisierung auch auf vollautomatischem Wege.
3. Ausbaumöglichkeit international vergleichbarer Netze über große Räume.
4. Zeit- und kostensparende Aufarbeitungsmöglichkeit des Quellenmaterials im Rahmen der kartographischen Auswertung über die elektronische Datenverarbeitung.
5. Besondere Eignung für die kartographische Automation.

Unter den geometrischen Rastern kommen für unseren Zweck lediglich flächendeckende gleichseitige Vielecke in Frage, und zwar Dreiecke, Quadrate und Sechsecke. Auch W. WITT beschränkt sich in seiner Thematischen Kartographie auf diese Beispiele (s. Abb. 96). Vom gestalterischen Gesichtspunkt aus wären Sechseckraster ideal und würden auch für den Generalisierungsprozeß sowie die Ableitung von Isolinien, Wertgrenzen und qualitativen Grenzen die beste Grundlage bieten. Manche Nachteile, wie meist unrunde Flächeninhaltszahlen, komplizierte Teilbarkeit und schlechtes Einfügen in das Gauss-Krüger-Gitternetz, lassen es aber ratsam erscheinen, von der Verwendung eines solchen Rasters Abstand zu nehmen.

In ein Gitternetzsystem nach GAUSS-KRÜGER lassen sich am besten Quadratraster einbauen, für deren Maschenweiten E. DHEUS folgende Vorschläge unterbreitet[38]:

„1. Einführung eines Rasters mit 1000 m Seitenlänge auf der Basis des Gauss-Krüger-Gitternetzsystems zur Anwendung für regionale Untersuchun-

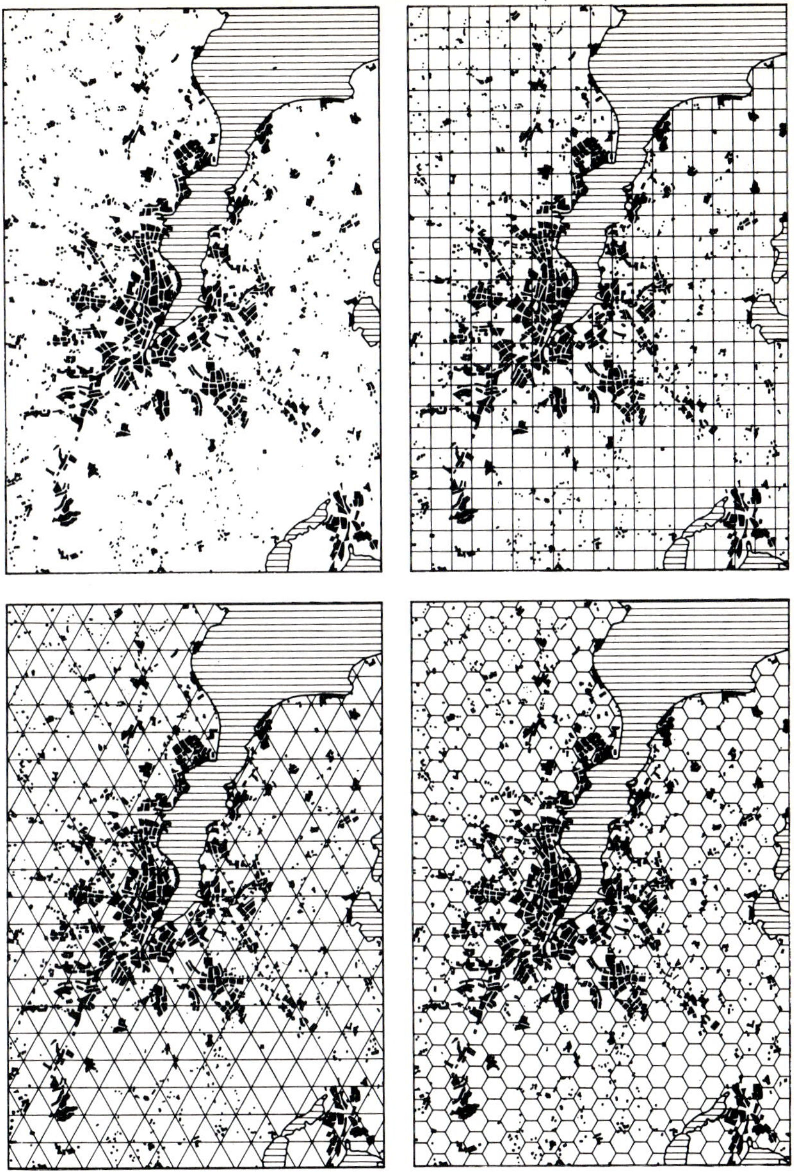

Abb. 96: Flächendeckende Raster (Gitternetze). Beispiel Raum Kiel mit Ausscheidung der bebauten Gebiete als schwarze Flächen, ausgestattet mit Quadrat-, Dreieck- und Sechseckrastern nach W. WITT (Thematische Kartographie; 2. Aufl., Hannover 1970, S. 470 mit etwas abgeänderten Ausschnitten).

gen, bei denen eine stärkere Generalisierung zur Gewinnung eines übersichtlichen Bildes erwünscht ist. Die so gewonnenen Quadrate werden als *,Großquadrate'* bezeichnet.

2. Teilung der Großquadrate in je 25 *Kleinquadrate* mit 200 m Seitenlänge überall da, wo kommunale Räume bzw. sonstige Flächen mit stärkerer Differenzierung und größeren Besatzdichten eine feinere Gliederung wünschenswert machen.

3. Wenn besondere Verhältnisse, z. B. bei der Untersuchung von begrenzten Subzentren, dies erfordern, ist das Kleinquadrat noch in vier *Unterquadrate* zu zerlegen, wodurch als letzte und kleinste Einheit Planquadrate mit 100 m Seitenlänge entstehen.

Auf der Basis des Gauss-Krüger-Gitternetzes lassen sich solche Gliederungselemente überall einführen. Jede Gitterzelle kann durch die aus einer großmaßstäbigen topographischen Karte (z. B. der Deutschen Grundkarte 1:5000) zu entnehmenden Koordinaten eindeutig bezeichnet werden."

Für die Bezeichnung können die Rechts- und Hochwerte herangezogen werden, daneben wird es aber auch noch notwendig sein, für die Datenverarbeitung eine entsprechende gesonderte Flächenbezeichnung vorzunehmen.

11.2.1.4 Der Verbreitungsraum von Darstellungsobjekten

Alle Objekte, die sich zu einem bestimmten Zeitpunkt im Raum lagemäßig nebeneinander befinden, besitzen einen sogenannten *„Verbreitungsraum"*. Die Abgrenzung flächenhaft verbreiteter Objekte (Wald, Wiese, Gletscher, Wasserflächen) ist meist wesentlich leichter und sicherer vorzunehmen als die Verbreitung über einen Raum gestreuter Objekte (Siedlungen, Menschen, Industriestandorte, Gewerbestandorte usw.). Was man bei letzteren unter Verbreitungsraum versteht, muß definitionsmäßig eindeutig festgelegt werden, weil es oft *für dieselbe Begriffsbezeichnung sehr unterschiedliche Begriffsabgrenzungen und -definitionen* gibt. Trotz dieser Schwierigkeiten und Unsicherheiten benötigen wir die Verbreitungsräume gestreuter Diskreta oft als Bezugsflächen unserer Relativwertaussagen, da solchen Bezügen ein besonderer Erkenntniswert zukommt. Als typisches Beispiel hierfür wäre die Berechnung der Bevölkerungsdichte anzuführen, die nach der Katasterfläche, dem Siedlungsraum, der reduzierten landwirtschaftlichen Nutzfläche usw. vorgenommen werden kann. Von diesen gerade genannten Begriffen ist lediglich die Katasterfläche genau und weitgehend gleich bestimmt, für die anderen Begriffe gibt es inhaltsverschiedene Definitionen, die sich sehr wesentlich auf die Abgrenzung und Größe der Räume auswirken.

Weiterhin ist zu beachten, daß wir als Verbreitungsräume nur solche Räume und Flächen ansprechen dürfen, die überhaupt eine grundrißliche kartographische Darstellung erlauben, weil sie lagemäßige Realitäten sind. Die „landwirtschaftliche Nutzfläche“ ist ein solcher Verbreitungsraum, nicht aber die oben genannte „reduzierte landwirtschaftliche Nutzfläche“, die nur als eine abstrakte Umrechnungsfläche nach dem Gesichtspunkt der qualitativen Gleichwertigkeit verschiedenartiger Flächen zu denken ist, die es aber in Wirklichkeit nicht gibt. Sie kann zwar als rechnerische Bezugsfläche (s. 11.2.1.5), nicht aber als kartographische Aussagefläche (s. 11.2.1.6) Verwendung finden.

11.2.1.5 Die rechnerische Bezugsfläche

Für die Wahl der rechnerischen Bezugsfläche ist oft die Quellenlage und nicht die Überlegung, welche von ihnen die geeignetste ist, maßgeblich. Sie kann größer, gleich groß oder – wie das Beispiel der reduzierten landwirtschaftlichen Nutzfläche gezeigt hat – auch kleiner als der mögliche oder tatsächliche Verbreitungsraum sein. An den Möglichkeiten der Bevölkerungsdichtedarstellung läßt sich dies leicht erklären:

a) *Rechnerische Bezugsfläche größer als der tatsächliche Verbreitungsraum:* Beispiel Bevölkerungsdichte bezogen auf die Katasterfläche (s. Abb. 97 b). Die Katasterfläche kann den Siedlungsraum in Gebieten mit geringem Anteil an besiedelbarem und nutzbarem Land (Gebirgslandschaften mit hohem Anteil an Gletschern und weit verbreiteter Felsregion, Steppen und Wüstengebiete, an Seen und Sümpfen, reiche Gebiete u. dgl. m.) um ein Vielfaches übersteigen. Aus Gründen einer weltweiten Vergleichbarkeit und einer leichten Erfaßbarkeit von Gebietsänderungen, sowie meist auch der Quellenlage wegen, wird diese Art der Bevölkerungsdichteberechnung weiterhin vorgenommen.

b) *Rechnerische Bezugsfläche entspricht dem Verbreitungsraum:* Beispiel Bevölkerungsdichte bezogen auf den Siedlungsraum (s. Abb. 97 d). Die Abgrenzung des Siedlungsraumes und die Erfassung seiner laufenden Veränderungen ist oft schwierig und nicht immer frei von subjektiven Einflüssen. Dennoch sollten als ergänzende Aussage den Karten der Bevölkerungsdichte auf Katasterfläche auch solche, bezogen auf den Siedlungsraum, beigegeben werden. Ihr Vergleich besitzt hohen Erkenntniswert.

c) *Rechnerische Bezugsfläche ist kleiner als der tatsächliche Verbreitungsraum:* Beispiel „Agrare Dichte“ nach E. LENDL[39] = Zahl der zur Landwirtschaft bzw. Land- und Forstwirtschaft gehörenden Personen bezogen auf 1 km² der reduzierten landwirtschaftlichen Nutzfläche. In diesem Falle wird die kartographische Aussagefläche immer größer als die abstrakte rechnerische Bezugsfläche sein.

11.2.1.6 Die kartographische Aussagefläche

Als *kartographische Aussagefläche* bezeichnen wir jene in den kartographischen Ausdrucksformen wiedergegebenen Flächen, innerhalb derer qualitative und/oder quantitative Aussagen gegeben werden, gleichgültig, ob die tatsächliche Verbreitungsfläche oder die rechnerische Bezugsfläche damit übereinstimmen.

Mitunter ist eine solche Übereinstimmung gar nicht erstrebenswert oder möglich. Wir haben bereits früher erwähnt, daß die Getreideanbaufläche im Rahmen der Fruchtwechselwirtschaft lagemäßig innerhalb des Ackerlandes ständig wechselt und daher auch als kartographische Aussagefläche vernünftigerweise nicht gewählt werden sollte, während die Verbreitung des Ackerlandes mit Ausnahme der Egärten[40] weitgehend stabil bleibt und daher als kartographische Aussagefläche geeignet ist. Noch unveränderlicher ist die Abgrenzung der landwirtschaftlich genutzten Fläche.

11.2.2 Sogenannte „statistische" und „geographische" Methoden kartographischer Aussagen

Die konventionelle und unexakte Unterscheidung zwischen „statistischen" und „geographischen" Methoden der Darstellung findet sich in der Literatur immer noch häufig, ohne daß man bisher die Grenze zwischen beiden abgesteckt hätte. Gemeinhin versteht man unter *geographischen Darstellungsmethoden* solche, bei denen sich die rechnerische Bezugsfläche dem tatsächlichen Verbreitungsraum nähert oder gleichzusetzen ist und die kartographische Wiedergabe auf einer entsprechenden Aussagefläche vorgenommen wird. Alle übrigen, dem Verbreitungsraum nicht entsprechenden rechnerischen Bezüge und Aussageflächen, wie Verwaltungsgebiete, die flächenmäßig größer als die Verbreitungsräume sind, oder Rasterfelder, ordnet man den statistischen Methoden zu (s. Abb. 97 b und c). Sie führen zu den sog. *„statistischen Karten"* oder richtiger bezeichnet, zu Kartogrammen.

Mit der Bezeichnung „geographische Darstellungsmethode" und „statistische Darstellungsmethode" wird also indirekt ein Urteil über das Ausmaß der Lagetreue und raumbezogenen Realität des Kartenbildes gefällt, wie dies auch in den beiden Begriffen „Karte" und „Kartogramm" zum Ausdruck kommt.

11.2.3 Die Kombination mehrerer Relativwertaussagen

Bei einer gemischten Streuung verschiedener Objekte im Raum kann die Gemengelage und Verbreitungsart lediglich in absoluter Methode in der Form einer Punktestreuungskarte mittels Mengenpunkten (Mengensignaturen) real veranschaulicht werden (s. Abb. 98 a). Wenn die Objektdichte nicht zu hoch ist und die Verbreitung der einzelnen Arten sich regional trennen läßt, dann können wir Zonen der Verbreitung und des vorherrschenden Auftretens ausscheiden und damit auch zu *geographisch relevanten Bezugsflächen* gelangen (s. Abb. 98 b).

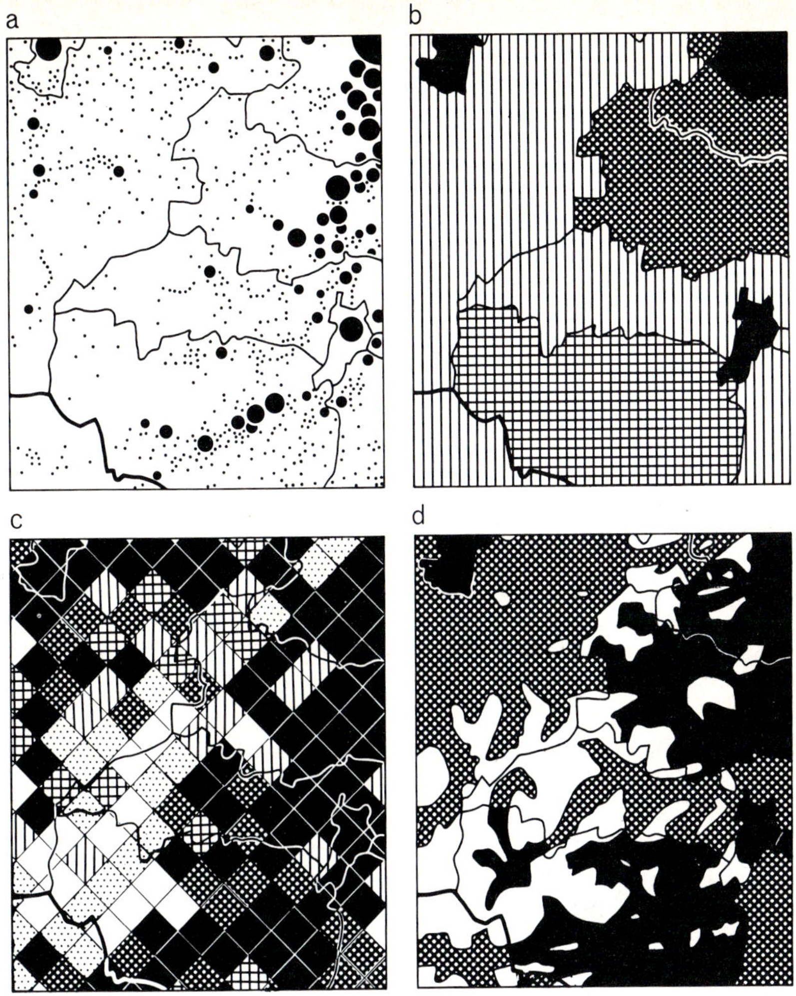

Abb. 97: Statistische und geographische Methoden der Darstellung, gezeigt am Beispiel der kartographischen Wiedergabe von Bevölkerungsverteilung und -dichte: a) Punktestreuungskarte mit Anwendung von Mengenpunkten und von verschieden großen Signaturen für die größeren Siedlungen. Geographische Methode der Absolutwertdarstellung. b) Bevölkerungsdichte bezogen auf Katasterfläche. Statistische Methode. c) Bevölkerungsdichte nach Quadratrasterfeldern. Statistische Methode. d) Bevölkerungsdichte bezogen auf den Siedlungsraum. Geographische Methode.

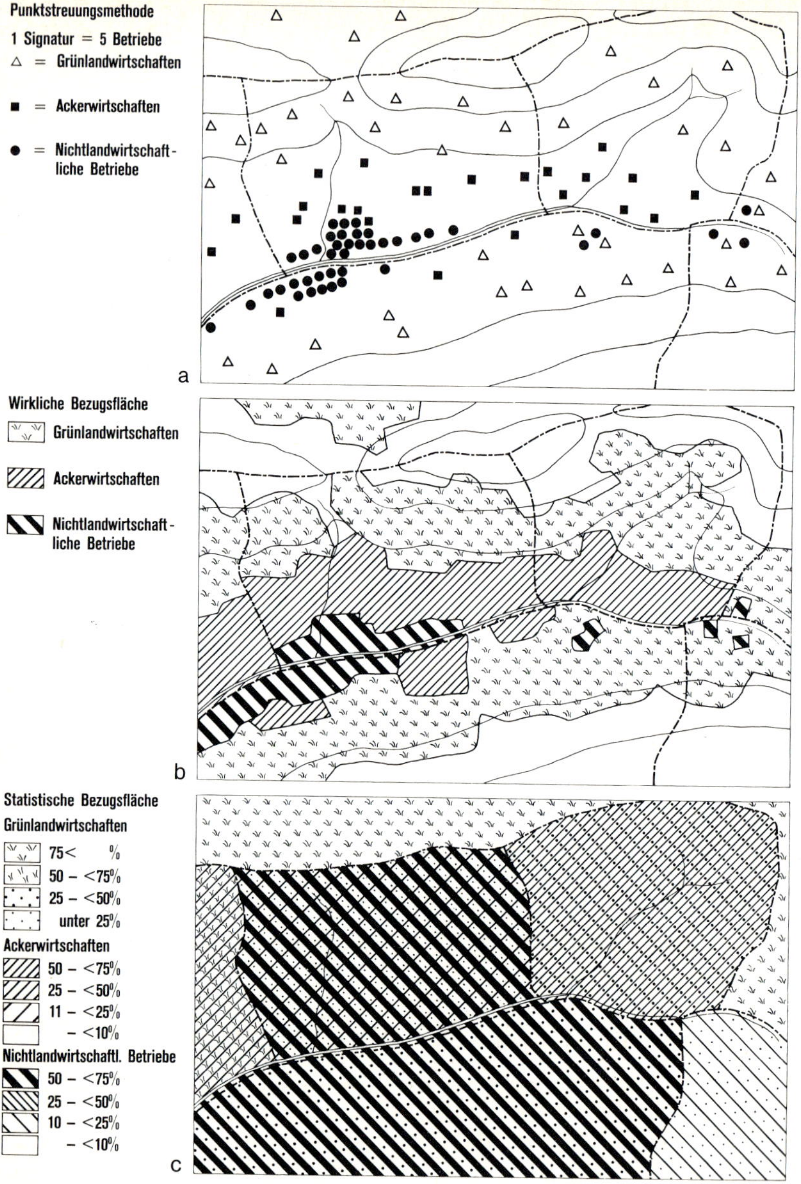

Abb. 98: Das Verhältnis des wirklichen Verbreitungsraumes zur statistischen Bezugsfläche und dessen Bedeutung für die Darstellung von Gliederungszahlenrelationen verschiedenartiger Objekte.

Die Mengenverhältnisse in Relativwerten zu veranschaulichen, ist schwierig und führt – wenn wir nun mehrere Verbreitungsräume verschiedenartiger Objekte zusammenfassen müssen – zu *statistischen Bezugsflächen und damit zu Kartogrammen.* Besonders in der Schwarzweiß-Darstellung sind sie wenig anschaulich und schwer lesbar, wie dies aus Abb. 98 c leicht zu erkennen ist. Ihr Informationswert ist außerdem deshalb sehr fraglich, weil die strukturelle Aussage auf viel zu große und uneinheitliche Räume bezogen wird!

11.2.4 Relativwertaussage mittels der Streifen- und Rastermethode

Gliederungszahlen flächenhafter oder flächenbezogener Objekte können auch noch auf eine andere als bisher besprochene Weise wiedergegeben werden. Wir können uns der Streifen- und der Rastermethode bedienen, die beide als Endergebnis zum Kartogramm führen.

11.2.4.1 Die Streifenmethode

Mit Hilfe verschieden breiter Streifen ist es möglich, relative Anteile flächenhaft verbreiteter Objekte an einem Areal auszudrücken (s. Abb. 99 a). Je größer allerdings die Zahl der sachlichen Merkmale ist, welche vom Gesamtwert durch Anteilsstreifen ausgedrückt werden sollen, desto unübersichtlicher werden die nach dieser Methode entworfenen Kartogramme. Da sich die *Breite der Streifen*

Abb. 99: Streifenmethode und Quadratrastermethode. a) Anteilsaufgliederung nach vier Merkmalen und Darstellung mit der Streifenmethode. b) Quadratrastermethode: Wiedergabe der Absolutwerte durch maßstabentsprechende Quadratrasterfelder. Die Relativwerte können nur durch Auszählung der auf ein Gebiet fallenden Quadrate und Errechnung der Anteile ermittelt werden.

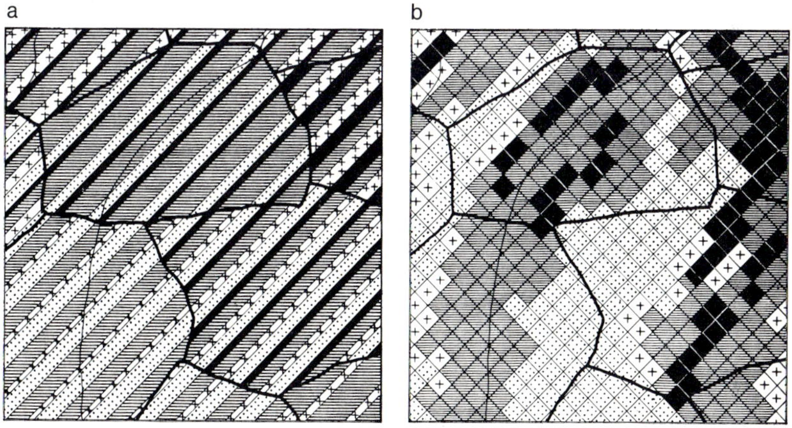

Abb. 100: Absolut- und Relativwertraster: a) Absolutwertraster: Jedes Feld entspricht dem gleichen Absolutwert, stellt aber innerhalb jedes Bezugsgebietes einen unterschiedlichen Relativwert dar. b) Relativwertraster: Innerhalb jedes Bezugsgebietes befindet sich eine gleiche Zahl von Rasterfeldern, wobei die Summe der ganzen Rasterfelder + Rasterfelderteile 100% entspricht. Im vorliegenden Beispiel stellt ein Rasterfeld 5% und die in jedem Bezugsgebiet getönten Felder je 15% dar. Der Absolutwert der Rasterfelder ist von Bezugsgebiet zu Bezugsgebiet verschieden. ▷

proportional zu den darzustellenden Relativwerten verhalten muß, ist die Wiedergabe geringer Anteile bei kleineren Maßstäben nicht möglich. Diese müssen dann zu anderen, qualitativ ähnlichen Objektanteilen dazugerechnet oder unter „sonstige Flächen" ausgewiesen werden.

Die Streifenmethode besitzt zwei erhebliche *Nachteile:* 1.) Aus der Lage der Streifen läßt sich keine Aussage über die tatsächliche Lage und Verbreitung der dargestellten Objekte erkennen. 2.) Da die Streifen über die Bezugsfläche in immer gleicher Abfolge flächendeckend wiederholt werden, hängt es von der Gestalt und Größe der Bezugsgebiete ab, ob eine bestimmte Streifenart genauso oft und in derselben Länge vorkommt wie die übrigen Streifenarten. Bei ungünstiger Konfiguration der Bezugsfläche besteht also die Möglichkeit einer Fehlauffassung der Information.

11.2.4.2 Die Quadratrastermethode

Für die Relativwertdarstellung ist die Quadratrastermethode *weniger geeignet* als für die Wiedergabe von Absolutwerten. An dieser Stelle wollen wir zwei Möglichkeiten besprechen:

1. *Einteilung jedes Bezugsgebietes in eine gleiche Anzahl von Quadraten, die dem Wert 100% entsprechen.* Da die einzelnen Bezugsgebiete verschieden groß sind, besitzen sie auch jeweils Quadratraster einer entsprechenden Maschenweite, die nur für gleich große Bezugsgebiete gleich ist. Die Anzahl der Quadrate soll so gewählt werden, daß jedes Quadrat einen runden Bruchteil von 100% ergibt (z. B. Quadrat ist 1% oder 2%, 5%, 10% usw.). Die Maschenweite der Quadrate für die einzelnen Bezugsgebiete wird wie folgt berechnet:

s = Seitenlänge eines Rasterfeldes
F = Fläche der Bezugsgebiete
n = Zahl der Quadrate für 100%
M = Maßstabsfaktor

$$s = \sqrt[2]{\frac{F}{n} \cdot M}$$

Da die Konstruktion von Kartogrammen nach dieser Methode eine umfangreiche Arbeit voraussetzt und das Kartenbild oft ein verwirrendes Mosaik ergibt, wird sie kaum angewandt (s. Abb. 100).

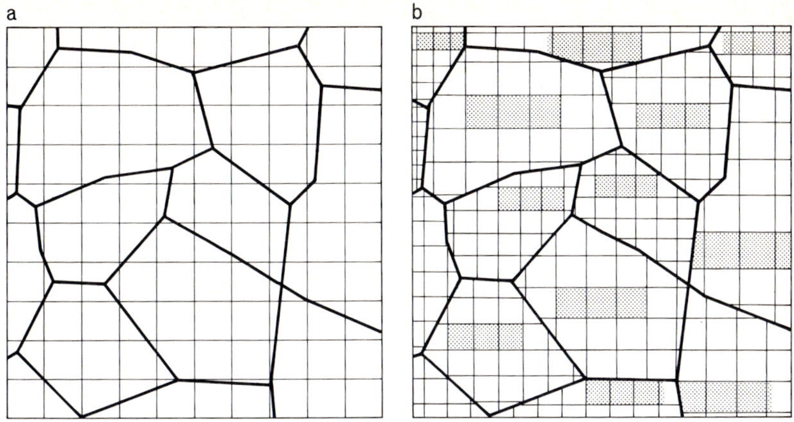

Abb. 101: Beispiel der Dichtequadratmethode von F. SCHARNER. Die Bevölkerungsdichte am 13. Sept. 1950 im Schwarzwaldteil des Renchtales (gemeindeweise). aus F. SCHARNER: Ein Beitrag zur Frage der Dichtedarstellung in Kartogrammen; Allg. Statist. Archiv, 42. Band, 1958, S. 131.

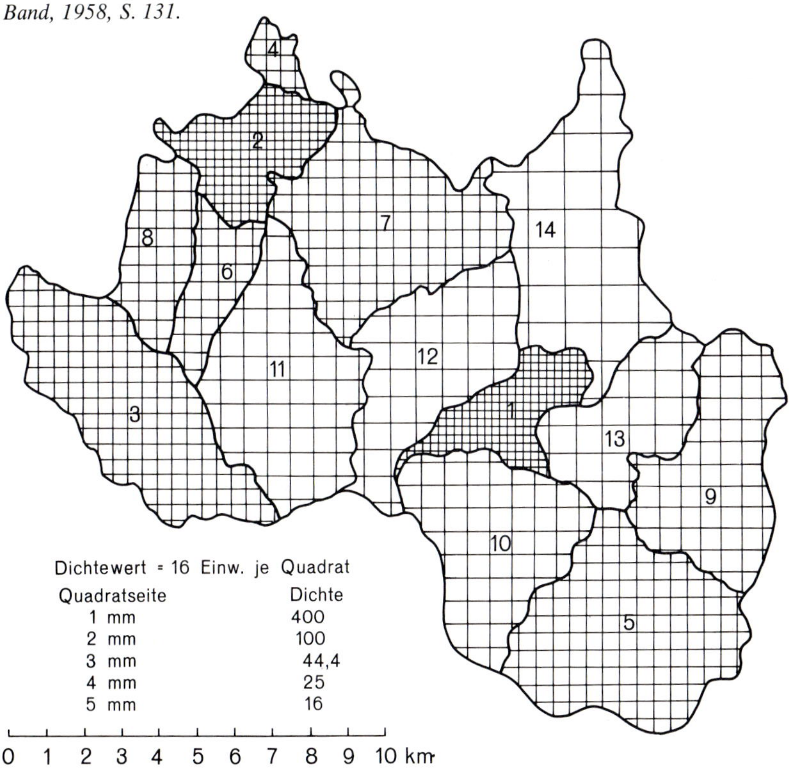

In ähnlicher Weise hat F. SCHARNER für die Darstellung von Dichtewerten eine einfache Formel entwickelt, die im Rahmen seiner „*Dichtequadratmethode*" eine Rasterabstimmung mit guter optischer Wirkung garantiert (s. Abb. 101).

2.) Nach einem anderen Prinzip wurden 1952/53 von M. BÜRGENER „*Quadratraster-Flächenkartogramme*" entwickelt[41]. Sie dienen nur der relativen Aussage. Das ganze Kartenblatt, welches die Grenzen der statistischen Bezugsflächen eingetragen enthält, wird mit einem Netz gleich großer Quadrate überzogen. Für jede Bezugsfläche (z. B. Verwaltungsgebiet) wird die Zahl der enthaltenen Quadrate ermittelt und die Prozentwertigkeit des einzelnen Quadrats innerhalb dieser Bezugsfläche errechnet. Weitgehend lagerichtig werden nun so viele Quadrate bzw. Quadratteile durch die Flächensignatur des Merkmals der Teilmasse gekennzeichnet, als ihr prozentualer Anteil am Gesamtinhalt der jeweiligen statistischen Bezugsfläche beträgt (s. Abb. 102).

Bei dieser reinen Verhältnisdarstellung besteht also eine *Vergleichbarkeit* der Wertigkeit von Quadraten *nur innerhalb der dazugehörigen Bezugsfläche.* Da wir aber grundsätzlich auf dem Standpunkt stehen müssen, daß die Wertigkeit einer Signatur, einer Flächeneinheit, einer Größeneinheit usw. innerhalb ein und derselben Karte unwandelbar sein muß, können wir die Quadratrastermethode nach BÜRGENER nicht empfehlen.

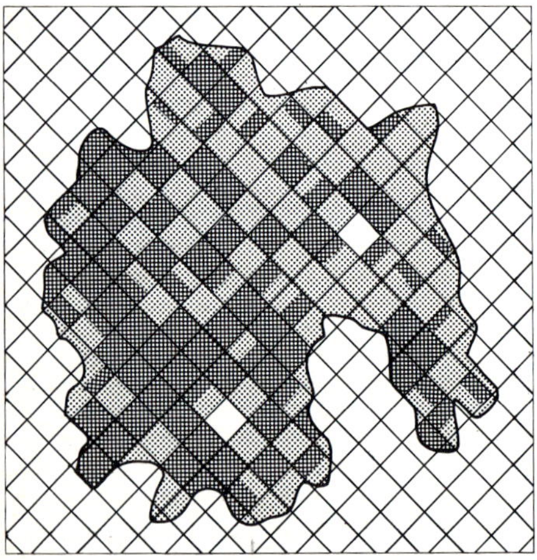

Abb. 102: Quadratraster-Flächenkartogramm nach M. BÜRGENER. Umgezeichnetes Beispiel aus einer Karte der Konfessionenverbreitung im „Atlas östliches Mitteleuropa", Blatt 32, 1959. Die Karte stellt den relativen Anteil der verschiedenen Konfessionen an der Gesamtbevölkerung der einzelnen Verwaltungskreise dar. Absolutwerte gibt sie nicht an.

Den prozentualen Anteil der Konfessionen in den Landkreisen einschl. der Städte unter 20000 Einw. entspricht eine für jeden Kreis gesondert errechnete Anzahl von Quadraten des vorliegenden Quadratrasters, welche mit den entsprechenden Farbsignaturen gekennzeichnet ist (hier im Beispiel durch Rasterung). Das dargestellte Kreisgebiet zählt in diesem Falle 133 Quadrate, die seiner Fläche bzw. Bevölkerung entsprechen. 1 Quadrat kommt dabei 100:133 = 0,75% der Verwaltungsfläche bzw. Bevölkerung in dieser gleich. Umgekehrt entsprechen einem Anteilsprozent 1,333 Quadrate.

In vielen Fällen garantiert erst die Koppelung von relativer und absoluter Wertangabe die Aussagekraft einer Karte. Mitunter kann sogar die *Relativwertangabe allein überhaupt keinen Informationsgehalt* besitzen. Was sagt z. B. die Angabe über eine Produktionssteigerung um 100%, wenn der Ausgangswert unbekannt ist? Aber auch Absolutwertangaben über Änderungsbeträge zwischen zwei Zeitpunkten verlieren ihren Sinn, wenn man nicht ihre relative Bedeutung für jene Werte kennt, die sich geändert haben. An einigen Beispielen möge uns dies besonders bewußt werden:

In einer Karte über die Veränderung des Bevölkerungsstandes in den Gemeinden im Zeitraum zweier Volkszählungen wurden die positiven und negativen Unterschiedsbeträge sehr genau wiedergegeben. Wir können der Karte entnehmen, daß 1971 gegenüber der Zählung von 1961 die Gemeinde A einen um 120 Personen niedrigeren Stand der Wohnbevölkerung besitzt, während in der Gemeinde B der Unterschied mit positivem Vorzeichen 1820 Personen beträgt. Sind nun die ausgewiesenen Größen im Hinblick auf die Werte der Ausgangsbevölkerung bedeutend oder unbedeutend? Da lediglich Mengenunterschiede in absoluter Methode, sonst aber keinerlei zusätzliche Angaben, welche einen Hinweis auf die tatsächliche Größe der Vergleichsobjekte geben, dargestellt wurden, ist die kartographische Aussage wertlos. Die *absolute Methode verlangt hier eine Ergänzung durch die relative,* die uns z. B. durch Flächentönung Auskunft über das Verhältnis des Änderungswertes zum Ausgangswert hätte geben können. Wir hätten dann erfahren, daß der negative Bevölkerungsunterschied von 120 Personen in der Gemeinde A das katastrophale Ausmaß von rund 30% des Ausgangswertes erreicht (die Gemeinde hatte 1961 nur 403 Personen Wohnbevölkerung), hingegen die Zunahme der Gemeinde B mit unter 1% ganz unbedeutend ist (es handelt sich um eine Stadtgemeinde, welche 1961 eine Wohnbevölkerung von rund 200 000 Personen zählte).

Ebenso muß uns in sehr vielen Fällen aber auch die Darstellung von Verhältniswerten in relativer Methode als wertlos erscheinen, wenn sie nicht mit einer Wiedergabe der zugehörigen absoluten Grundzahlen gekoppelt ist oder diese (in sehr seltenen Fällen) als allgemein bekannt angenommen werden dürfen. Auch hier einige Beispiele: Die Länder A, B und C (es handelt sich um stark industrialisierte Staaten) sind mit einer Erhöhung der Kraftfahrzeugproduktion gegenüber dem Vorjahr um 0,8%, 1,2% und 3% ausgewiesen. Das weitaus überwiegend agrarische Land D kann mit einer Produktionserhöhung um 140% aufwarten. Auf Grund näherer Nachforschungen zeigte sich, daß die Länder A, B und C seit vielen Jahren eine auch vom weltwirtschaftlichen Gesichtspunkt aus bedeutende Kraftfahrzeugproduktion nachweisen können, während der Staat D im Vorjahr erst die ersten 30 Kraftfahrzeugmodelle herstellte und nunmehr mit der Produktion einer Kleinstserie von 72 Stück auf den Markt gekommen ist.

Auf einer anderen Karte über den Körnerfruchtanbau eines Hochalpenraumes ist der Anteil der einzelnen Getreidearten und des Maises am Ackerland der einzelnen Gemeinden durch verschiedene Schraffuren innerhalb der landwirtschaftlich genutzten Fläche angegeben. Auf diese Weise erscheinen einige extrem hoch gelegene Gemeinden als ausgesprochene Weizenanbaugebiete. Infolge des Fehlens einer entsprechend gekoppelten Absolutwertdarstellung der Grundzahlen ist die Ursache hierfür aus der Karte selbst nicht ablesbar. In den angeführten Gemeinden bestehen nämlich nur ganz wenige kleine Äcker, diese liegen auf den besten Böden in ausgesprochen klimatisch begünstigten Talwinkeln und sind ausschließlich mit Weizen bebaut. Die Größe der Anbaufläche und des Ertrages ist aber in diesen Fällen bedeutungslos. In einer anderen Karte wieder ist der Anteil der in Handel und Gewerbe tätigen Bevölkerung an der Gesamtbevölkerung relativ dargestellt. Inmitten ausgesprochen landwirtschaftlicher Gebiete fallen einzelne Gemeinden durch ihren hohen Anteil einer dieser Wirtschaftsabteilung zugehörenden Bevölkerung ins Auge. Eine Absolutwertdarstellung der Grundzahlen ist wieder nicht gegeben. Eine nähere Untersuchung zeigt, daß die Bevölkerungszahlen dieser Gemeinden viel zu gering sind, um der Aussage eine repräsentative Bedeutung zumessen zu können.

11.2.5.1 Absolute Methode mit zugleich relativer Aussage

Die Darstellung der Dichte gestreuter Objekte ist immer flächenbezogen, wird aber in Absolutwerten pro Flächeneinheit ausgedrückt. Dies ist auch der Grund, weshalb man bei Dichtedarstellungen sowohl über die absolute wie über die relative Methode zu gleich brauchbaren Ergebnissen kommen kann.

In vielen Fällen bietet die absolute Methode sogar nicht nur eine anschaulichere, sondern viel objektivere Darstellung, weil sie von einer willkürlich vorgenommenen Bezugsflächenabgrenzung unabhängig ist. Allerdings benötigt sie eine wohlüberlegte Signaturenlegende (s. Abb. 103), in der nicht nur der Mengenwert des Punktes erklärt ist, sondern auch zahlreiche Dichtebeispiele angeführt sind.

Diese müssen allerdings so gewählt werden, daß sie runde Mittelwerte repräsentativer Dichtestufen wiedergeben. Punktestreuungen sollten wir als gleitende Raster betrachten, deren Möglichkeiten bis heute weder richtig erkannt wurden noch ausgeschöpft sind.

11.2.5.2 Kombination von Absolut- und Relativwertaussage mittels mehrerer graphischer Schichten

Die so häufig notwendige Verbindung von Relativ- und Absolutwertaussage läßt sich graphisch durch *Kombination von Signaturenschichten* verschiedenarti-

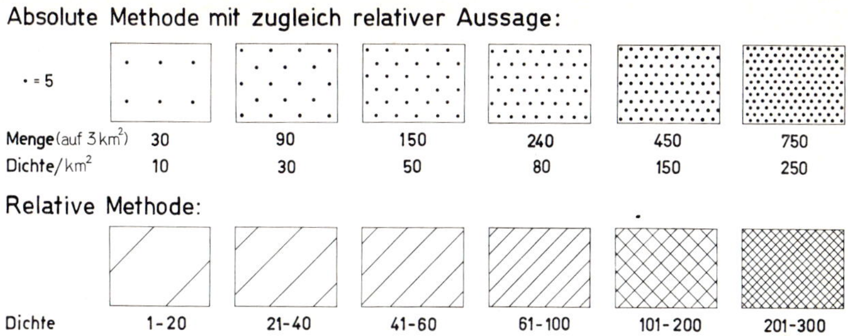

Abb. 103: Beispiele von Signaturenschlüsseln für die Dichtedarstellung in absoluter Methode mit zugleich relativer Aussage und in relativer Methode

ger Signaturen bewältigen. Aus Gründen einer guten visuellen Auffaßbarkeit werden solche Darstellungen aber auf zwei bis drei Schichten beschränkt bleiben müssen.

Für die flächenbezogenen Relativwerte sollten jeweils Flächentöne, für zusätzliche relative Aussagen visuell auflösbare Flächenraster und -muster und für die Absolutwerte Figurensignaturen Anwendung finden. Folgende Kombinationen sind graphisch leicht zu lösen (s. Abb. 104):

Flächentöne +	*Flächenraster und Flächenmuster* +	*Figurensignaturen*
Grautonwerte	*Flächenraster in schweren Farben*	*Figurensignaturen verschiedener Größen*
Verschiedene Farbrichtungen und deren Aufhellungsstufen	*Flächenmuster in schweren Farben*	*Werteinheitensignaturen und Mengenpunkte*

Die Anwendung solcher Kombinationen möge an vier Beispielen erklärt werden:

1.) Darstellung der Bevölkerungsdichte, Bevölkerungszahl und Zu- und Abnahmetendenz nach Gemeinden: Die Wiedergabe der Bevölkerungsdichte wird durch Flächentöne einer ein- oder zweipoligen Farbenreihe einschließlich ihrer Aufhellungsstufen bewerkstelligt. Die Absolutwerte der Bevölkerungszahlen können mittels Werteinheitensignaturen (auch in der Form der Mengenpunkte) oder verschieden großer Figurensignaturen wiedergegeben werden. Die Tendenz der Zunahme (rot) und Abnahme (blau oder schwarz) wird durch entsprechende Farbgebung der Figurensignaturen ausgedrückt.

2.) Hektarerträge und Größe der Anbauflächen: Wiedergabe der Hektarerträge durch Flächentöne und der Größe der Anbauflächen durch Werteinheitensignaturen.

3.) Anteil des Ackerlandes und des Grünlandes an der landwirtschaftlich genutzten Fläche und durchschnittliche Betriebsgröße: Die Acker- und Grünlandanteile werden durch Flächentöne, die durchschnittliche Betriebsgröße durch weitabständige Flächenraster und -muster dargestellt.

4.) Zu- und Abnahme der Bevölkerung zwischen zwei Zeitpunkten absolut und relativ: Die relative Veränderung bezogen auf den Ausgangszeitpunkt wird durch Flächentöne, die Absolutwerte werden durch Figurensignaturen veranschaulicht.

Abb. 104: Kombinierte Relativ-Absolutwert-Aussage durch graphisch mehrschichtige Darstellung mittels Flächentönen, visuell auflösbaren Rastern und Figurensignaturen. a) Flächentöne + Raster; b) Flächentöne + Werteinheitensignaturen; c) Flächentöne + Raster + Figurensignaturen.

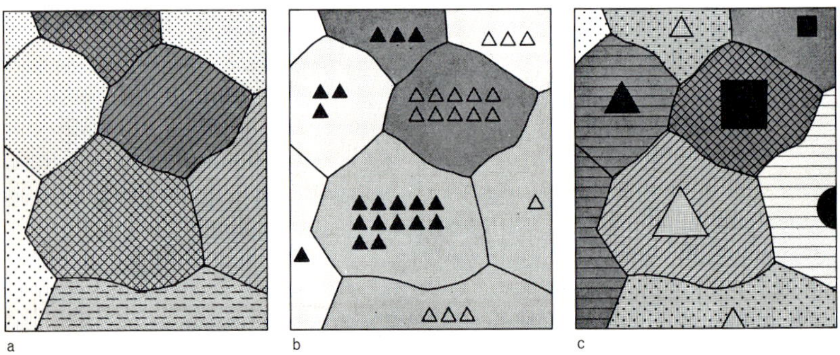

12 Die kartographische Ausdrucksmöglichkeit für Dynamik und Genese

Zur Darstellung örtlich oder regional verschiedener Objekte ist die kartographische Form besser geeignet als die textliche. Da sich die regionalen Sachverhalte im Zeitablauf ständig wandeln, sollte ihre Erfassung für den „Datenspeicher Karte“ zu einem einzigen Zeitpunkt erfolgen, so daß wir mit Recht von einer *Zeitpunktkarte* sprechen können. Für die topographischen und einen Großteil der thematischen Karten trifft dies auch annähernd zu.

Ein schwieriges und für die Kartographie nur mittelbar und andeutungsweise lösbares Problem stellt aber die *Wiedergabe der regionalen Dynamik und der Veränderungen im Zeitablauf* dar, was eigentlich nur durch die *textliche Darstellung* adäquat gelöst werden kann, weil die Worte wie im Zeitablauf aufeinander folgen und die Vielfalt der Bewegungen sich beschreibend besser erfassen läßt.

12.1 Die Wiedergabe der räumlichen Dynamik für einen Beobachtungszeitpunkt und für einen Zeitabschnitt

Der größte Teil unserer thematischen Karten bedient sich statischer Ausdrucksmittel. Sie bieten uns Augenblicksbilder einer ständig sich ändernden Welt mit ihren mannigfachen räumlichen Bewegungsvorgängen und den vielfach sich kurzfristig verändernden Wirkungsgefügen. So ist auf der Karte nicht nur die dreidimensionale Wirklichkeit in die zweidimensionale Ebene projiziert, sondern auch der Ablauf der Dinge gestoppt worden, wie wenn man aus einem Kinofilm ein einziges Bild herausgreift, um es länger und eingehender betrachten und analysieren zu können. Die Dynamik läßt sich nunmehr nur noch deuten, und zwar aus der Physiognomik der Figuren und Gegenstände und ihren räumlichen Verhältnissen zueinander. Die abgetriebene Rauchfahne aus einem Schornstein läßt uns auf die Windrichtung und bis zu einem gewissen Grad auch auf die Windstärke schließen, das Bild des flatternden Tuches einer Fahne aber läßt einen solch eindeutigen Schluß erst dann zu, wenn man erkennen kann, ob die Fahnenstange bewegt wird oder diese stabil an einen Standort gebunden ist. Das richtige Deuten der Bildinhalte ist also nur mittelbar über Kausalüberlegungen möglich. Die kartographische Methode bietet Mittel und Wege, durch entsprechende Gestaltung der graphischen Kartenelemente die Bewegung im Raum auch unmittelbar auszudrücken. Das Augenblicksbild eines elektrischen Zuges in einer Landschaft läßt nicht erkennen, ob dieser steht oder fährt. Der

Pfeil in einer Karte drückt aber nicht nur die Bewegung und Geschwindigkeit (Pfeilstärke), sondern auch die Richtung aus, wie wir dies bei unseren Erörterungen über die Bewegungssignaturen (s. 6.5.4) gesehen haben. Gegenüber den rein statistischen Signaturen erleichtern solche *dynamische Kartenelemente* sehr wesentlich eine nach einer bestimmten Richtung hin gewollte Ausdeutung des Inhaltes durch den Betrachter. Das ist der Grund, weshalb bei „geopolitischen Karten" diese Methode besonders bevorzugt und weiterentwickelt wurde. R. von Schumacher (1935) hat hierfür in seiner Arbeit „Zur Theorie der geopolitischen Signatur"[42] nicht nur die zwingende Aussage derart vorgenommener Kartengestaltungen unter Beweis gestellt, sondern auch einen beispielgebenden Kartenschlüssel entwickelt, der eine Fülle von Anregungen für den Entwurf dynamischer Karten anderer Sachgebiete zu geben vermag. Später hat die Bedeutung der dynamischen Darstellung und der Anwendung von *Bewegungssignaturen* H. Müller (1964) an Hand des speziellen Problems des Berufsverkehrs überzeugend behandelt und mit gut gewählten Kartenbeispielen belegt[43]. Ein Beispiel einer dynamischen Kartenaussage ist in Abb. 105 wiedergegeben.

12.2 Die Wiedergabe der Genese

Die Geneseaussage ist in der Kartographie leider noch ein weitgehend *unbewältigtes Problem.* Entwicklungsvorgänge werden häufig nur durch Gegenüberstellung oder Überdeckung mehrerer, meist statischer Aussageschichten für bestimmte Zeitpunkte zum Ausdruck gebracht, wie dies W. Behrmann in einem Aufsatz über „Statische und dynamische Kartographie"[44] mit einem guten Beispiel über die Entwicklung der Volksdichte in Frankfurt a. M. und Umgebung belegt. Die *Aussage über die Entwicklung wird durch den Vergleich zweier Aussageschichten* geboten. Die eine stellt mittels schwarzer Flächenraster nach einer Wertstufenfolge die Volksdichte für 1925 dar. Die andere, in unterschiedlichen Farben, gibt in flächiger Methode nach Stufenwerten die Veränderung der Volksdichte 1875–1925 wieder. Da ihr Farbgewicht geringer als das der ersten Aussageschicht ist, wird sie als darunterliegend empfunden und unterstützt auf diese Weise die gedankliche Ineinanderprojektion der beiden Schichten, welche Urteile über die Entwicklung gewinnen lassen.

Am leichtesten können für lineare und räumlich horizontale Entwicklungsvorgänge entsprechende kartographische Darstellungsmittel gefunden werden. Für die *Anwendung von Signaturen* zur Wiedergabe verschiedenen Alters ist unbedingt die Assoziationsfähigkeit der Dichte und Struktur, des Gewichtes und der Farbrichtung, sowie des Helligkeitswertes zu beachten.

Im allgemeinen gilt die Regel *„je älter, desto schwerer und dichter bzw. desto dunkler und satter"* sind Signaturen (Positionssymbole wie Flächensignaturen) zu gestalten. Damit sind aber auch schon sehr brauchbare und anschauliche Me-

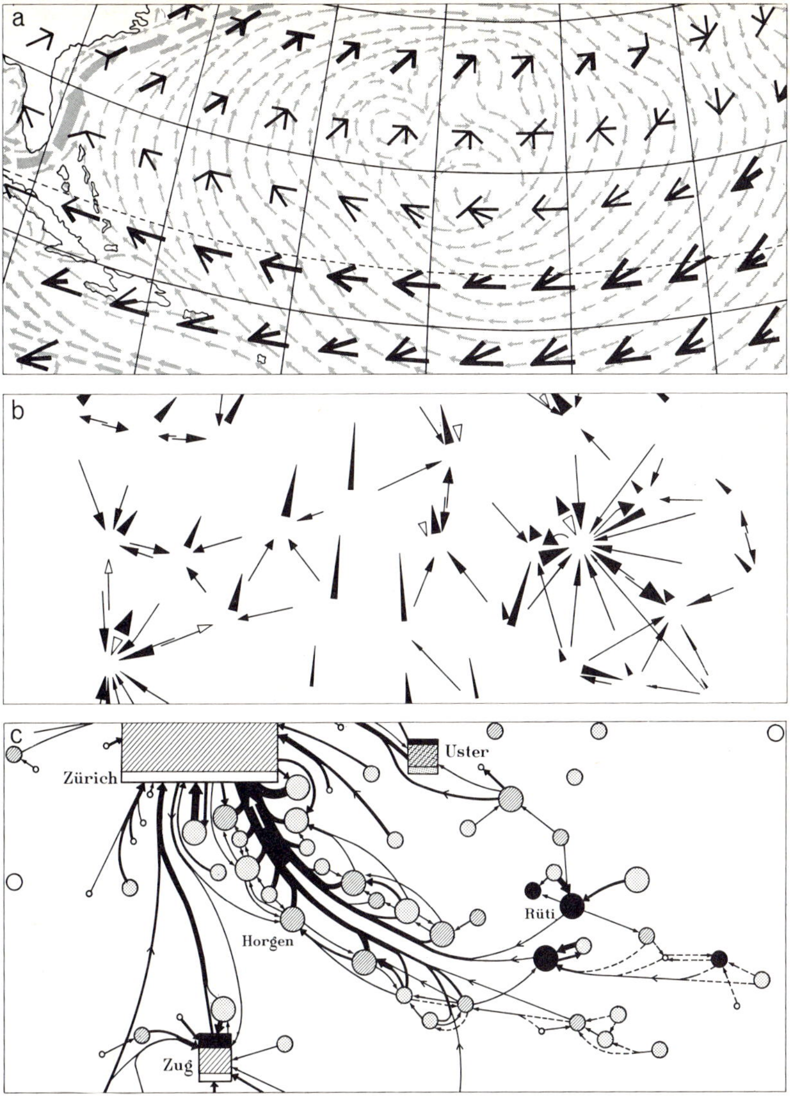

Abb. 105: Beispiele von qualitativer und quantitativer Wiedergabe von Bewegungen: a) Winde und Meeresströmungen im Sommer im Nordatlantik. Länge der vollen Pfeile ist der Windhäufigkeit im August proportional. Pfeile für die Meeresströmungen aufgerastert (Kartenausschnitt nach H. und P. Chaunu: Séville et l'Atlantique, Paris 1956).
b) Wanderungen zwischen den französischen Departements 1954. Flächeninhalte der Pfeildreiecke sind zu den Absolutwerten der Wanderung, Längen der Dreiecke zu den Prozentsätzen der Wegziehenden proportional (Kartenausschnitt nach Serge Bonin).
c) Bewegungslinien und -pfeile zur quantitativen Wiedergabe von Strömen nach 6 Größenstufen (Ausschnitt aus der Karte 33 „Tagespendler“ von E. Imhof aus dem Atlas der Schweiz, Lieferung 1967).

thoden zur Wiedergabe räumlicher Genesesachverhalte vorgezeichnet und auch Anhaltspunkte für die Signaturengestaltung ortsgebundener, zeitlich unterschiedlicher Aussagen gegeben (s. Abb. 106).

Abb. 106: Flächensignaturen und Positionsfiguren zur Darstellung einer Zeitpunktreihe im Rahmen einer Entwicklung (alt–jung)

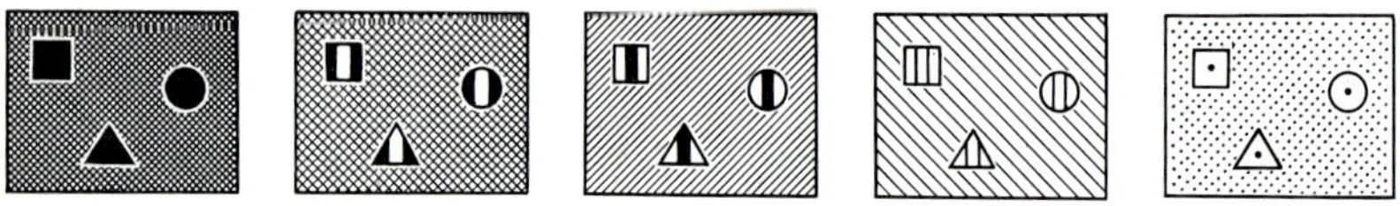

Schon die Schwarzweiß-Darstellung enthält die Möglichkeit, verschiedene Altersklassifikationen auszuscheiden. Durch Kombination mit anderen Farben verschiedener Aufhellungsgrade und Farbrichtungen wächst die Kombinations- und damit Aussagefähigkeit für die Genesewiedergabe. Für die Wiedergabe der Dynamik und zeitlichen Veränderung im Raum eignet sich die *kinematographische Methode,* die sich über die Laufbildprojektion rasch aufeinanderfolgender kartographischer Zeitpunktdarstellungen bedient, am besten. Auf sie wurde im Abschnitt 5.3 eingegangen, in dem auch die Verknüpfung dynamischer Karten und der Genesedarstellungen mit einem richtig gewählten Zeitpunktgerippe behandelt wurde.

13 Der Generalisierungsvorgang

13.1 Das Wesen der Generalisierung

Die Karte unterscheidet sich von einem verkleinerten photographischen Luftbild eines Teiles der Erdoberfläche unter anderem dadurch, daß sie nicht den gesamten konkreten Inhalt einer Landschaft wiedergibt. Dies drückt auch die Definition des Begriffes Karte durch den Hinweis „vereinfacht" aus. Die *Generalisierungsarbeit gehört zu den wesentlichen wissenschaftlichen Leistungen eines Kartenentwerfers,* die über die Objektivität des Kartenbildes und die Aussagekraft über das Wesentliche und Typische des Karteninhaltes entscheidet.

13.1.1 Zweck und Ziel der Generalisierung, Definition des Begriffes

Die beste Zusammenfassung über das Generalisierungsproblem hat schon 1910 A. Hettner (1962) in seiner auch heute noch richtungweisenden Arbeit „Die Eigenschaften und Methoden der kartographischen Darstellung"[45] geboten. K. Salistschew (1967) umreißt das Wesen der Generalisierung wie folgt[46].

„Sie ist eine Auswahl des Wichtigsten, Wesentlichen und dessen zielgerichtete Verallgemeinerung, bei der es darauf ankommt, auf der Karte die Wirklichkeit in ihren wichtigsten, typischen Zügen und charakteristischen Besonderheiten entsprechend der Zweckbestimmung, der Thematik und dem Maßstab der Karte abzubilden."

Während in älteren Definitionen die Generalisierung hauptsächlich als *maßstabbedingter Vorgang* definiert wird, tritt hier bereits der Gesichtpunkt einer *zweck- und sachbedingten Bearbeitung* stärker in den Vordergrund. Tatsächlich erfolgen die wesentlichen Generalisierungsvorgänge der Auslese, der qualitativen und quantitativen Zusammenfassung, der Typisierung und schließlich der repräsentativen Formvereinfachung nicht nur beim Übergang vom größeren zum kleineren Maßstab, sondern auch beim gleichen Maßstab infolge bestimmter sachlicher Gesichtspunkte oder einer speziellen Bearbeitung für einen ganz bestimmten Verwendungszweck. Wir können daher folgende Begriffsdefinition verwenden (E. Arnberger 1966)[47a]:

„Unter kartographischer Generalisierung ist die inhaltliche und graphische Vereinfachung einer kartographischen Ausdrucksform auf dem Wege der Objektauslese, der qualitativen und quantitativen Zusammenfassung, der Typisierung und einer repräsentativen Formvereinfachung zu verstehen."

13.1.2 Der Generalisierungsvorgang und seine Kriterien

Aus der Definition konnten wir bereits entnehmen, daß sich der Generalisierungsvorgang aus mehreren logisch verknüpften Tätigkeiten zusammensetzt, die sowohl den Inhalt einer kartographischen Ausdrucksform, als auch ihre graphische Gestaltung betreffen. Dies zeigt sehr deutlich, daß ein Kartenentwurf ohne kartographisch-methodische Kenntnisse zum Scheitern verurteilt sein muß und erklärt gleichzeitig, weshalb so viele, lediglich nur aus dem reinen kartographiefremden Fachwissen entworfene Karten mißglücken.

13.1.2.1 Die Selektion bei der Generalisierung

Von einer größeren Zahl gleichartiger Erscheinungen werden stellvertretend nur einige in das Kartenbild aufgenommen. Hierbei ist als leitender Gesichtspunkt die Erhaltung einer richtigen Aussage über die Verbreitung und Verteilung maßgebend. *Weniger wichtige oder kleinere Objekte werden fortgelassen.* Bei verschiedenartigen Objekten werden solche aufgenommen, die vom sachlichen Gesichtspunkt aus wiedergegeben werden müssen oder die für das Verständnis des Kausalzusammenhanges bedeutungsvoll sind. Beispiele: In einem verkarsteten Gebiet kommen nicht mehr alle Karstformen, sondern nur noch einige wenige bedeutende zur Darstellung, und zwar in einer Auswahl, die einen richtigen Eindruck über die Verbreitung der einzelnen Arten und den strukturellen Zusammenhang zu bieten vermag. Von 10 Flußschlingen eines mäandrierenden Flusses werden nur zwei bedeutendere wiedergegeben, die einen Eindruck über Art und Strecke ihres Vorkommens vermitteln. Von verschiedenen Pflanzenarten werden in eine pflanzensoziologische Karte nur solche aufgenommen, die zur Charakterisierung der Verbreitung und Zusammensetzung bestimmter Pflanzengesellschaften wichtig sind.

13.1.2.2 Die qualitative Zusammenfassung

Sie erfolgt durch *Zusammenfassung von Begriffen zu Oberbegriffen.* Sie ist für die maßstabbedingte Generalisierung von hervorragender Bedeutung und ist leicht nach allgemeingültigen Grundsätzen durchzuführen. Beispiele: An Stelle der gesonderten Ausscheidung einzelner Waldarten, wie Hochwald, Niederwald oder der Zusammensetzung nach Nadelwald, Laubwald, Mischwald, wird nur noch der Oberbegriff Wald dargestellt. An Stelle der einzelnen Stufen der Alpinen Trias in geologischen Karten werden nur noch die Begriffe Untere, Mittlere und Obere Trias oder, noch weiter zusammenfassend, Trias ausgeschieden.

Die *qualitative Zussammenfassung,* für die man in der Literatur auch die Bezeichnung *Verallgemeinerung* findet, muß für den gesamten Karteninhalt so vorgenommen werden, daß dadurch keine Störung der Wiedergabe struktureller Beziehungen hervorgerufen wird.

13.1.2.3 Die quantitative Zusammenfassung

Sie kann z. B. bei einem gestuften Signaturenschlüssel *mehrere Größenstufen zu einer vereinen.* Beispiel: Verminderung der Zahl der Dichtestufen zur Darstellung der Bevölkerungsdichte oder Vergrößerung der Stufenspannen zur Wiedergabe der Hektarerträge.

Andererseits können aber auch *nebeneinanderliegende Objekte quantitativ zusammengefaßt* werden. Beispiel: Betriebe einer bestimmten Betriebsart werden nicht mehr einzeln, sondern durch eine entsprechend große Signatur zusammenfassend veranschaulicht.

13.1.2.4 Die Typisierung und Betonung des Wesentlichen

Die Typisierung ist keine speziell kartographische Tätigkeit, sondern eine wissenschaftliche Arbeit, die vom Fachbearbeiter des thematischen Inhaltes durchgeführt werden muß[47b]. Sie wird als Forschungsaufgabe häufig ganz unabhängig von kartographischen Zielsetzungen verfolgt, kann aber mit kleiner werdendem Maßstab einer kartographischen Wiedergabe zu einem notwendigen Bestandteil des Generalisierungsprozesses werden. In diesem Fall hat die *Typisierung* die Aufgabe, komplizierte Raumstrukturen, für deren Elemente die Kartenfläche nicht mehr den notwendigen Darstellungsraum bietet, nach *Modellvorstellungen* zusammenzufassen. Es handelt sich also eigentlich um einen Vorgang der qualitativen und quantitativen Zusammenfassung, der nicht nur gleichartige, sondern auch verschiedenartige Objekte einbeziehen kann. Beispiel: Die einzelnen Industriestandorte, unterschieden nach Art und Größe der Betriebe, werden zu Industriegebieten vorherrschender Produktionsrichtungen und Produktionswertstufen (z. B. pro Kopf der Bevölkerung) zusammengefaßt. Für die Zuordnung dient ein Typenschema.

In der verwirrenden Fülle graphischer Elemente, die der Kartenaussage dienen, stellt die *Betonung des Wesentlichen* gleichsam das Rückgrat dar. Bei einer maßstababhängigen Generalisierung ist damit auch jener Inhaltsrest gekennzeichnet, der in der Kartenaussage nach Möglichkeit auch in kleinen Maßstäben noch erhalten bleiben muß, um ein Gebiet charakterisieren zu können.

13.1.2.5 Die repräsentative Formvereinfachung

Sie hat zum Ziel, eine graphische Vereinfachung derart durchzuführen, daß der *Formtyps* erhalten bleibt. Beispiel: Wiedergabe einer Fjordküste durch Verminderung unwesentlicher Buchten der Küstenlinie und Zusammenfassung kleinster, nahe beisammen liegender Inseln, aber unter Beibehaltung und gleichzeitig betonter Darstellung von Fjordengestellen, des Küstenlinientyps und der Wiedergabe wichtiger vorgelagerter Inseln und für den Schiffsverkehr bedeutender Durchfahrten.

13.2 Überlegungen für die richtige Wahl des Generalisierungsgrades und -prinzips

Vor Beginn des Generalisierungsprozesses sind folgende wichtige Fragen zu klären:

a) Welche Konsequenzen ergeben sich aus der Maßstabswahl?

b) Wieweit wird der Generalisierungsgrad durch die Quellenlage beeinflußt?

c) Welche allgemeinen Züge und charakteristischen Besonderheiten sind für die Wiedergabe des Darstellungsraumes bedeutungsvoll?

d) Welche speziellen Generalisierungsüberlegungen ergeben sich aus der Thematik?

e) Welche besonderen Generalisierungsprobleme sind mit dem vorgesehenen Verwendungszweck verbunden?

Auf diese Fragestellungen werden wir in den folgenden Erörterungen immer wieder zurückkommen. Für die *Belastbarkeit der Kartenfläche ist vorerst einmal der Maßstab wesentlich!* Bei einer linearen Verkleinerung des Kartenmaßstabes auf ein Viertel, steht uns für den Karteninhalt nur noch $1/16$ der Fläche zur Verfügung. Die Tragfähigkeit einer Karte ist daher primär maßgebunden.

1 km^2 in der Natur entspricht in der Karte mit dem Maßstab:

1: 10 000	100 cm^2
1: 100 000	1 cm^2
1: 1 000 000	1 mm^2
1:10 000 000	0,01 mm^2

Eine *Auslese des Darstellungsinhaltes* in strenger Abhängigkeit vom Maßstab läßt sich aber gegen die kleineren Maßstäbe hin nur bis zu einer bestimmten Grenze durchführen. Dies hat H. LOUIS (1958) veranlaßt, zwischen maßgebundenem und freiem Generalisieren zu unterscheiden[48].

13.2.1 Maßgebundenes, freies und thesengebundenes Generalisieren nach H. Louis

Beim *maßgebundenen Generalisieren* werden Objekte ungefähr gleicher Größe oder gleichen Wichtigkeitsranges grundsätzlich gleich oder annähernd gleich behandelt. Trotz Vereinfachung (z. B. Wiedergabe durch Signaturen) bleibt deutlich ein an das Urbild erinnernder Rest individueller Gestaltung erhalten (teilkonkrete Abbildung).

Mit kleiner werdendem Maßstab zwingt die geringe Tragfähigkeit der Kartenfläche zum *freien Generalisieren,* welches gleich große oder gleich wichtige Objekte ungleich behandelt. Man kann aus dem Kartenbild nicht mehr entnehmen, ob die dargestellten Gegenstände Abbilder individuellen Vorkommens des Urbildes sind oder ob sie Stellvertreter für mehrere solcher Erscheinungen vorstellen (z. B. aus einer Scharung von Dolinen in einem Karstgebiet wird nur eine stellvertretend für die Gesamtzahl der vorkommenden Dolinen wiedergegeben). In solchen Karten freier Generalisierung gibt es natürlich auch Objekte, die in ihrer Lage und Gestaltung dem Urbild entsprechen, ohne daß man bisher eine Methode angewandt hätte, solche von den frei generalisierten zu unterscheiden (siehe Vorschlag von LOUIS, dort auf S. 248, der sich aber kaum realisieren lassen wird).

Für die adäquate Wiedergabe des Urbildes in der Karte mittels freien Generalisierens ist die Überlegung, welche allgemeinen Züge und charakteristischen Besonderheiten für die Wiedergabe eines Gebietes bedeutungsvoll sind, besonders wichtig. Der Typus einer Landschaft ergibt sich nun nicht mehr – wie beim maßgebundenen Generalisieren – aus der Struktur und individuellen Eigenart aller aufgenommenen gleichwertigen Erscheinungen, sondern aus der *betonten Wiedergabe besonders typischer Objekte* im Rahmen der viel stärkeren Abstraktion der freien Generalisierung, die allerdings nach streng objektiven Gesichtspunkten durchgeführt werden muß.

Um die Unsicherheit über die Eindeutigkeit der kartographischen Aussage im Bereich kleiner oder ihrer Bedeutung nach nicht hervortretender Erscheinungen hintanzuhalten, werden diese in einen übergeordneten Aussagekomplex einbezogen. Diese Vorgangsweise bezeichnet LOUIS als zusammenfassendes oder *thesengebundenes Generalisieren,* da die Vereinfachung des Darstellungsstoffes und die begriffliche Vereinigung der Objekte stets auf Grund einer Sachbeurteilung des Autors – also einer These – erfolgen[49].

13.2.2 Besondere Probleme des sach- und zweckgebundenen Generalisierens

Die thesengebundene Generalisierung wirft die Frage auf, welche *besonderen Generalisierungsgrundsätze sich aus dem Kartenthema und der Zweckbestimmung ergeben.* Eine Straßenkarte, aus der der Verkehrsteilnehmer in erster Linie Straßenzustand, -breite, Neigungsverhältnisse, Servicestationen, Abzweigungen, Verbindungen von Haupt- und Nebenstrecken entnehmen will, wird den übrigen Informationsgehalt diesen genannten Primäraussagen unterordnen müssen. Die Auslese wird in diesem Falle vorrangig zweckbezogen vorzunehmen sein. Bisher galt allgemein die Regel, der Generalisierungsgrad einer Karte ist maßstabbedingt vorzunehmen. Sachliche Überlegungen zeigen uns aber, daß mit Recht drei Möglichkeiten zur Wahl gestellt sind:

Der thematische Inhalt folgt einem geringeren Generalisierungsgrad, als die topographische Grundlage.

Thematischer Inhalt und topographische Grundlage weisen den gleichen Generalisierungsgrad auf.

Der thematische Inhalt ist stärker generalisiert als die topographische Grundlage.

Das Bild der Waldverteilung und Waldauflösung z. B. spiegelt die Rodungs- und Besiedlungsgeschichte wider und ist gleichzeitig an den vorherrschenden land- und forstwirtschaftlichen Betriebstypus gebunden. In einer Karte der Kulturartenverteilung wird daher das Waldbild so genau und so wenig als möglich generalisiert wiederzugeben sein. Aus diesem Grunde wurde z. B. für eine Karte der vorherrschenden Landnutzung 1:1 000 000 für den Atlas der Republik Österreich eine Waldgeneralisierung vorgenommen, die etwa dem Maßstab 1:250 000 bis 1:300 000 entspricht (s. Abb. 107). Die ursächlichen Zusammenhänge zu den Gesteinsverhältnissen, der Rodungszeit und -art und zur betriebswirtschaftlichen Situation kommen dadurch deutlich zum Ausdruck, während sie bei einer stärkeren Generalisierung untergehen würden.

Andererseits wird häufig auch der thematische Inhalt stärker generalisiert sein als die topographische Grundlage. Das kann damit zusammenhängen, daß die qualitative Objektwiedergabe mit der quantitativen Aussage verknüpft wird, was die Lagetreue der thematischen Inhalte einschränkt und zu ihrer stärkeren Generalisierung führt.

Im Unterschied zu den topographischen Karten tritt also für die Gestaltung und den Entwurf thematischer Karten die *sach- und zweckgebundene Generalisierung* zumindest gleichwertig, mitunter sogar übergeordnet neben die maßgebundene[50].

13.3 Generalisierungskonsequenzen für ortsgebundene Objekte

13.3.1 Möglichkeiten der qualitativen und quantitativen Zusammenfassung

Da die Wahl des Kartenmaßstabes mit wenigen Ausnahmen nicht nach den extremen, sondern den durchschnittlichen Objektdichten vorzunehmen ist, ergeben sich für die Darstellung von Agglomerationen ortsgebundener Objekte oft große Schwierigkeiten. Eine Wiedergabe nach der platzsparenden Baukastenmethode (s. Abb. 72, Nr. 27 und 28) vermag in vielen Fällen Abhilfe zu schaffen. Durch qualitative und quantitative Zusammenfassung der Objekte kann man eine viel weitergehende Einschränkung der Signaturenzahl und des für die Wiedergabe der Signaturen benötigten Raumes erreichen, muß dafür aber auch auf eine detaillierte und nach Merkmalen aufgegliederte Aussage verzichten. Außerdem darf eine solche Zusammenfassung nicht auf einzelne Agglomera-

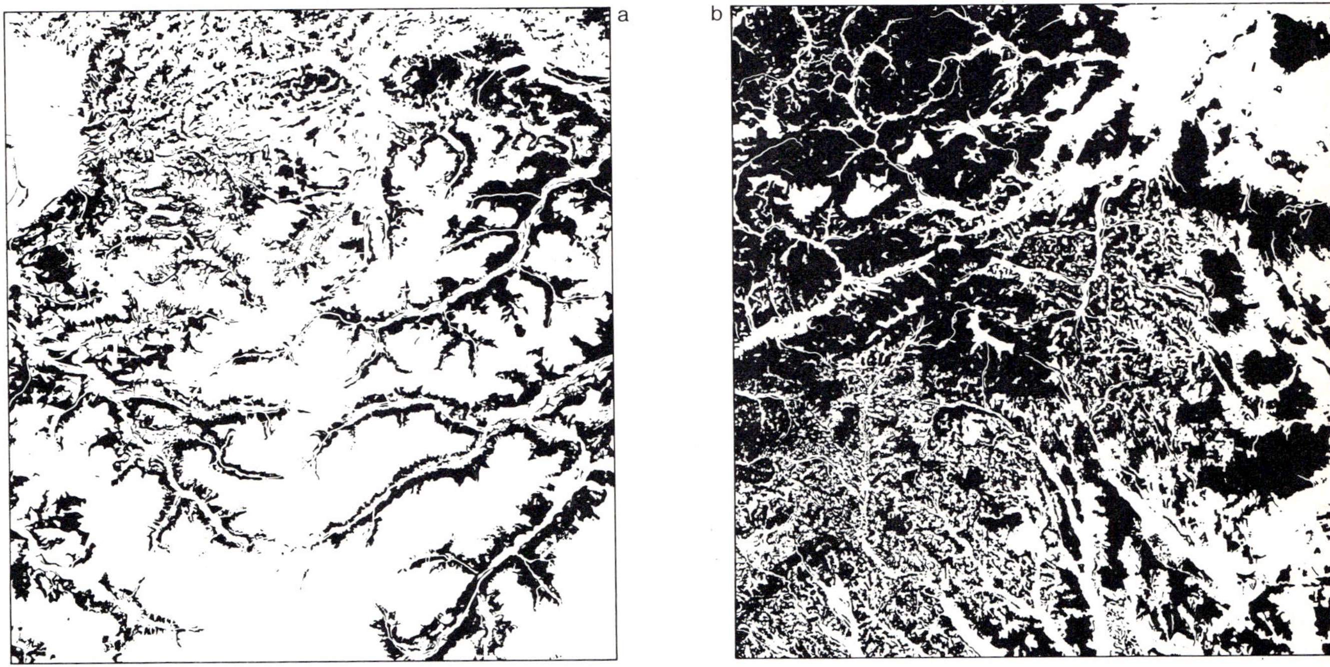

Abb. 107: Ausschnitte aus einer Walddarstellung 1:1 000 000 des Ostalpenraumes. Die Generalisierung entspricht dem Maßstab 1:250 000 bis 1:300 000. Die gebietsmäßig typische Struktur des Waldbildes wurde erhalten. a) Raum Vorarlberg: Im NW die starke Waldauflösung im Gebiet der Berghäuser des Bregenzer Waldes. Im S und SO die Bannwälder der lawinengefährdeten Hänge des Montafon, der Täler der Graubündner Alpen, des oberen Lechtales und des Oberinntales mit seinen Seitentälern. b) Alpenostrand im Raum des südlichen Wiener Beckens, der nordöstlichen Steiermark und des mittleren Burgenlandes. Große,. geschlossene Wälder in den nördlichen Kalkalpen und den pannonischen Randlandschaften; starke Waldauflösung in den Acker-Waldwirtschaftsgebieten im SW und den Hochflächengebieten der Buckligen Welt. (Ausschnitte aus Blatt VII/1, „Vorherrschende Landnutzung“ – Waldauszug, 1:1 000 000 des Atlasses der Republik Österreich; 1. Lief., Wien 1961. Waldbearbeitung: E. Arnberger)

tionsräume beschränkt bleiben, sondern muß gleichartig im ganzen Darstellungsraum der Karte durchgeführt werden. Andere Notlösungen sind vom Standpunkt einer richtigen Auffaßbarkeit und Vergleichbarkeit des Karteninhaltes vollständig abzulehnen, wie z. B. folgende, leider bis heute immer noch übliche Methode: An einem Ort befinden sich dicht gedrängt 7 gleichartige Objekte gleicher Größe. Der Kartenmaßstab ist zu klein, um diese mit noch in erträglichen Grenzen bleibenden Lageverschiebungen darstellen zu können. An Stelle von 7 gleichartigen und gleich großen Signaturen wird daher nur eine einzige verwendet und dazu die Zahl 7 gesetzt. Hier wird also die kartographische Signaturenmethode mit einer numerischen kombiniert, wodurch nicht mehr ein visueller, sondern nur noch rechnerischer Vergleich möglich ist. Das Mengen- und Lagebild entspricht nicht mehr der tatsächlichen Verbreitung und Größe der Objekte. Als richtige Lösung käme in Frage, nur noch eine Signatur zu verwenden, die Zahl der zusammengefaßten gleichartigen Objekte jedoch durch entsprechende Größe der Signatur auszudrücken (Anwendung flächenproportionaler Zeichen).

Bevor man sich zu einer qualitativ und quantitativ zusammenfassenden Darstellung entschließt, die stets mit einem erheblichen Informationsverlust der Kartenaussage verbunden ist, sollte man die verschiedenen Arten von Signaturenstellungen ausgeschöpft haben.

13.3.2 Arten der Signaturenstellung (Anordnungsweisen von Signaturen)

Als Folgeerscheinung des mit kleiner werdendem Maßstab notwendigen Generalisierungsvorganges ergeben sich *verschiedenartige Stellungen und Anordnungsweisen der Figurensignaturen.* Eine maßstabgerecht lagerichtige Darstellung ortsgebundener Objekte ist immer dann gegeben, wenn die verwendeten Signaturengrößen die in den Kartenmaßstab umgesetzten Grundrisse der Darstellungsobjekte nicht überschreiten.

Der Grundriß eines Objektes von 50×100 m in der Natur würde auf einer Karte 1:100 000 noch 0,5×1,0 mm, auf einer solchen 1:500 000 nur 0,1×0,2 mm und schließlich bei einem Maßstab 1:1 000 000 gar nur 0,05×0,1 mm betragen, also weit unter der Darstellbarkeit liegen. Eine maßstabgerechte Umsetzung solcher Objekte wäre bei einem Signaturendurchmesser z. B. von 2 mm nur in einem Maßstab 1:50 000 oder größer möglich. Wohl kann aber bei entsprechend geringer Dichte der thematischen Objekte eine noch lagerichtige Eintragung erfolgen, soweit sich nämlich der Mittelpunkt der Signaturen jeweils mit dem tatsächlichen Standort zur Deckung bringen läßt.

Vom graphischen Gesichtspunkt aus können wir im Hinblick auf die Lageverhältnisse *verschiedene Anordnungsweisen der Signaturen* unterscheiden. Sie lassen sich in drei große Gruppen einordnen, nämlich die Gruppe der *nebeneinanderliegenden,* die Gruppe der *ineinanderliegenden* und die Gruppe der *überein-*

andergeschichteten Symbole und Figuren. Weitere Unterscheidungsmerkmale sind die lagerichtige, die lageandeutende und die geometrische gereihte Eintragungsordnung. In der Gruppe der nebeneinanderliegenden Symbole und Figuren bieten sich uns als weitere Unterscheidungsmerkmale die isolierte und die teilweise überdeckende Darstellungsweise an (Abb. 108).

Grundsätzlich soll der Maßstab einer Karte so gewählt sein, daß bei durchschnittlicher Objektdichte die Wiedergabe mittels isolierter Form gewährleistet ist. Bei überdurchschnittlicher Häufung muß die Darstellungsweise gewechselt werden. Neben isolierten werden teilweise überdeckende bzw. geometrisch geordnete Signaturen verwendet. Lageprinzip und Diagrammprinzip werden miteinander kombiniert, und das solcherart zustande gekommene Ergebnis können wir als Karte mit kartogrammartigen Gestaltungselementen bezeichnen.

Abb. 108: Möglichkeiten der Signaturenanordnung für ortsgebundene Objekte

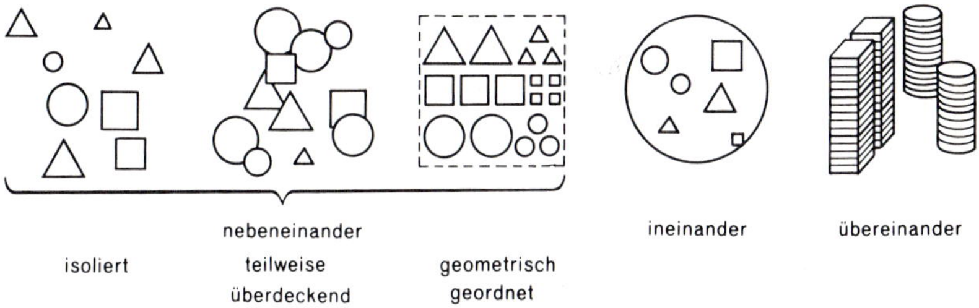

Das Bestreben, trotz zunehmender Dichte der Objekte den Karteninhalt doch noch weitgehend lagerichtig zu gestalten, führt dazu, daß man einzelne Formen sich *teilweise überdecken* läßt. Ein weitgehend richtiger Eindruck der Objektgrößen und ihrer Zahl bleibt solange noch erhalten, als die einzelnen Figuren nicht mehr *als bis zu* $^1/_3$ *ihrer Fläche* von anderen Figuren überdeckt werden, weiterhin eine deutliche Abgrenzung der Formen gegeben ist und immer die größere Form von der kleineren überlagert wird. Farbige Signaturen sollen daher immer von einer dünnen schwarzen Umrandungslinie eingefaßt werden, volle schwarze Signaturen hingegen sollen im Überdeckungsbereich durch eine weiß ausgesparte Linie freigestellt sein.

Bei extrem hoher Objektdichte sieht man sich gezwungen, die Signaturen nach ihrer Form und innerhalb gleicher Formengruppen wieder *nach der Größe geometrisch zu ordnen* und so aneinanderzureihen, daß die Gesamtzahl der Signaturen innerhalb eines Rechteckes oder Quadrates (mit dünner Umgrenzungslinie) untergebracht werden kann. Dieses Rechteck oder Quadrat wird nun so in die Karte eingeordnet, daß die Lagebezogenheit möglichst eindeutig identifizierbar ist und andere ortsgebundene Objektdarstellungen nicht erheblich verdrängt werden.

Nun kann es aber auch vorkommen, daß die darzustellenden Quantitäten einzelner Objekte so hohe Werte erreichen, daß die Signaturen bzw. Figuren, welche diese zum Ausdruck bringen, über die Standorte anderer Objekte hinauswachsen. In solchen Fällen werden die *Signaturen bzw. Figuren ineinander gestellt,* ohne daß dadurch die Übersichtlichkeit des Kartenbildes beeinträchtigt werden müßte. Es bestehen unseres Erachtens keine Bedenken auf ein und derselben Karte nebeneinander und ineinander geordnete Signaturen und Figuren zu verwenden. Falsch wäre es aber, diese mit übereinandergeschichteten Signaturen zu kombinieren, da dadurch ein richtiger Größenvergleich erheblich erschwert wird.

Das Wort „*Übereinanderschichten*" deutet bereits an, daß die Darstellung dreidimensional vorgenommen ist. Hauptsächlich sind es zwei Gründe, die dieser Methode den Vorzug geben. Bei einem verhältnismäßig kleinen Maßstab der Grundkarte sollen große Quantitätsunterschiede wiedergegeben werden; die Darstellung soll plastisch – man könnte auch sagen „ins Auge springend" – wirken. Nicht ganz zu Unrecht hat man in abfälliger Weise solche Konstruktionen als „Wolkenkratzerbilder" bezeichnet.

13.4 Generalisierungsmöglichkeiten für lineare und streckengebundene Objekte

13.4.1 Generalisierungsausmaß bei Verwendung linearer Elemente und von Liniensignaturen

So lange es sich um Objekte handelt, die bei einer maßstabgerechten Reduzierung ein linienhaftes Bild ergeben, ist der Generalisierungsvorgang verhältnismäßig einfach durchzuführen und folgt der Auslese und Formvereinfachung des Töpferschen Wurzelgesetzes (s. 13.6). Nicht mehr so einfach ist das Problem zu lösen, wenn wir zur qualitativen Unterscheidung und quantitativen Aussage für bestimmte Bezugsstrecken des linienhaft reduzierten Objektes *Liniensignaturen* verwenden, deren Breite die maßstabentsprechende Breite des Objektes wesentlich übertrifft. Nun ist es an Stellen mehrfach gewundenen Verlaufes nicht mehr möglich, die Mittellinie der Liniensignatur mit der Mittellinie des Darstellungsobjektes zur Deckung zu bringen.

Da der Grundsatz, ein und dasselbe Darstellungsobjekt im gesamten Darstellungsraum gleichartig zu generalisieren, eingehalten werden soll, muß in solchen Fällen die topographische Grundlage dem Generalisierungsgrad des thematischen Inhaltes angepaßt werden (s. Abb. 109).

Wir sollten uns aber bei unseren Generalisierungsüberlegungen auch stets bewußt werden, in welchen Maßstäben eine maßstabentsprechende Wiedergabe linienhaft reduzierter Objekte überhaupt möglich ist. Die Strichstärke von 0,2 mm des Maßstabes 1:200 000 entspricht in der Natur bereits 40 m. Straßen,

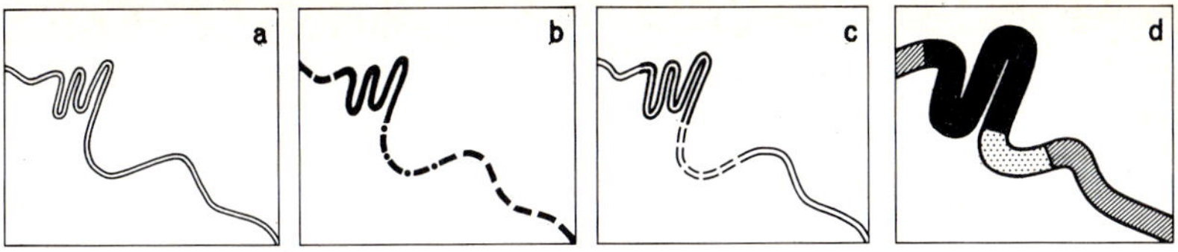

Abb. 109: Generalisierung linearer und streckengebundener Objekte. a) Wiedergabe durch Doppelliniensignatur; b) Darstellung streckengebundener Aussagen mittels verschiedener Liniensignaturen, im Verhältnis zu a wenig generalisiert; c) wie b aber mittels Doppelliniensignaturen; d) Wiedergabe qualitativer und quantitativer Aussagen mittels Bänder. Sehr starke und streckenweise unterschiedliche Generalisierung.

welche in diesem Maßstab durch Doppelliniensignaturen (2 Linienstärken = 0,4 mm + 0,6 mm Zwischenraum) gekennzeichnet sind, würden in Wirklichkeit die Breite von Start- und Landebahnen von Großflugplätzen um ein Vielfaches überschreiten. Aus diesen Überlegungen erkennen wir, daß in Karten 1:100 000 und kleiner sehr viele linienhaft reduzierte graphische Elemente gegenüber der Natur *weit überdimensioniert* sind und daher ohnedies einer sehr starken Generalisierung unterliegen müssen.

13.4.2 Generalisierungskonsequenzen bei Verwendung von Banddarstellungen

Ein besonderes Generalisierungsproblem ergibt sich dann, wenn wir statt eines gestuften Signaturenschlüssels einen gleitenden verwenden müssen, um eine genauere quantitative Ablesbarkeit zu erreichen. Wir müssen dann von der Liniensignaturendarstellung zur *Banddarstellung* übergehen. Dieselbe Notwendigkeit ergibt sich auch bei einer weiteren Aufgliederung der qualitativen Aussage, wie z. B. einer Untergliederung des Gesamtverkehrs in Last- und Personenverkehr (s. Abb. 70 d und 71 b, c). Nunmehr tritt der Ausnahmefall ein, daß die sonst unumstößliche Grundregel „das Generalisierungsprinzip und der Generalisierungsgrad hat für ein und dasselbe Darstellungselement im gesamten Darstellungsraum einer Ausdrucksform gleichartig durchgeführt zu werden", durchbrochen werden muß (s. Abb. 109 d).

Der *Generalisierungsgrad richtet sich nun im Rahmen bestimmter Grenzwerte nach der Breite der Bänder,* ist also quantitätsbezogen. In solchen Bandkartogrammen sind lediglich die Bandbreiten dem verwendeten Signaturenschlüssel entsprechend streng vergleichbar, die Streckenlängen der Bänder aber weder über den verwendeten Grundkartenmaßstab exakt ablesbar noch untereinander streng vergleichbar. Und doch geht auch hier die Generalisierung nicht regellos vor sich, sondern hat die Gesetzmäßigkeit der Quantitätsbezogenheit (z. B. Richtungsabweichungen bis zu einem Drittel der Bandbreiten sind zu vernachlässigen oder andere, für den jeweiligen speziellen Fall geeignete Regelungen) zu beachten. Nur auf diese Weise kommen wir zu anschaulichen und nicht der Willkür unterliegenden, kartenähnlichen Bandkartogrammen, welche die Gefahr einer falschen Aussageauffassung verhindern.

13.5 Generalisierungsprinzipien für flächenhaft wiedergegebene Objekte

Für die kartographische Wiedergabe flächenhafter Verbreitungen stehen visuell flächenhaft wirkende Elemente (Flächenfarben und -töne, Flächenraster, Flächenmuster) zur Verfügung, oder wir begnügen uns lediglich mit einer linienhaften Abgrenzung der Areale. In jedem Fall kann die Generalisierung nach vier verschiedenen Grundsätzen durchgeführt werden:

13.5.1 Die individuell strukturberücksichtigende Methode

Selektion, Flächenzusammenziehung und Formvereinfachung werden bei dieser Methode von kausalen und strukturellen Gesichtspunkten aus vorgenommen. Nahe aneinandergrenzende Waldflächen werden z. B. dann zusammengezogen, wenn die trennenden Flächen aus Dauergrünland bestehen; sie bleiben getrennt, wenn es sich um Ackerland oder andere landwirtschaftlich hochproduktive und intensiv genutzte Flächen handelt. Gleichzeitig damit ist aber auch das Bestreben verbunden, das *typische Flächenverteilungsbild zu erhalten* (s. Abb. 110).

Abb. 110: Generalisierung eines Waldbildes nach der individuell strukturberücksichtigenden Methode

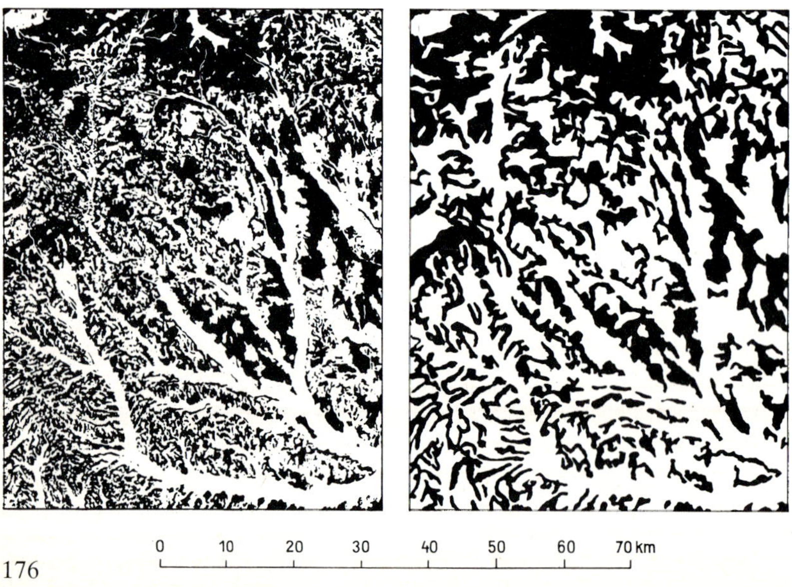

13.5.2 *Die selektive, maßstabgerecht formvereinfachende Methode*

Sie scheidet jene Flächen, welche unter einer bestimmten Größe (z. B. 1 mm^2) liegen, aus und bemüht sich, die Form der anderen maßstabentsprechend zu vereinfachen. Die Gesetzmäßigkeit entspricht annähernd der des *Auswahlgesetzes* von F. TÖPFER (s. 13.6). Die Arealverhältnisse verschieben sich zu Ungunsten der am stärksten in Kleinstflächen aufgelösten Objekte (s. Abb. 111).

Abb. 111: Flächengeneralisierung nach der selektiven, maßstabgerecht formvereinfachenden Methode

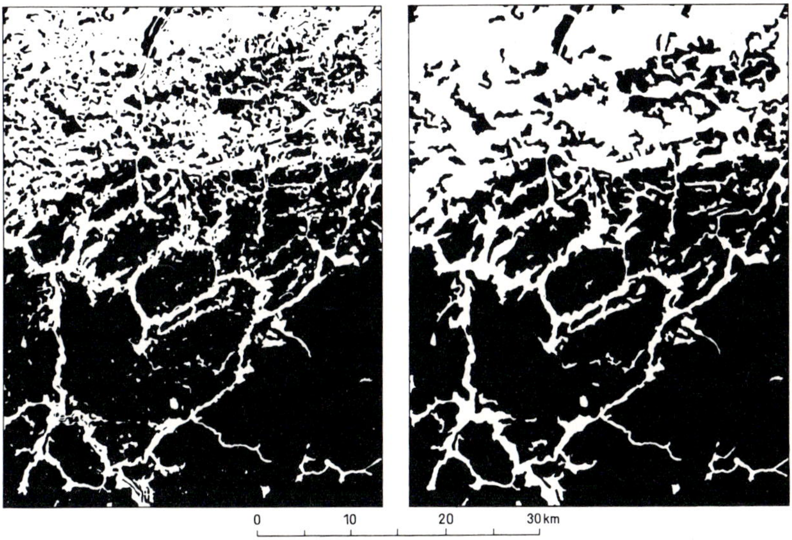

13.5.3 *Die Flächenverhältnisse wahrende Methode*

Bei dieser Methode *werden die jeweils zu erhaltenden Flächen um die Ausmaße der selektierten vergrößert,* und zwar so, daß die auf kleinere Räume bezogenen rechnerischen Flächenverhältnisse erhalten bleiben (s. Abb. 112). Sie ist unter allen Methoden die zeitraubendste und fordert vom Entwerfer große Übung und großes Können. Meist bedient man sich für den Entwurf eines Hilfsnetzes, um die Flächenanteile größenmäßig bestimmen und gleichzeitig innerhalb der Maschenfelder die Verhältniswerte einhalten zu können. Je stärker die Generalisierung vorgenommen werden soll, desto größer sind die Gitterfelder zu wählen.

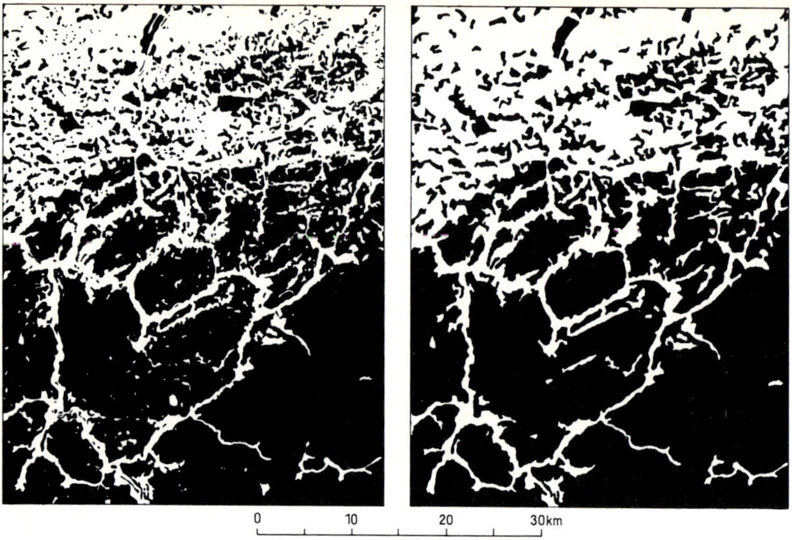

Abb. 112: Flächengeneralisierung nach der Flächenverhältnisse wahrenden Methode

13.5.4 Die einseitig flächenbetonende Methode

Sie ist für die Darstellung verschiedener thematischer Inhalte besonders in Karten kleinerer Maßstäbe *unumgänglich notwendig*. Die Wiedergabe von auf den

Abb. 113: Flächengeneralisierung nach der einseitig flächenbetonenden Methode

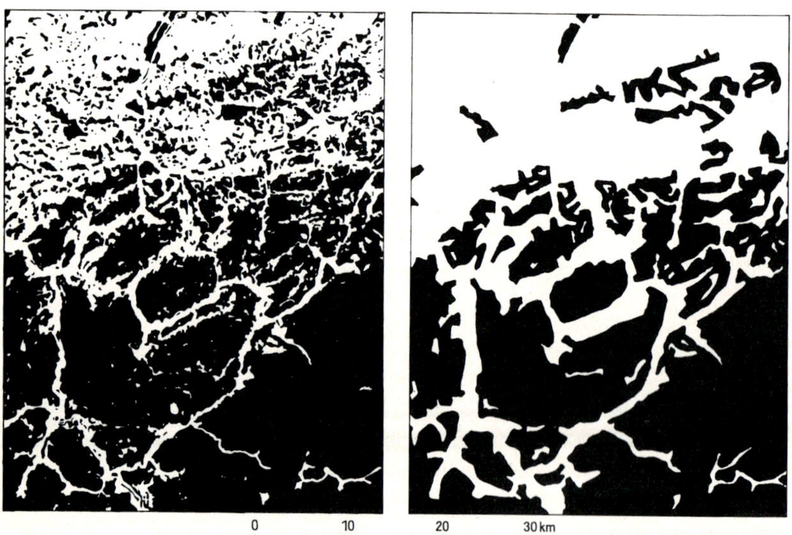

Siedlungsraum (z. B. Bevölkerungsdichte im Siedlungsraum) oder die Landwirtschaftsgebiete der Tallagen bezogenen Sachinhalten wäre ohne eine solche Generalisierung in stark bewaldeten Berggebieten unleserlich, würde man nicht z.B. die Tallandschaften auf Kosten der Waldgebiete erweitern (s. Abb. 113).

13.6 Bemühungen um eine mathematisch-gesetzmäßige Lösung der Generalisierung

Die bisherigen Ausführungen könnten den Eindruck erwecken, daß das Generalisieren zwar ein an Regeln gebundener, sonst aber doch weitgehend subjektiv bestimmter Arbeitsvorgang ist. Im Zeitalter der elektronischen Datenverarbeitung und der Einführung der Computertechnik in die Kartographie ist aber die *Erfassung der Gesetzmäßigkeiten* notwendig.

Umso verständlicher sind die Bemühungen FRIEDRICH TÖPFER'S (Institut für Kartographie der Technischen Universität Dresden), eine *mathematisch-gesetzmäßige Lösung* des Generalisierungsprozesses zu finden, was ihm bereits 1961 gelang. In einer kurzen Zusammenfassung berichteten hierüber W. PILLEWIZER und F. TÖPFER (1964) u. a. in den Kartographischen Nachrichten unter dem Titel „Das Auswahlgesetz, ein Mittel zur kartographischen Generalisierung“[51].

Es geht auf folgende einfache Formel zurück:

$$n_F = n_A \sqrt{\frac{M_A}{M_F}}$$

n_F = Anzahl der Objekte im Folgemaßstab
n_A = Anzahl der Objekte im Ausgangsmaßstab
M_A = Maßstabszahl des Ausgangsmaßstabes
M_F = Maßstabszahl des Folgemaßstabes

Dieses *einfache Auswahlgesetz* ist vor allem für topographische Karten größerer Maßstäbe innerhalb kurzer Maßstabsspannen anwendbar. Bei kleinmaßstäbigen Karten, insbesondere bei Atlaskarten, sind die Bedeutung ganz bestimmter Objekte, welche besonders betont werden sollen, und der Zeichenschlüssel der im Verhältnis zum Maßstab oft überdimensionierten Signaturen zu berücksichtigen. Dies geschieht durch das *erweiterte Auswahlgesetz,* welches in die Formel eine Bedeutungskonstante (C_B) und eine Zeichenschlüsselkonstante (C_Z) einführt:

$$n_F = n_A \cdot C_B \cdot C_Z \sqrt{\frac{M_A}{M_F}}$$

Die *Bedeutungskonstanten* (nach der Bedeutung der Objekte nur für die Behandlungsart bei der Generalisierung) nehmen PILLEWIZER und TÖPFER folgendermaßen an:

$C_{B_1} = 1$ bei normaler Bedeutung der Objekte

$$C_{B_2} = \sqrt{\frac{M_F}{M_A}}$$ bei besonderer Bedeutung der Objekte

$$C_{B_3} = \sqrt{\frac{M_A}{M_F}}$$ bei geringer Bedeutung der Objekte

Die *Konstanten zur Berücksichtigung des Zeichenschlüssels* lauten:

$$C_{Z_1} = 1$$ gilt für Zeichenschlüssel der Folgemaßstäbe, die nach dem Wurzelgesetz auf jenen des Ausgangsmaßstabes abgestimmt sind.

$$C_{Z_2} = \frac{S_A}{S_F}\sqrt{\frac{M_A}{M_F}}$$ gilt für lineare Objekte (Straßen, Flüsse), bei denen nur die Signaturenbreite s für die Generalisierung maßgebend ist.

$$C_{Z_3} = \frac{f_A}{f_F}\sqrt{\left(\frac{M_A}{M_F}\right)^2}$$ gilt für flächenhafte Objekte (Seen, Ortschaften), deren Fläche f für die Generalisierung maßgebend ist.

Von dieser erweiterten Formel werden in der zitierten Arbeit außerdem Gebrauchsformeln für gleichbleibende Zeichenschlüssel abgeleitet und die Verwendbarkeit des Auswahlgesetzes anhand mehrerer gut gewählter Beispiele bewiesen. Damit ist für das gesetzmäßige Generalisieren topographischer und einfacherer thematischer Karten endlich ein erster objektiver Anhaltspunkt gegeben. Seitdem hat TÖPFER seine Grundformeln erweitert und neue Generalisierungsbereiche in der Kartographie erschlossen. In seinem umfassenden Buch „Kartographische Generalisierung", welches 1974 erschien[52], wurde das *Wurzelgesetz* für die verschiedensten Anwendungsbereiche adaptiert und an zahlreichen Beispielen untersucht. Auf die umfangreichen, mathematisch bestens fundierten Überlegungen kann aber im Rahmen dieses Bändchens nicht eingegangen werden. Für die praktische Arbeit ist das Studium des angegebenen Buches unerläßlich.

Mit Recht hat TÖPFER wiederholt darauf hingewiesen, daß für den Generalisierungsprozeß zwei Gesetze nicht unbeachtet bleiben dürfen: Es sind dies das „Fehlerfortpflanzungsgesetz", welches zu den wichtigsten Grundlagen der Fehlertheorie und der Ausgleichungsrechnung gehört, dem auch die Fehlerwirkungen, die durch bewußte Lageabweichungen bei der Generalisierung entstehen, unterliegen. Weiterhin ist das in der Physik weit verbreitete „Gesetz des organischen Wachstums" zu nennen, das auch für die Verteilung natürlich entstandener Objekte in der Natur (z. B. Flüsse) Gültigkeit besitzt.

Auch von anderen Autoren im deutschen und außerdeutschen Sprachraum wurde der Erforschung der mathematisch formulierbaren Gesetzmäßigkeiten des Generalisierungsprozesses seit geraumer Zeit erhöhte Beachtung geschenkt, wobei allerdings das Anwendungsgebiet der topographischen Karten meist im Vordergrund stand[53].

14 Bedeutung der elektronischen Datenverarbeitung und Computerkartographie in der thematischen Kartographie

14.1 Möglichkeiten einer durch EDV und Computer unterstützten Kartographie

Die elektronische Datenverarbeitung eröffnete allen Fachgebieten ungeahnte Möglichkeiten weiterführender Forschungstätigkeit und verhalf den quantitativen Verfahren auch in den Kulturwissenschaften zum Durchbruch. Damit setzte auch in der Geographie ein neuer Zeitabschnitt ein, der die *quantitative Analyse komplizierter Kausalzusammenhänge* und räumlicher Strukturen in umfassenderer und präziserer Weise als früher ermöglicht.

Die ungeheuren Datenmassen, welche bei solchen Untersuchungen in komplizierte Rechenvorgänge einbezogen werden müssen, konnten mit älteren technischen Methoden in überschaubarer Zeit nicht bewältigt werden. Nunmehr ist es aber möglich, umfangreiche und auch sehr komplizierte Rechenvorgänge in kürzester Zeit zu erledigen, vorausgesetzt, daß entsprechende Verarbeitungsvorschriften – die sog. Programme (Anwendersoftware) – formuliert werden können.

Die EDV beginnt nicht erst mit dem Einlesen von Verarbeitungsprogrammen und Daten, sondern greift bereits in die Datengewinnung, Datenaggregation und Datenbindung ein, da nur dann ein optimaler Arbeitsablauf gewährleistet werden kann, wenn auch diese Prozesse in einer für EDV gerechten Form durchgeführt werden. Durch die Verwendung *statistischer Rechenprozesse* (wie z. B. Regressionsanalyse, Korrelationsanalyse bzw. multivariater Techniken u. a.) in der Sachforschung fällt eine große Zahl von Daten in maschinell lesbarer Form an, die nach einer maschinellen kartographischen Ausgabe geradezu verlangen. In diesem Zusammenhang ist aber die Frage zu erörtern, ob bei der kartographischen Ausgabe der Rechenergebnisse – auch bei einer mathematisch-statistisch einwandfreien Form der Lösung einer quantitativen Aufgabenstellung – die gesuchten räumlichen Zusammenhänge zwischen den einzelnen Merkmalen gefunden wurden und daher wiedergegeben werden können. Denn die über den Computer produzierte kartographische Darstellung von Ausgabedaten muß im allgemeinen noch einer Gruppenbildung unterworfen werden, die zwar ebenfalls nach statistischen, jedoch nicht räumlichen Grundsätzen erfolgt. Mit der Computerkarte kann – ebenfalls wie bei der bisher manuell hergestellten Karte – nur die Frage der Veranschaulichung von Ergebnissen gelöst werden, und zwar unabhängig davon, welchen Wert und welche Zweckmäßigkeit eine für die Ausgabe der Karte zugrundegelegte mathematisch-statistische Methode besitzt. Die „Mühelosigkeit", mit der solche kartographische Darstellungen – soweit Kartenlayout und Daten einmal zur Verfügung stehen – zu erlangen sind, kann insofern zu einer *Gefahr* werden, als unsichere, oft nur hypothetische Ansätze von Modellvorstellungen in einen formal richtigen Rechen- und Darstellungsprozeß einbezogen und die erhaltenen Ergebnisse daher unkritisch als „Realität" interpretiert werden. Daß auf diese Weise auch eine bewußte *Manipulation der Wirklichkeit* erfolgen kann, die jedoch scheinbar durch einen an sich objektiven mathematisch-statistischen Ermittlungsprozeß abgesichert wird, ist zumindest in diesem Zusammenhang anzumerken.

Der Hauptwert einer durch EDV und Computer unterstützten Kartographie liegt heute noch nicht in der Herstellung druckreifer Vorlagen, sondern in der raschen Ausgabe von *Arbeits- und Entscheidungshilfen* in Karten und kartenähnlichen Ausdrucksformen, die auch als Grundlagen für eine kartographische Weiterverarbeitung im allgemeinen geeignet sind. Da kartographische Automationssysteme die unzähligen Entscheidungen eines Kartographen während eines Kartenentwurfes immer nur im Rahmen eines vorgegebenen Programmes entsprechend den eingebauten Optionen durchführen können, läßt sich derzeit nur Routinetätigkeit des Entwurfskartographen maschinell simulieren und auch durchführen. Für die nähere Zukunft scheint der interaktive Dialog zwischen Mensch und Maschine eine aussichtsreiche Entwicklung darzustellen, bei dem der Kartograph nach wie vor alle wesentlichen Entscheidungen treffen muß, jedoch zeitraubende und arbeitsintensive Routinetätigkeiten durch die Maschine durchführen läßt. Vollautomatisierte Entwürfe ganzer Karten oder vollständige Generalisierungen werden voraussichtlich auch zukünftig noch Utopien darstellen, da noch viele Arbeitsprozesse in der Kartographie von einem intuitiv-schöpferischen und oft weniger von einem rational-logischen Gesichtspunkt aus erfolgen.

Für die Computerkartographie eignen sich daher hauptsächlich *Darstellungen elementaranalytischer Aussagen* in graphisch einschichtiger Form.

Größte Schwierigkeiten ergeben sich für die automatische Ausgabe graphisch mehrschichtiger Ausdrucksformen, wie sie für komplexanalytische Aussagen unumgänglich sind, da für deren kartographische Lösung die Abstimmung der graphischen Elemente durch den denkenden, erfahrenen Kartographen von Stelle zu Stelle unerläßlich ist, ohne daß durch diese Arbeit der Informationswert und die Informationsgenauigkeit eine im Verhältnis zum gewählten Maßstab untragbare Beeinträchtigung und Verzerrung erhält.

14.2 Die elektronische Datenverarbeitung und Probleme der Datenspeicherung

In der elektronischen Datenverarbeitung und Computerkartographie unterscheiden wir zwischen den Geräten zur Erfassung, Speicherung und Verbreitung von Daten (hardware) und den Programmen, welche dem Gerätebetrieb und den speziellen Aufgabenlösungen dienen (software). Bevor eine Ausgabe von Daten in graphischer Form erfolgen kann, müssen diese erfaßt, gespeichert und im Rahmen der EDV auch verarbeitet werden.

14.2.1 Information und Informationsverarbeitung

Unter *Datenverarbeitung* im weitesten Sinne verstehen wir jeden Prozeß, bei dem von Eingabedaten mittels einer Verarbeitungsvorschrift (Programm) gewünschte Ausgabedaten gewonnen werden können. Entsprechend der physikalisch-technischen Form der Informationsübertragung bzw. -verarbeitung unterscheidet man zwischen *Analogrechnern* (bei Einsatz analoger, d. h. kontinuierlicher Funktionen) und *Digitalrechnern* (bei Verwendung diskreter Signale zur Informationsdarstellung). Infolge der technisch einfacheren Realisierung der Informationsdarstellung und -übermittlung haben die digitalen Rechenanlagen in der EDV eine wesentlich größere Bedeutung als Analogrechner erreicht.

Ein kartographisches Problem besonderer Art stellt die Umwandlung von an sich analog vorliegenden Daten (z. B. Strichkarte) in digitale Form zum Zwecke der Datenverarbeitung und die Rückwandlung digitaler Ausgabedaten in analog-graphische Darstellungen dar. Wird z. B. eine bereits vorliegende Höhenlinie aus einer Karte mittels Digitizer durch Erfassung der Lagekoordinaten einzelner Punkte festgelegt, so wird eine *Transformierung in eine digitale Datendarstellung* vorgenommen. Erfolgt eine graphische Ausgabe dieser Linie durch einen graphischen Plotter in Form einer kontinuierlichen Linienführung, so wird durch einen Interpolationsprozeß auf Grund der vorgesehenen Stützpunkte wieder eine analoge Darstellung dieser Höhenlinie durchgeführt.

Die technische Realisierung der Informationsdarstellung erzwingt eine Beschränkung auf Systeme mit einer endlichen Zahl von möglichen Zuständen. Ein derartiges System mit endlich vielen Zuständen läßt sich stets in binärer Form beschreiben. In der Praxis und in der Literatur werden die Begriffe Dualsystem und Binärsystem nicht immer konsequent getrennt, es sollen daher im folgenden diese beiden Zahlensysteme kurz charakterisiert werden:

Als *Dualsystem* wird ein polyadisches Zahlensystem verstanden, dessen Basis mit 2 definiert wird. Jede Zahl wird in diesem Zahlensystem aus Zweier-Potenzen aufgebaut, die latent in den Ziffernstellen mitgeliefert werden. Die allgemeine Darstellung einer Dualzahl lautet in der ausgeschriebenen Stellenschreibweise

$$z = b_n b_{n-1}, \dots b_1 b_0, b_1 b_2, \dots b_{m+1} b_m$$

bzw. in der ausgeschriebenen Potenzschreibweise

$$z = b_n 2^n + \dots\dots + b_1 2^1 + b_0 2^0 + b_{-1} 2^{-1} + \dots\dots + b_m 2^n,$$

wobei $b_i = 0$ oder 1 sein kann. Nachstehend werden die Zahlen von 0 bis 5 in dezimaler und dualer Schreibweise wiedergegeben:

Dezimal	Dual			
$10^0 = 1$	$2^2 = 4$	$2^1 = 2$	$2^0 = 1$	
$0 = 0.2^0$			0	= 0
$1 = 1.2^0$			1	= 1
$2 = 0.2^0 + 1.2^1$		1	0	= 2
$3 = 1.2^0 + 1.2^1$		1	1	= 3
$4 = 0.2^0 + 0.2^0 + 1.2^2$	1	0	0	= 4
$5 = 1.2^0 + 0.2^0 + 1.2^2$	1	0	1	= 5

Im Gegensatz zum Dualsystem versteht man unter dem in der elektronischen Datenverarbeitung allgemein verwendeten *Binärsystem* ein System, welches nur mit zwei Elementen (O, L) in der für Darstellung von Information auskommt. Als Beispiel könnte man die Tetradenverschlüsselung[54] von Dezimalzahlen anführen, wie sie nachstehend für die Dezimalziffern 0 bis 5 wiedergegeben wird:

Numerisches Alphabet	Tetradendarstellung
0	OOOO
1	OOOL
2	OOLO
3	OOLL
4	OLOO
5	OLOL

Die dreistellige Dezimalzahl 135 lautet daher mit Binärzeichen (in Tetraden) dargestellt: OOOL OOLL OLOL.

14.2.2 Grundlagen der Informationsverarbeitung

Die rasche Entwicklung der elektronischen Datenverarbeitung und ihre große Bedeutung für viele Gebiete wissenschaftlichen und sozialen Wirkens hat dazu geführt, daß sich eine neue Wissenschaft, die Informatik, entwickelt hat, welche sich mit den Grundlagen der EDV und ihren Anwendungsmöglichkeiten beschäftigt.

Fritz KELNHOFER versuchte über die Grundzüge des Wesens der Verarbeitung von Informationen und des Aufbaues einer Rechenanlage eine kurze einführende Zusammenfassung zu geben[55], der die nachstehenden Ausführungen und jene des Kapitels 14.2.3 folgen:

Als *Informatik* (Computer Science) bezeichnet man heute jene eigenständige wissenschaftliche Disziplin, die sich mit der Entwicklung und Anwendung von Informationsverarbeitungssystemen beschäftigt. Nach D. MÜLLER beschreibt Information den Zustand eines Systems[56].

Zum Zweck der Übertragung und Verarbeitung von Information ist es notwendig, diese in einer hierfür vereinbarten Vorschrift zu verschlüsseln. Ist das für die Informationsverarbeitung eingesetzte System keiner kontinuierlichen, sondern nur diskreter Zustände fähig, so spricht man von *digitaler Informationsdarstellung* (s. 14.2.1). Die technische Realisierung der Informationsdarstellung erzwingt eine Beschränkung auf Systeme mit einer endlichen Zahl von möglichen Zuständen. Datenverarbeitungsanlagen werden deshalb auch als endliche Automaten bezeichnet. Ein derartiges System mit endlich vielen Zuständen läßt sich stets in binärer Form beschreiben.

Aus Kapitel 14.2.1 konnten wir entnehmen, was *binäre Informationsdarstellung* bedeutet: Ein zu beschreibendes System wird auf ein System abgebildet, welches durch Aneinanderreihung von Elementarsystemen mit nur zwei möglichen Zuständen entsteht. Als technische Lösung einer zuverlässigen Informationsspeicherung werden deshalb *bistabile Schaltelemente* mit zwei leicht unterscheidbaren stabilen Zuständen (wie z. B. Relais, elektronische Schaltglieder, dynamische und magnetische Systeme usw.) eingesetzt. Die Bedeutung der Zustände dieser Systeme ist je nach Anwendung verschieden, und sie können z. B. Aussagen der Logistik ebenso wie der Schaltalgebra oder Ziffern und Zeichen darstellen. *Informationsverarbeitung bedeutet,* daß aus einer Information V mit Hilfe bestimmter, vorgegebener Regeln eine Information W eindeutig bestimmt wird, wobei W keine neue Information darstellt, sondern implizit in V und den zur Informationsverarbeitung benutzten Regeln vorhanden ist. Dieser Verarbeitungsvorgang (Informationsverdichtung) ist im allgemeinen mit einem Informationsverlust verbunden. Werden z. B. aus einer Meßreihe auf Grund der Werte x_i Mittelwert, Normalverteilung usw. berechnet, so ist es nicht möglich, aus der Ausgabeinformation „Mittelwert" die Standardabweichung zu ermitteln, denn dazu müßten wieder die Eingabedaten x_i herangezogen werden.

Die *Vorschriften* für die eindeutige Zuordnung von Zeichen eines Zeichenvorrates zu denjenigen, eines anderen Zeichenvorrates (Bildmenge), bezeichnet man als *Codes,* wobei diese Zuordnung nicht eindeutig umkehrbar sein muß. Als *Binärzeichen* wird ein Zeichen aus einem Zeichenvorrat von nur zwei Zeichen benannt, während unter einem *Binärcode* ein Code verstanden wird, bei dem jedes Zeichen der Bildmenge ein Wort aus Binärzeichen darstellt. Alle Zeichen, soweit in Datenverarbeitungssystemen verwendet, werden auf Binärwörter abgebildet.

14.2.3 *Der Aufbau einer Rechenanlage*

Da es infolge des beschränkten Darstellungsraumes nicht möglich ist, eine Datenverarbeitungsanlage (DVA) auch nur in den wichtigsten technischen Funktionsabläufen zu beschreiben, kann im folgenden nur kurz ihr Aufbau skizziert werden.

Eine programmgesteuerte Rechenanlage[57] *löst keine mathematischen Probleme,* sondern leistet im Prinzip nur die Arbeit einer Hilfskraft, die ohne Reflexion eine vorgegebene Folge von Rechenanweisungen ausführt. Bei der Rechenanlage tritt an die Stelle der Hilfskraft ein Roboter (Steuerwerk), mit dem die Einzelschritte der Ausführung in zeitlich richtiger Folge gesteuert werden, während der Speicher als Aufnahme für Zwischen- und Endergebnisse dient, die im Rechenwerk ermittelt werden . Die Rechenvorschrift (Programm) wird ebenso wie die Daten im Speicher abgelegt, wobei die Ein- und Ausgabe der Programme und Daten in den Speicher bzw. vom Speicher über ein *Ein- und Ausgabesystem* erfolgt (vgl. Abb. 114). Das *Speicherwerk* hat demnach eine zentrale Funktion zu erfüllen, nämlich den Verkehr mit der Außenwelt herzustellen bzw. die interne Verarbeitung auszulösen und wird deshalb auch als Zentral-Hauptspeicher (central memory) bzw. als Arbeitsspeicher bezeichnet. Das *Rechenwerk* (arithmetic unit) und das *Steuerwerk* (control unit) bilden den sog. *Rechnerkern* (processor), während der Zentralspeicher und Rechnerkern die sog. Zentraleinheit (CPU = central processing unit) darstellen.

Im folgenden sollen die Grundeinheiten einer DVA in ihren wichtigsten Funktionen kurz zusammengefaßt werden. Die *Eingabegeräte* sorgen für die Informationsübermittlung von der Außenwelt in den Internteil der DVA, wobei die Information zunächst in eine für die DVA akzeptierbare Form gebracht wird. Diese technisch bedingte Darstellungsart von Daten und Befehlen ist zwischen den Herstellerfirmen oft stark unterschiedlich. Die Information muß

Abb. 114: Programmgesteuerte Rechenanlage

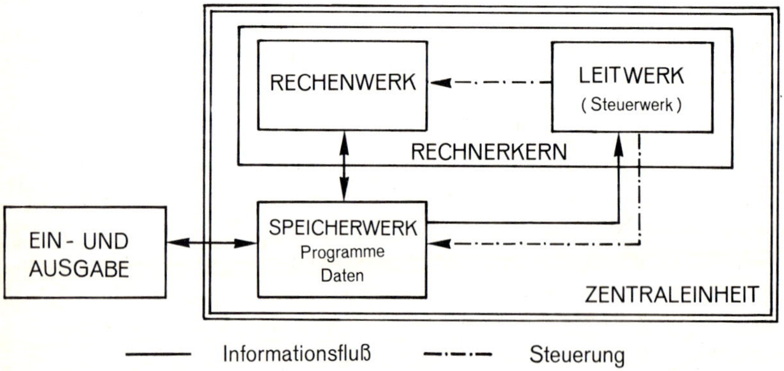

durch geeignete Erfassungsgeräte (Kartenlocher, Spezialschreibmaschinen usw.) auf Datenträger (Lochkarte, Lochstreifen, Magnetband usw.) gebracht werden, wobei die Information binär codiert wird. Die Eingabegeräte lesen mittels elektrischer, photoelektrischer, magnetischer oder optischer Verfahren die Informationen der Datenträger und wandeln diese in elektrische Signale um. Gegebenenfalls erfolgt auch noch eine Umcodierung, ehe diese Signale an die Zentraleinheit abgegeben werden. Bei den *Ausgabegeräten* werden von der Zentraleinheit in Form elektrischer Signale übermittelte Ergebnisse des DV-Prozesses in Lochungen, Lochstreifen, Magnetbänder u. ä. bzw. in einer für den Menschen direkt rezeptierbaren Form durch Druckzeichen oder Bildschirmzeichnungen u. ä. ausgegeben.

Die wichtigste Grundeinheit bildet das *Speicherwerk,* in dem Befehle und Daten aufbewahrt werden. Der Speicher einer DVA ist aus einzelnen Zellen aufgebaut, die mit individuellen Adressen versehen sind, wodurch jedes Daten- oder Befehlswort nur noch über eine Adresse erreicht werden kann.

Für die Einsatzmöglichkeiten einer DVA ist die *Speicherkapazität* von besonderer Wichtigkeit, wobei diese entweder in Worten (bei fester Wortlänge) oder Zeichen (bei variabler Wortlänge) angegeben wird und bei modernen DVA ähnlich einem Baukasten erweitert werden kann. Neben der Speicherkapazität ist vor allem für die Arbeitsgeschwindigkeit die Zugriffszeit von Interesse, unter der man die Zeit versteht, die zum Auffinden und Lesen einer Information bei gegebener Adresse der zuständigen Zelle benötigt wird. Da beim Wachsen der Speicherkapazität meist auch die Zugriffszeiten ansteigen, wird daher im allgemeinen nicht ein einziges Speicherwerk, sondern ein Speichersystem gewählt, wobei zwischen internen Speichereinheiten (Arbeits- und Schnellspeicher) in der Zentraleinheit und den externen Speichern außerhalb der CPU zu unterscheiden ist.

Der *Arbeitsspeicher* hat vielfältige Aufgaben zu erfüllen: Speichern des Programmes, Abgabe entsprechender Befehle an das Steuerwerk, Übernahme der Daten von der Eingabeeinheit bzw. Weitergabe an Externspeicher, Abspeichern von Zwischen- und Endergebnissen der im Rechenwerk durchgeführten Operationen und schließlich Ausgabe von Ergebnissen und Daten über die Ausgabeeinheit.

Die *externen Speicher* dienen dagegen der Aufbewahrung großer Datenmengen, die auf Abruf dem Arbeitsspeicher zur Verfügung stehen. Es besteht jedoch kein direkter Kontakt zum Rechenwerk. Als derartige Großraumspeicher kommen Trommel-, Platten-, Streifen- und Bandspeicher in Frage.

Die komplizierteste Grundeinheit der DVA bildet das *Steuerwerk.* Seine Aufgabe besteht im Steuern und Kontrollieren der einer DVA übertragenen Operationen, damit diese zeitlich und logisch richtig ausgeführt werden. Die externe Steuerung einer DVA bleibt nur auf einige wenige Einzelfunktionen beschränkt, wie z. B. Starten und Anhalten der DVA sowie Prüfen von Programmschleifen u. ä. Eingebaute Programme werden in Form festverdrahteter Programme nur bei Einzweckmaschinen und Schalttafeln bei Mehrzweckmaschinen verwendet. Den Regelfall bilden jedoch gespeicherte Programme (im Speicherwerk), die den vollautomatischen Ablauf über das Steuerwerk bewirken. Angaben über die detaillierten Funktionen und technischen Konzeptionen sind in dieser gerafften Darstellung nicht möglich.

Das *Rechenwerk* verfügt über die Möglichkeit, zwei Arten von Operationen, nämlich arithmetische und logische, durchzuführen. Im Rechenwerk können an *arithmetischen Operationen* die vier Grundrechnungsarten ausgeführt werden, die aber im Grunde auf Additionen (bzw. Subtraktionen) zurückgeführt werden. Als *logische Operationen* bezeichnet man z. B. den Größenvergleich zweier Daten ($X = Y$, $X > Y$, $X < Y$), mit denen das Programm an Programmverzweigungen gesteuert wird sowie Sprungbefehle[58]. Das Rechenwerk setzt sich aus den Baugruppen Addierwerk, einigen Registern und der Rechensteuerung zusammen. Mit dem Addierwerk werden die Grundrechnungsarten ausgeführt, die Register dienen für die Aufnahme der Operanden sowie Zwischen- und Endresultaten, während die Rechensteuerung mit Hilfe sog. Mikrobefehle diese Elementaroperationen steuert und kontrolliert.

14.2.4 Datenquellen, zweckbestimmte Arten der Datenerfassung; Probleme der räumlichen Datenbindung

Für die kartographische Aufbereitung und elektronische Datenverarbeitung müssen wir grundsätzlich wieder die Unterscheidung durchführen, ob in den zur Verfügung stehenden Quellen die Daten in analoger oder digitaler Form vorliegen.

Wichtige analoge Datenquellen sind z. B. Karten, Luftbilder, Orthophotos usw. Die Datenerfassung aus Kartenwerken, Luftstereobildern, Orthophotos und Stereoorthophotos gewinnt in jüngerer Zeit für geographische Informationssysteme zunehmend an Bedeutung. Gerade die letztgenannten bilden z. B. eine ideale Digitalisierungsvorlage für Landnutzungserhebungen[59], Walderhebungen und für Dateien (s. S. 190) über Siedlungsverbreitung, Siedlungsart und Siedlungsweise. Die Entwicklung geeigneter Digitalisierungsgeräte (Digitizer oder Koordinatenerfassungsgeräte, s. unter 14.3.1) für eine rasche und sichere Koordinatenerfassung hat hier neue Arbeitsmöglichkeiten eröffnet.

Häufig bedient sich die kartographische Darstellung aber solcher Quellen, die *Daten in bereits digitaler Form* enthalten. Sie bieten nicht immer optimale Voraussetzungen für eine kartographierelevante und automationsgerechte Verarbeitung. Nach der Quellensituation und dem Erfassungszweck können wir drei verschiedene Arten solcher Datenquellen unterscheiden:

a) Daten, welche speziell für kartographische Darstellungszwecke erfaßt werden (z. B. für die Kartenwerke der Originalkartographie) oder deren kartographische Aufbereitung überhaupt erst zum Erkenntnisziel führt (z. B. Wetterda-

ten, deren kartographische Darstellung eine Auswertung für die Wettervorhersage ermöglicht).
b) Daten, deren Erfassung nicht speziell auf kartographische Aufgabenstellungen abgestellt ist, die aber, sofern die zu diesen Daten gehörigen räumlichen Bezugssysteme in digitalisierter Form vorliegen, für eine kartographische Darstellung mittels EDV-Techniken eingesetzt werden können.

Die regionale Datenbindung folgt primär sachlichen Erwägungen des Erkenntniswertes vorgesehener oder möglicher Datenverarbeitungsziele. Der kartographischen Auswertung wird lediglich sekundäre Bedeutung zugemessen. Beispiele hierfür finden wir in den Arbeitsgebieten der Bevölkerungs-, Sozial-, Agrarstatistik usw. Schwierigkeiten ergeben sich jedoch, wenn Daten verschiedener räumlicher Bezugssysteme für einen statistischen Rechenprozeß oder die kartographische Darstellung eingesetzt werden sollen, sofern sich nicht durch geeignete Datenaggregation ein einheitliches Datenbezugssystem finden läßt. Daten, deren räumlicher Bezug nicht eindeutig definiert werden kann bzw. die auf Grund von Stichproben u. ä. erhoben wurden, scheiden natürlich – ebenso wie beim manuellen Entwurf – für eine kartographische Darstellung mittels EDV aus.

Ähnlich wie man im bisher üblichen manuellen Entwurf zwischen der topographischen Bezugsgrundlage und den dargestellten Sachverhalten (in Form qualitativer und quantitativer Aussagen) zu unterscheiden pflegte, lassen sich auch die in der Computerkartographie eingesetzten Daten in *Daten des geometrischen Lagebezugs* und *Sachdaten des Darstellungsobjektes* gliedern. Eine computerkartographische Aufgabenlösung ist nur dann möglich, wenn *beide Datensätze in digitaler Form* vorliegen und durch geeignete Algorithmen eine entsprechende Zuordnung zwischen den Datensätzen möglich ist. Zur Lösung dieser Fragestellung ist eine umfangreiche, unbedingt notwendige Koordinierungsaufgabe in Angriff zu nehmen, nämlich die, die Datenerhebung, regionale Datenbindung und Datenverarbeitung auf harmonisierbare und der kartographischen Auswertung dienliche Systeme abzustimmen. Als dringlichste Aufgaben müssen betrachtet werden:
a) Umstellung aller orts- und raumgebundenen Erhebungen und regional aufgegliederter Statistiken auf eine *koordinatengebundene Datenspeicherung*.
b) Einigung über die *Art der Koordinatenbindung* in der Verwaltungsstatistik, die überall annähernd gleichartig oder zumindest umschlüsselbar vorgenommen werden sollte. Wird zum Beispiel bei den Bevölkerungserhebungen in Zukunft die Wohnbevölkerung eine Koordinatenbindung nach dem Sitz des Haushaltes, dem Mittelpunkt des Wohngebäudegrundrisses oder des Wohnblockes, oder nach anderen Grundsätzen erhalten? Die Diskussion um solche Fragen hat bei den zuständigen Stellen noch nicht einmal begonnen.
c) *Koordinierung der regionalen Datenbindung* mit anderen Institutionen, die Datenerfassung durchführen oder Datenbanken betreiben.
d) *Massendigitalisierung topographischer Informationen* und anderer regiona-

ler Datenbindungssysteme aus den Originalkartenwerken, soweit diese nicht schon bei den Landesvermessungsämtern koordinatengebunden vorliegen, als Grundlage für raumbezogene Informationssysteme.

14.2.5 Datenträger und -speicher; Datenbanken und Datenzugriffsmöglichkeiten

Bei einer engeren Begriffsfassung werden als *Datenträger*[60] „nur solche Medien bezeichnet, die geeignet sind, Daten über bestimmte Zeiträume zu speichern, ohne daß es dazu einer permanenten Energiezufuhr bedarf". Scheiden wir außerdem jene Medien aus, welche der maschineninternen Speicherung dienen, dann verbleiben als Datenträger dieser engeren Begriffsfassung nur alle Eingabe- und Ausgabe-Medien sowie alle übrigen Unterlagen und Texte.

Nach ihrer *Verwendungsfähigkeit in einem Datenverarbeitungssystem* können diese gegliedert werden:

a) Nur personell, nicht aber maschinell lesbare Datenträger (z. B. Handschriftbelege).

b) Nur maschinell lesbare Datenträger (z. B. Magnetband), oder maschinell jedoch personell nur mit Mühe lesbare Datenträger (z. B. Lochstreifen, Lochkarte).

c) Sowohl personell als auch maschinell lesbare Datenträger (z. B. Belege mit Markierungen und optische bzw. magnetische Schriften sowie mit einigen alleinstehenden handgeschriebenen Zeichen, lochschriftübersetzte Lochkarten und Lochstreifen, gelochte Verbundkarten).

Nicht immer ist die Erfassung der Daten auf Eingabedatenträgern notwendig. In vielen Fällen gelangen die gewonnenen Daten auf direktem Wege sogleich in den Rechner. Man spricht dann von einer *Direktdatenerfassung* (On-line-Datenerfassung), welche über eine manuelle Dateneingabe über die Tastatur der Eingabekonsole und anderer Geräte vorgenommen werden kann. Für kartographische Zwecke spielt in zunehmendem Maße u. a. auch die Eingabe über Bildschirmgeräte (u. a. im interaktiven Dialog) eine Rolle (s. 14.3.2.3).

Die *Datenspeicherung* hat die Aufgabe, Daten aufzubewahren, um sie zu einem zukünftigen Zeitpunkt reproduzieren zu können. Datensammlungen werden entsprechend ihrem Verwendungszweck nach bestimmten Regeln der Datenerfassung, regionalen Datenbindung, Datenfortführung, -speicherung, -zugriff usw. zu *Dateien* aufgebaut.

Nach übergeordneten Gesichtpunkten werden schließlich *Datenbanken* eingerichtet, die verschiedensten sachgerichteten Zugriffsinteressen dienen und in einem breiten Rahmen Datenkombinationen ermöglichen sollen. Die Auffassungen über den Begriff Datenbank sind aber bisher noch nicht ausdiskutiert. Von einer Datensammlung müßte sie sich allerdings durch folgende Eigenschaften unterscheiden[61]: Redundanzfreiheit, Vielfachverwendbarkeit, Unabhängigkeit, Funktionsintegrität, Benutzerfreundlichkeit, Strukturflexibilität, Integrität.

Sind in Datenbanken die Informationen koordinatengebunden gespeichert, dann ist eine Verarbeitung von Daten aus den verschiedensten Sachbereichen möglich und ihre kartographische Auswertbarkeit gesichert. Voraussetzung allerdings ist eine vielseitig verwendbare Definition und exakte Begriffsabgrenzung der Merkmale, für die Daten gespeichert werden.

Die Umstellung auf die modernen Verfahren der Datenspeicherung und elektronischen Datenverarbeitung haben für die *Zugriffsmöglichkeiten durch Einzelinteressenten* und seitens der Wissenschaft mitunter arge Rückschläge mit sich gebracht. Meist ist der Datenbezug mit hohen Kosten und langen Wartezeiten verbunden, Umstände, die dazu geführt haben, daß geringe Datenmengen durch neuerliche Eigenerhebung oft billiger, rascher und mit geringerem Arbeitsaufwand und Ärger eingebracht werden können, als über Datenbanken. Während früher nicht der Geheimhaltungspflicht unterliegende statistische Erhebungsbögen auf kurzem Wege eingesehen und aufgearbeitet werden konnten, sind heute solche Informationen oft nur über einen dornenvollen Weg der Kompetenzen, Datenverwaltung und Kostenverrechnung zugänglich. Auch hier müßten Regelungen im Sinne einer Befriedigung des berechtigten Informationsbedürfnisses vorgesehen werden.[62]

14.3 Geräte für die kartographische Automation (Hardware)

Unter den Geräten für die kartographische Automation müssen wir zwei Gruppen unterscheiden, nämlich eine zur Erfassung graphischer Daten, das sind die *Analog-Digital-Umwandler,* und eine weitere gerätemäßig umfangreichere Gruppe zur graphischen Ausgabe der Daten, welche den umgekehrten Vorgang zu vollziehen haben, also die *Digital-Analog-Umwandler.* Dazu kommen natürlich fallweise noch die in der automatischen Datenverarbeitung üblichen Peripheriegeräte wie Fernschreibmaschinen, Lochstreifenstanzen und -leser u. a.

Die Entwicklung der kartographischen Automationsgeräte ist in jüngster Zeit sehr stark forciert worden und steht in engster Verbindung mit anderen graphischen Einsatzbereichen. Dies trifft vor allem für die Ausgabegeräte zu.

14.3.1 Geräte für die Erfassung graphischer Daten

Allgemein sind solche Geräte unter der Bezeichnung *Digitizer,* Digitalisierungsgeräte oder Koordinatenerfassungsgeräte bekannt. Bei jedem Arbeitsvorgang der Erfassung graphischer Daten durch solche Geräte – also der Analog-Digital-Umwandlung – *werden prinzipiell immer nur Punkte digitalisiert.*

Auch Linien und Flächen können nur über eine punktweise Auflösung erfaßt werden. Dabei wird jeweils ein Punkt als geometrischer Bezug eines ortsgebundenen Objektes, als Anfangs- bzw. Endpunkt einer geraden Linie, als Punkt in einer Punktfolge einer gekrümmten Linie, als Mittelpunkt oder Schwerpunkt oder anders definierter Punkt einer Fläche usw. betrachtet.

Die *punktweise Erfassung der Objekte* erfolgt mittels einer Meßmarke im meist rechtwinkligen Koordinatensystem des Vorlagenträgers (Tisch, Trommel). Die Verwendung von Polarkoordinaten ist möglich, erfolgt aber nur sehr selten. Neben manuellen Datenerfassungsgeräten, welche eine Führung der Meßmarke von Hand aus erfordern, stehen auch halb- und vollautomatische Koordinatenerfassungsgeräte zur Verfügung.

Die meisten verwendeten Digitalisierungseinrichtungen setzen sich aus einem nach Höhe und Neigung verstellbaren Tisch, der die Aufgabe des Vorlagenträgers erfüllt, einer mit diesem in Zusammenhang stehenden Meßvorrichtung und einer angeschlossenen Registriervorrichtung zusammen (s. Abb. 115).

Der *völlig plane Tisch* wird in verschiedenen Größen hergestellt, welche sogar für Digitalisierungsvorlagen wesentlich über A_0-Format liegen. Bei den *Meßvorrichtungen* müssen wir zwischen solchen mit mechanisch gebundener Führung und mit freier Führung unterscheiden. Während die *mechanisch gebundene Führung* einer Umkehr des Prinzips des Koordinatographen entspricht (s. Abb. 115) und mühsam zu handhaben ist, gestattet die *freie Führung* der jüngsten Gerätegeneration ein viel rascheres und sichereres Arbeiten (s. Abb. 116). G. HAKE charakterisiert das Wesen der Funktionsweise der letztgenannten Geräte sehr treffend[63]:

„Die freie Führung beruht bei einigen Geräten auf einem induktiv-mechanischen Prinzip, bei dem die Meßvorrichtung (cursor) ein Magnetfeld erzeugt, dem ein unter dem Tisch befindliches rechtwinkliges Schlittensystem so lange nachläuft, solange eine Positionsdifferenz zwischen diesen registriert wird (Servo-Detektor-Nachlauf-System). Andere Geräte arbeiten nach rein induktivem Prinzip. Ein feines gitterförmiges Drahtgewebe im Tisch wirkt als Sensorfeld, das die Lage des ein Magnetfeld erzeugenden Meßwerkzeugs induktiv registriert (elektronisches Raster- oder Grid-Prinzip)."

Für die *Datenregistrierung* können Lochkarten, Lochstreifen, Magnetbänder bzw. Magnetplatten eingesetzt werden. Zur Überprüfung des Digitalisierungsvorganges ist es zweckmäßig, diesen auf einem graphischen Bildschirm sichtbar zu machen, um so den Digitalisierungsfortschritt beobachten zu können bzw. um Fehler beim Digitalisieren durch interaktiven Eingriff zu eliminieren.

Wir haben bereits früher festgestellt, daß wir über Digitizer Objekte nur punktweise erfassen können. Eine Linie wird daher immer als Punktfolge betrachtet, wobei es genügt, z. B. eine gerade Linie durch deren Anfangs- und Endpunkt zu beschreiben und nichtnotwendige Zwischenpunkte zu eliminieren. Eine solche *Datenreduktion* ist notwendig, um Speicherplatz zu sparen und Verarbeitungszeiten zu verkürzen.

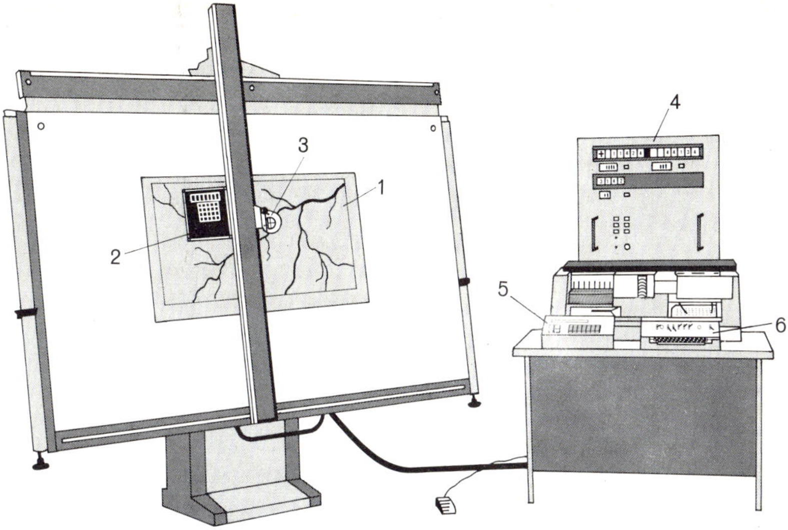

Abb. 115: Koordinatenerfassungsgerät (Contraves Codimat). 1. Digitalisierungsvorlage; 2. Multiswitch Tastatur; 3. Ausleselupe; 4. Elektronik (mit Koordinaten- und Laufnummeranzeiger; 5. Serie-Tastatur; 6. Kartenlocher

Abb. 116: Koordinatenerfassungsgerät mit freier Führung der Meßvorrichtung: 1. Digitalisierungsvorlage; 2. Cursor; 3. mobile Eingabetastatur; 4. Elektronik (mit Leuchtziffernanzeiger für Koordinaten und Laufnummern)

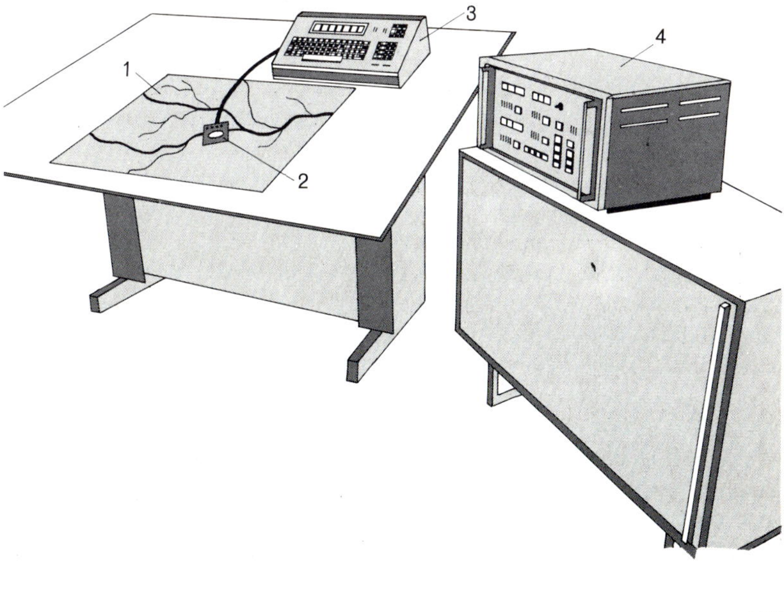

Bei der *Digitalisierung von Linien* kann auch eine automatische Punktregistrierung vorgesehen werden. Für die manuelle Digitalisierung „gekrümmter Linien" kann eine *automatische Punktregistrierung* (stream mode) eingesetzt werden, der entweder ein konstantes Wegintervall (distance mode) oder ein konstantes Zeitintervall (time mode) zugrundegelegt wird.

Die vollautomatische Digitalisierung graphischer Strukturen steht erst am Beginn ihrer Entwicklung. Als Erfassungsgeräte werden sog. *Scanner* eingesetzt, welche die Vorlage zeilenweise abtasten und auf Grund der Hell-Dunkel-Werte, in Zukunft auch auf Grund von Farbwerten, der Vorlagen eine digitale Informationserfassung ermöglichen.

14.3.2 Geräte für die graphische Ausgabe von Daten

Unter *Datenausgabe* (output, data output) werden jene Arbeitsprozesse bezeichnet, mit denen unter Verwendung entsprechender Ausgabeneinheiten Daten abberufen und in irgendeiner Form wiedergegeben werden können. In den nachstehenden Ausführungen beschäftigen wir uns lediglich mit der graphischen Form der Ausgabe von Daten für kartographische Zwecke. Da es sich bei den Ausgabeergebnissen um kartographische Ausdrucksformen handelt, deren graphische Analyse des *Begriffsinventars der Formalwissenschaft Kartographie* bedarf, sehen wir uns gezwungen, auch überwiegend dieses zu verwenden. Begriffliche Unterscheidungen, die vielleicht für den Computerfachmann als unwesentlich und nicht EDV-relevant erscheinen, sind vom Standpunkt der wissenschaftlichen Kartographie unerläßlich.

Die EDV stellt für viele wissenschaftliche Aufgabenstellungen und damit verbundene Arbeitsabläufe nur eine sehr wertvolle *Arbeitshilfe* dar. Von der graphischen Ausgabe für kartographische Zwecke z. B. erwartet sich die Kartographie ökonomische Vorteile, keinesfalls aber eine methodische Weiterentwicklung der Ausdrucks- und Darstellungsformen in graphischer Hinsicht, worauf im Kapitel 14.4 hingewiesen wird. Aus diesen Gründen können wir auch die Ansichten von D. RHIND[64] nicht teilen, daß z. B. die Unterscheidung zwischen thematischer und topographischer Kartographie deshalb als „antiquiert" anzusehen ist, weil vielfach beide Kartenarten von Daten erzeugt werden, die maschinenintern nicht mehr zu unterscheiden sind, vielfach unter Benutzung des gleichen Programms hergestellt werden und meistens Elemente aus beiden Bereichen enthalten. Solche Argumente sind vom wissenschaftlich-kartographischen Gesichtspunkt aus nicht ausschlaggebend; es gibt ganz andere Überlegungen, die in dieser Hinsicht diskussionswert wären, den EDV-Fachleuten aber fremd sind. Die Unterscheidung zwischen topographischer und thematischer Kartographie stellt eine brauchbare Verständigungs- und Arbeitshilfe vom Standpunkt der Anwendungsgebiete kartographischer Methoden dar und ist vielfach, z. B. auch aus kartometrischen Aspekten, zu begründen.

Auch die Meinung RHIND'S, daß die Qualität einer Karte lediglich von den Eingabedaten und den jeweils verwendeten Ausgabegeräten abhängt, zeigt ein fehlendes Verständnis für die spezielle Problemstellung der kartographischen Methodenlehre.

Wir werden in den folgenden Ausführungen manche begriffliche Unterscheidungen treffen, die vielleicht von einem reinen EDV-Standpunkt aus als nicht erforderlich betrachtet werden können. Auf Grund der Entwicklung der Ausgabegeräte, die vorerst nur für eine alphanumerische Ausgabe und erst relativ spät auch für eine graphische Ausgabe eingerichtet wurden, hat sich im Sprachgebrauch eine *Unterscheidung zwischen Printer- und Plotterkarte* eingebürgert. Für eine Beibehaltung dieser Begriffe spricht, daß es sich bei den über dem Printer erzeugten kartographischen Ausdrucksformen um eine sehr beschränkte Zahl graphischer Formentypen handelt, die jedoch fast an jeder mittelgroßen Rechenanlage realisiert werden können, während mit dem Plotter jede graphische Ausgabeform möglich ist, sofern für sie ein geeignetes Programm vorliegt. Da es sich beim Plotter um ein relativ teures Peripheriegerät einer DV-Anlage handelt, wird auch in naher Zukunft der Einsatz voraussichtlich auf einzelne DV-Zentren beschränkt bleiben.

14.3.2.1 Zeilendrucker (Printer)

Bei der Ausgabe über mechanische Drucker unterscheidet man zwischen serieller Arbeitsweise – wenn Druckstelle nach Druckstelle einer Zeile angeschlagen wird (z. B. Schreibmaschine) – und sog. Paralleldruckern, bei denen eine zeilenweise Ausgabe über Endlospapier erfolgt. Diese als *Zeilendrucker* (line printer) bezeichneten Ausgabegeräte gliedern sich in Trommel- bzw. Kettendrucker. Beim *Trommeldrucker* steht für jede Druckstelle ein Typenrad mit vollem Zeichensatz zur Verfügung, wobei ein Druckhammer gegen das Papier schlägt, wenn sich die zu druckende Type an der Anschlagestelle befindet (vgl. Abb. 117a). Die Drehzahl der Trommel, auf der sich im allgemeinen 64 Zeichen befinden, liegt bei 700 Umdrehungen pro Minute, wobei eine Druckleistung – in Abhängigkeit vom eingesetzten Zeichenvorrat – zwischen 700 und 2000 Zeilen pro Minute erreicht werden kann. Beim *Kettendrucker* wird an Stelle einer Trommel eine horizontal umlaufende Kette als Typenträger benutzt (vgl. Abb. 117 b), deren Abdruck ebenfalls über Druckhämmer erfolgt. Die Druckgeschwindigkeit liegt zwischen 600 bis 2000 Zeilen pro Minute. Der Vorteil der Kettendrucker liegt in der exakten horizontalen Positionierung der einzelnen Druckzeichen, die beim Trommeldrucker infolge der hohen Druckergeschwindigkeit nicht immer erreicht werden kann. Die Anzahl der Druckstellen liegt bei beiden Gerätetypen im allgemeinen bei 132.

Zeilendrucker sind das praktisch überall vorhandene Ausgabegerät von Datenverarbeitungsanlagen und werden hauptsächlich zur alphanumerischen Da-

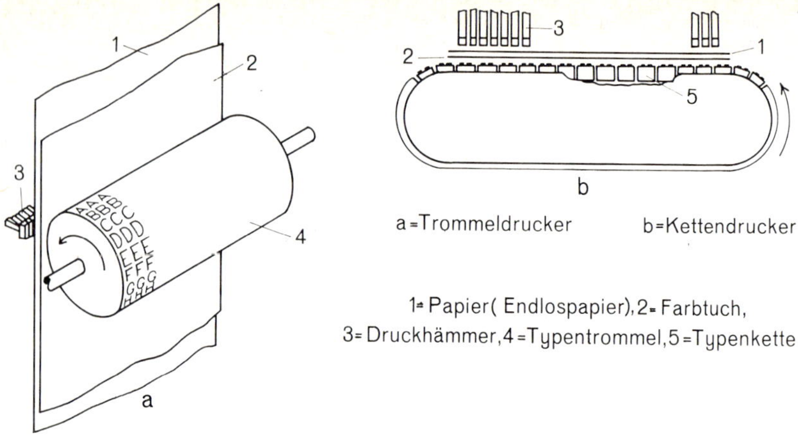

Abb. 117: Trommeldrucker (a) und Kettendrucker (b) (nach W. GRAFENDORFER: Einführung in die Datenverarbeitung für Informatiker; Würzburg 1976)

tenausgabe verwendet. Dieses Peripheriegerät ist aber auch imstande, *flächendeckende graphische Strukturen* zu erzeugen, die einer kartographischen Ausgabe dienstbar gemacht werden können und in der Form von Flächenkartogrammen und Isoliniendarstellungen nach Wunsch sowohl qualitative als auch quantitative Aussagen vermitteln. Der Einsatz von Printern für kartographische Zwecke ist mit der Entwicklung des Programmsystems SYMAP ab 1963 durch H. T. FISHER (USA, Northwestern Technological Institute; später Arbeiten an der Harvard Universität) verbunden. Unter den inzwischen zahlreich entstandenen Programmsystemen gehören bis heute noch immer das amerikanische SYMAP und das englische LINMAP zu den bekanntesten.

Die durch Printer hergestellten Kartogramme werden häufig auch Computerkarten genannt. Wir sind aber der Meinung, daß eine solche Bezeichnung besser als Oberbegriff für die Gesamtheit aller Printer- und Plotterkarten verwendet werden sollte.

Die *häufigste kartographische Anwendung des Printers* dient dem Ausdruck von *Flächenkartogrammen.* Die Aussage für die einzelnen Flächen wird graphisch durch rasterförmigen Aufbau der Printerzeichen gewonnen. Die auf diese Weise entstehenden Flächenmuster und -raster können sowohl an qualitative als auch an quantitative Aussagen gebunden werden (s. Abb. 118). Dabei werden qualitative Merkmale der Darstellungsobjekte an die Art der Flächenmuster – also die Gestalt (Form) der sie aufbauenden Zeichen gekoppelt (s. Abb. 118 a), während für quantitative Aussagen eine Bindung an das Gewicht (den Schwärzungsgrad, Computer) der aus den Zeichen bestehenden Flächenmuster herangezogen wird.[65]

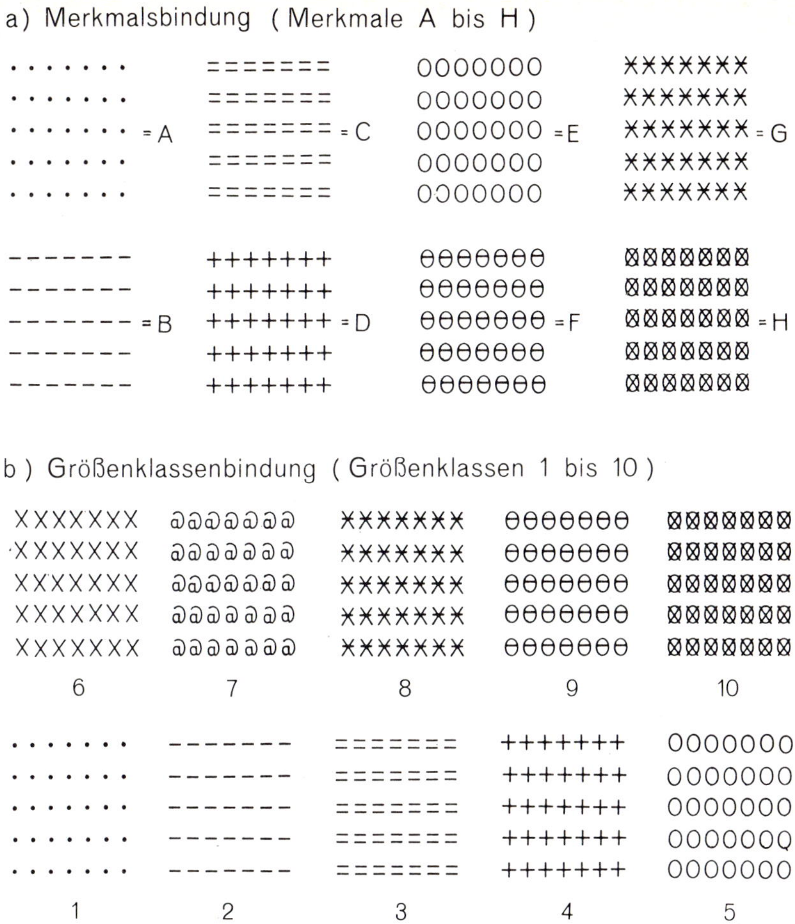

Abb. 118: Die Bindung qualitativer (a) bzw. quantitativer (b) Merkmale an Zeichen der Typenkette von Zeilendruckern

Schwierig ist ein Signaturenschlüssel für eine kombiniert qualitativ-quantitative Aussage zu erstellen. Eine Lösung bietet sich hier durch eine *mehrfarbige reproduktions- und drucktechnische Wiedergabe* an, bei der am besten die qualitativen Aussagen durch Farbwerte, die quantitativen durch Flächenmuster- bzw. Zeichenformenarten ausgedrückt werden sollten.

Zur *Erweiterung des Zeichenschlüssels* können auch Einzelzeichen durch Überdruck kombiniert werden (s. Abb. 119 b: Größenklassen 8, 9 und 10). Für die quantitative Darstellung nach Größenklassen im Rahmen eines gestuften Schlüssels ist dies um so notwendiger, als sich vor allem bei einer geplanten Verkleinerung des Printerdruckes nur wenige Stufen (maximal 7 bis 9) visuell gut trennen lassen. Dies zeigt auch schon die Stufenreihe der Abb. 118 b, aus der man zum Zweck einer besseren Unterscheidbarkeit die Klassen 6 und 7 eliminieren sollte.

Da es sich beim Schnelldrucker um kein ausgesprochen graphisches oder kartographisches Ausgabegerät handelt, stehen auch nur die alphanumerischen Zeichen auf rechteckigen Drucksegmenten in Größe von $^1/_8 \times ^1/_{10}$ Zoll (3,17×2,54 mm) der Standarddruckkette zur Verfügung. Das Format der Bahn des Endlospapieres ist auf 132 Zeichen beschränkt (ausdruckbare Breite etwa 34 cm), so daß mitunter mehrere Bahnen zusammengeklebt werden müssen.

Bei den über den Printern ausgegebenen Flächenkartogrammen können je nach eingesetztem Programm die *Bezugsflächengrenzen* ausgespart oder durch ein bestimmtes Zeichen bzw. eine Zeichenkombination (in Form des Übereinanderschlagens von Einzeltypen) gekennzeichnet werden. Da bei den meisten Programmen außer einer freien Wahl der Zeichen bzw. Zeichenkombinationen für die einzelnen Wertstufen auch der Maßstab optimal variiert werden kann, wird seitens des Programms für die eindeutige Zuordnung jeder einzelnen Druckposition zu einer bestimmten Bezugseinheit und einer bestimmten Zeichenkombination eine Zuordnungsmatrix der Druckpositionen generiert, für die ein koordinatenmäßig festgelegtes *Grenzlayout* die Ausgangsbasis bildet. Im allgemeinen werden die Koordinaten der Bezugsgrenzen von den Programmen (z. B. SYMAP, GEOMAP) in Form geschlossener Polygonzüge gefordert, wodurch sich die Notwendigkeit ergibt, die oft sehr diffizil verlaufenden Bezugsgrenzen einer Digitalisierungsgrundlage in unregelmäßige Vielecke überzuführen[66] (vgl. Abb. 119).

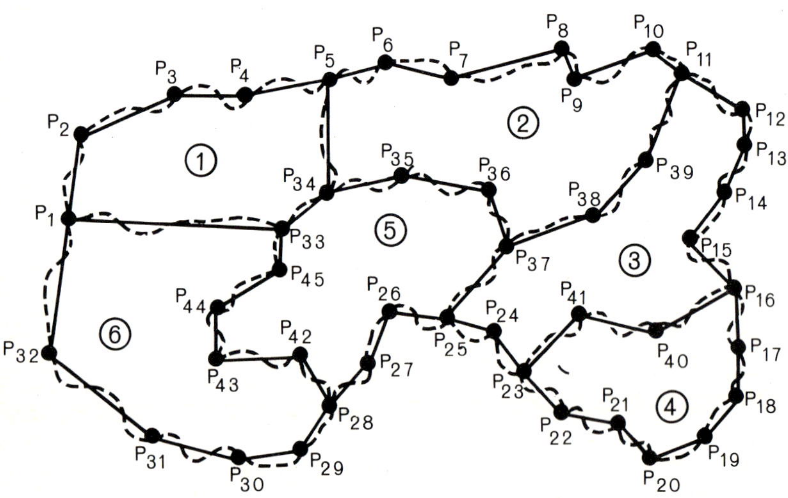

Auch die Abb. 120 zeigt solche unregelmäßige Vielecke: Der mit dem Programm SYMAP hergestellte Ausschnitt im Maßstab 1:25 000 zeigt das Stadtzentrum von Wien (I. Wiener Gemeindebezirk) und die anschließenden Bezirke II bis IX. Die Grenzen der statistischen Bezugseinheiten (Zählgebiete) sind durch Blanks markiert. Da diese Zählgebietsgrenzen im allgemeinen immer entlang wichtiger Straßenzüge verlaufen, wird das Stadtzentrum mit seinen ringförmig umschließenden und radial angelegten Straßenzügen deutlich ersichtlich. Die auf Grund eines Histogrammes gewonnenen Schwellenwertgrenzen zeigen auch eine klare Differenzierung einzelner Viertelsbereiche der „City" nach der Einwohnerdichte.

Printer-Flächenkartogramme können durch *mehrfarbige Gestaltung* an Anschaulichkeit wesentlich gewinnen (s. Tafel X). Auf diese Weise bietet sich auch die Möglichkeit der Verbindung qualitativer und quantitativer Aussagen für mehrere Merkmale in einem einzigen Kartogramm. Für die mehrfarbige Gestaltung ergeben sich folgende Möglichkeiten:
1. Ausdruck durch Verwendung verschiedenfarbiger Drucktücher (schwarz, violett, blau, grün, braun, rot, gelb) ohne Mischfarbenbildung.
2. Ausdruck durch Verwendung verschiedenfarbiger Drucktücher und Mischfarbenbildung mittels Übereinanderdruck von Zeichen verschiedener Farbe.
3. Verwendung verschiedenfarbigen Durchschlagpapiers, welches auf das Drucktuch gleichbleibender Farbe montiert wird, um das zeitraubende Wechseln der Drucktücher zu vermeiden.
4. Verwendung der Prints zur Herstellung der Mehrfarben-Originale für Druckformen zum Zweck der Vervielfältigung unter Einsatz der Reprotechnik (s. Abb. der Tafel X). Mit diesen Fragen haben sich bereits zahlreiche Autoren beschäftigt, so z. B. E. SEELE und F. WOLF, sowie F. KELNHOFER[67]. Von ökonomischer Seite her betrachtet muß man feststellen, daß die mehrfarbige Printerkartographie nach den heutigen Herstellungsmöglichkeiten kaum rentabel erscheint.

Mit einigen Programmen können auch *Isolinien- und Pseudoisolinienkarten* hergestellt werden (s. 14.8 und Abb. 121 a bzw. b). Sehr häufig werden solche Printerausgaben zur Darstellung von diskreten Sachverhalten verbunden mit der Vorstellung thematischer Oberflächen angewandt, auf deren Problematik wir bereits auf Seite 196f eingegangen sind.

◁ *Abb. 119: Umwandlung kompliziert verlaufender Grenzen in Polygonzüge (aus: „inform", Hessische Zentrale für Datenverarbeitung, Heft 3/47, Schnelldruckergraphik, S. 19). Im angeführten Beispiel werden die einzelnen Flächen durch folgende Punktfolgen beschrieben: Fläche 1: P 5, P 34, P 33, P 1, P 2, P 3, P 4, P 5; Fläche 6: P 1, P 33, P 45, P 44, P 43, P 42, P 28, P 29, P 30, P 31, P 32, P 1.*

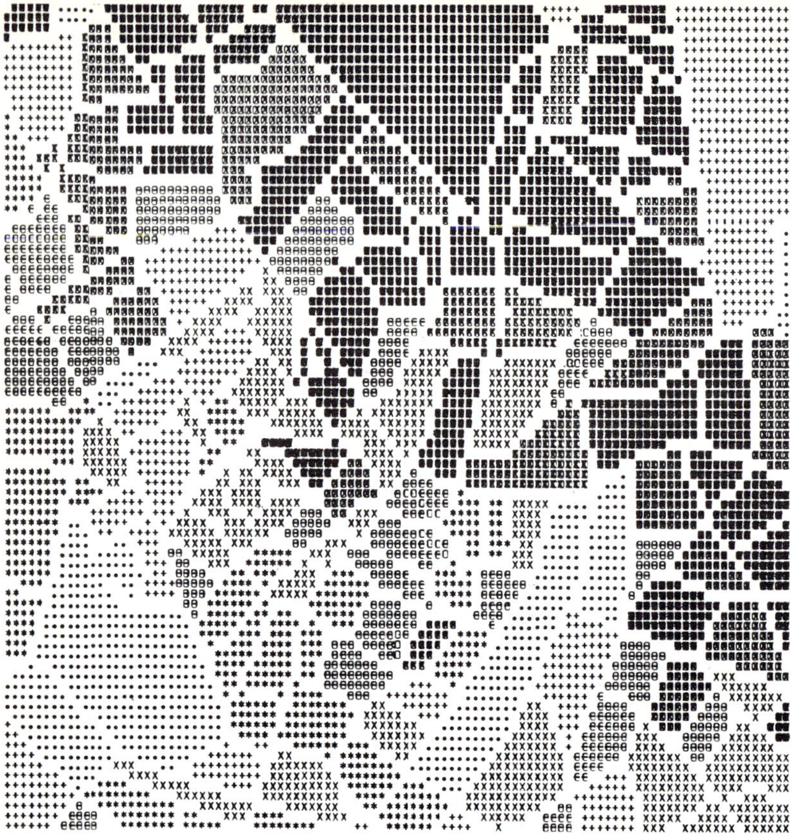

DATA VALUE EXTREMES ARE 0.0 1120.39

ABSOLUTE VALUE RANGE APPLYING TO EACH LEVEL
('MAXIMUM' INCLUDED IN HIGHEST LEVEL ONLY)

MINIMUM	0.0	50.00	100.00	200.00	300.00	400.00	ABOVE 500.00
MAXIMUM	50.00	100.00	200.00	300.00	400.00	500.00	

PERCENTAGE OF TOTAL ABSOLUTE VALUE RANGE APPLYING TO EACH LEVEL

10.00	10.00	20.00	20.00	20.00	20.00

FREQUENCY DISTRIBUTION OF DATA POINT VALUES IN EACH LEVEL

LEVEL	1	2	3	4	5	6	H
SYMBOLS	....	+++++++++	*********	XXXXXXXX	88888888	■■■■■■■■	■■■■■■■■
FREQ.	225	140	155	160	199	158	221

0.0 MINUTES FOR HISTOGRAM

Abb. 120: Ausschnitt aus einem Printer-Kartogramm der Bevölkerungsdichte der Stadt Wien (aus W. GRAFENDORFER, F. KELNHOFER, W. SCHWARZ und J. STEINBACH: Thematische Karten der Stadt Wien, 9 Kartenblätter in kartoniertem Umschlag, hrsg. v. Magistrat der Stadt Wien, Wien 1976).

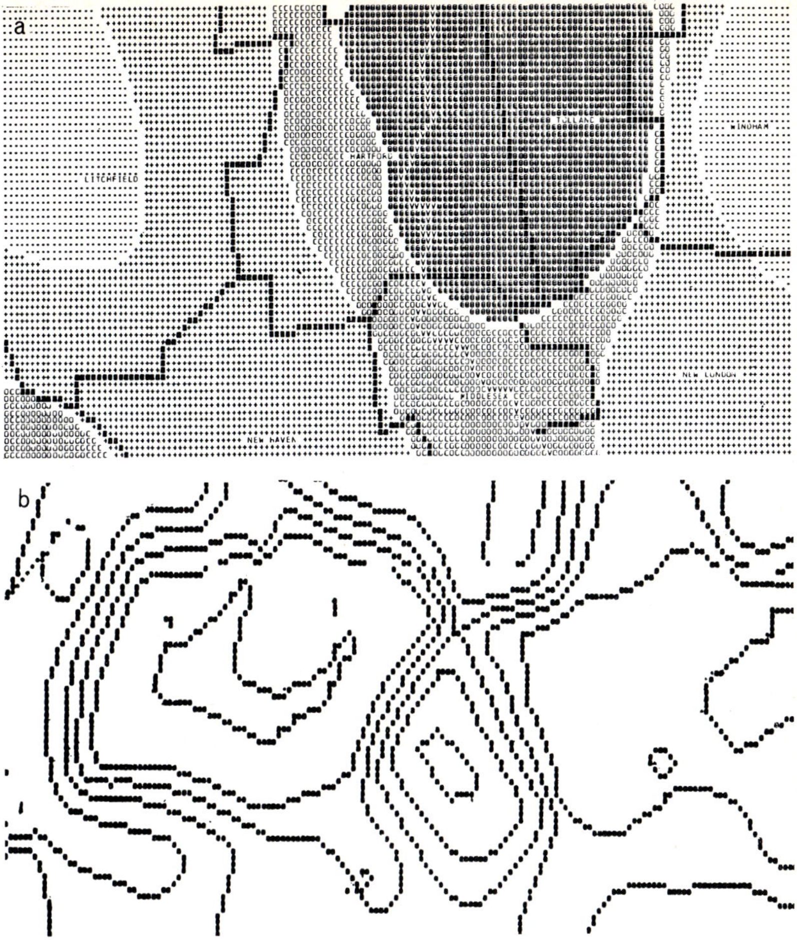

Abb. 121: a) Pseudoisoliniendarstellung in Kombination mit statistischen Bezugsgrenzen, Ausgabe mit Programm SYMAP (aus: SYMAP USER'S REFERENCE MANUAL, Laboratory for Computer Graphics and Special Analysis, Harvard University, Cambridge 1975. Section V/Page 23), b) Isoliniendarstellung mittels Printer über SYMAP-Programm (aus: J. DEMEK: Handbuch der geomorphologischen Detailkartierung; Wien, 1976, Abb. 39).

Da die Zeichen der Printer für kartographische Zwecke nur bedingt geeignet sind, hat man mehrfach versucht, Typen zu entwickeln, die bestimmten kartographischen Ausgabezielen besser entsprechen (s. Abb. 122). Auch für die Versuche einer analytischen Schattierung von P. YOELI, welche durch den Schweizer K. BRASSEL fortgeführt wurden[68], war eine solche Adaptierung notwendig.

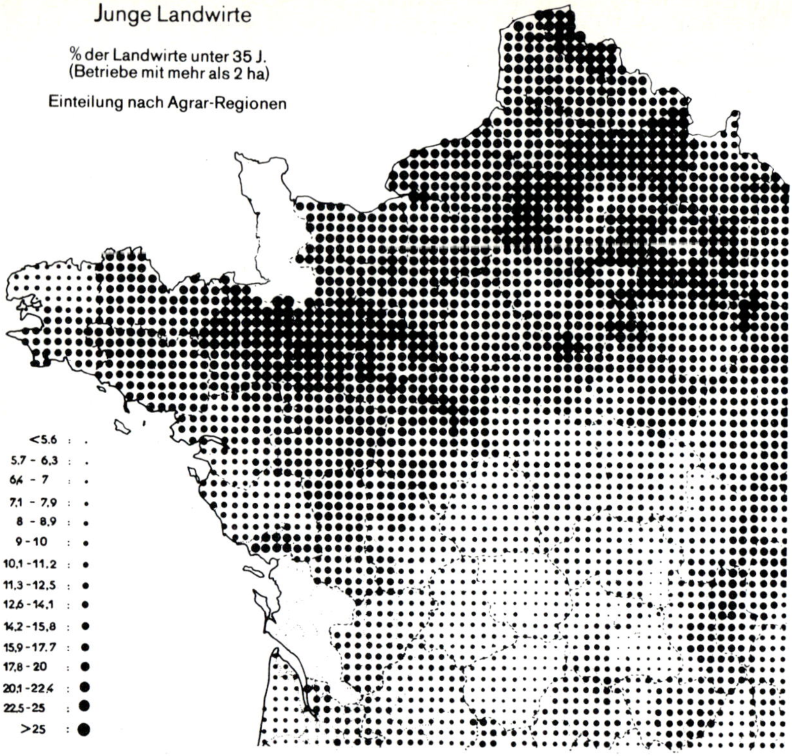

Abb. 122: Verschieden große Punkte für die Darstellung von Anteilen. Berechnung des Schwarz-Anteiles auf der Basis einer vorgegebenen Beziehung durch EDV. Ausdruck mittels Schnelldrucker möglich, wenn dessen Druckkette mit entsprechenden Zeichen für speziell kartographische Ausgabezwecke ausgerüstet wird (aus: J. Bertin: Graphische Semiologie (deutsche Ausgabe); Berlin-New York, 1974, S. 382).

14.3.2.2 Zeichenautomaten (graphische Plotter)

Die Zeichenautomaten werden in Zukunft viele manuelle Arbeiten der Kartographen zu ersetzen vermögen. Für den Kartenentwurf wird ihr Einsatz in dem Ausmaß möglich sein, als man seitens der theoretischen Kartographie in der Lage ist, hierfür die *formalen Grundlagen* zu schaffen (z. B. Generalisierung). Die Vorarbeiten für ihren wirtschaftlichen Einsatz sind in den Anwendungsbereichen der topographischen Kartographie am weitesten gediehen, da es sich hier am ehesten um gleichartige und immer wiederkehrende Arbeitsvorgänge handelt.

Unter den *Zeichenautomaten* können wir zwei Gerätegruppen, nämlich Tischplotter und Trommelplotter, unterscheiden:

Bei den *Tischplottern* (flat-bed plotter) handelt es sich um Geräte, die aus den mechanischen Rechtwinkel-Koordinatographen hervorgegangen sind (s. Abb. 124 a). Als Zeichenwerkzeuge dienen Graphitminen, Tuschzeichner, Minen für Schreibpasten, Ritz- und Gravurwerkzeuge und Lichtzeicheneinrichtungen. Mit diesen Präzisionszeichengeräten können linienhafte Signaturen, Masken auf Cut-and-Peelfolien sowie genormte Positionssignaturen und skelettierte Schriften ausgeführt werden. Eine numerisch gesteuerte Präzisionszeichenanlage setzt sich im wesentlichen aus dem Zeichentisch, dem Steuersystem und Antrieb für die Zeicheneinrichtung sowie dem Meßsystem und Zeichenwerkzeug zusammen.

Neben einfachen Koordinatographen zur Punktauftragung, inkremental (d. h. nur in gewissen, vorgegebenen Laufrichtungen) gesteuerten Zeichenautomaten besitzen derzeit elektromechanische Zeichenautomaten mit *Stetigbahnsteuerung* die größte Bedeutung für kartographische Zwecke. Bei diesen Geräten können auf Grund gegebener Stützpunkte auch stetige Linienzüge erzeugt werden. Da ein „Nachlaufen" des Zeichenwerkzeuges wie bei Gelenkziehfedern oder Gravurringen in Form einer exzentrischen Lagerung technisch nicht möglich ist, muß das Werkzeug stets *tangential zum Kurvenverlauf* geführt werden (= Tangentialsteuerung). Diese Tangentialsteuerung (s. Abb. 123) ist sowohl für das Gravieren wie auch Lichtzeichnen notwendig und kann bei kleinen Krümmungsradien der zu zeichnenden Kurve durch einen nicht gleichförmig stetigen Kurvenverlauf auch sichtbar werden.

Abb. 123: Kurvendarstellung und Projektion einzelner rechteckiger Flächenelemente. a) ohne und b) mit Richtungscharakteristik = Tangentialsteuerung (aus: G. HAKE: Kartographie II; Göschen Sammlung Band 2166, Berlin 1976, Abb. 90).

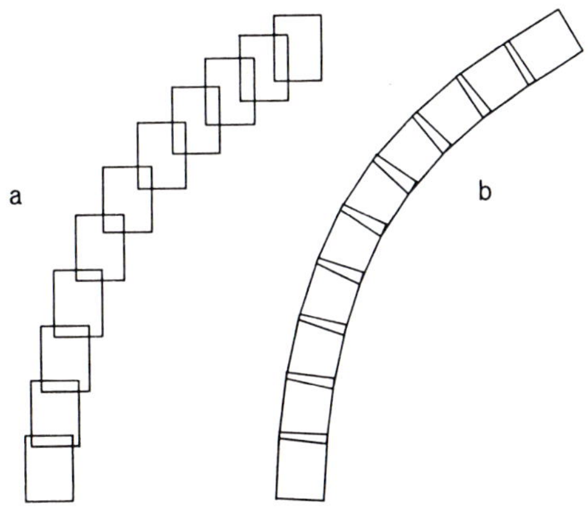

Die Benutzung der *Lichtzeicheneinrichtung* muß im verdunkelten Raum durchgeführt werden, da an Stelle des sonst üblichen Zeichnungsträgers ein lichtempfindlicher Film auf den Zeichentisch gespannt wird. Die Einbelichtung von Positionssignaturen und Skelettschriften erfolgt über eine steuerbare Symbolscheibe durch sogenanntes „Einblitzen“, wobei der Lichtzeichenkopf nach bestimmter Positionierung sich in Ruhestellung befindet. Lineare Zeichnungselemente werden durch eine Belichtungsschablone während der Fahrbewegung des Lichtzeichners belichtet, wobei eine synchron mitlaufende Graufilterscheibe für ständig gleichbleibende Lichtwerte sorgt, um die sonst auftretenden Überbelichtungen beim Anfahren und Abbremsen des Lichtzeichenkopfes zu kompensieren, die sich als Strichverbreiterungen auswirken würden. Mit der Lichtzeicheneinrichtung können auch kompliziertere lineare Signaturen (Grenzen u. a.) und Positionssignaturen (z. B. Kirchen u. ä.) erzeugt werden.

Abb. 124: Schematische Skizze des Tischplotters (a) in Draufsicht und des Trommelplotters (b) (aus: E. Imhof: Thematische Kartographie; Berlin-New York 1972, S. 268 und 269)

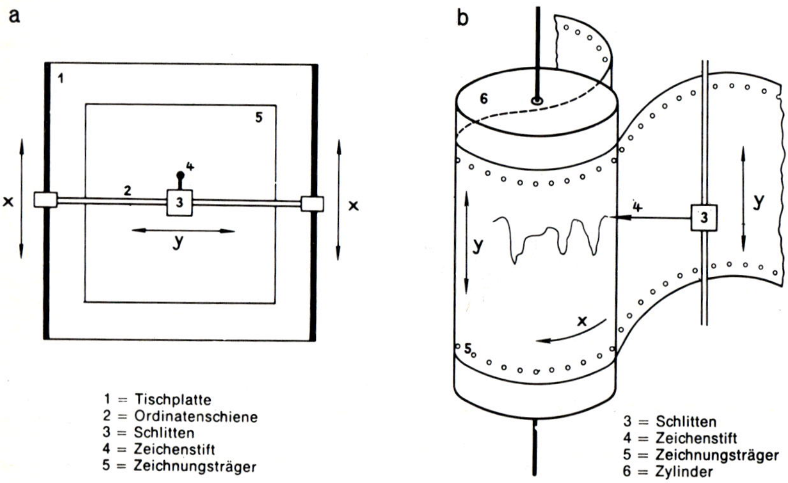

Die *Trommelplotter* (s. Abb. 124 b) stellen in ihrer Grundfunktionsweise eine Weiterentwicklung der schwebenden Registriergeräte dar, wie sie z. B. für Wetterbeobachtungen (Barograph), für Echolotungen (Echograph) usw. schon längst verwendet werden und allgemein bekannt sind.

Der Zeichnungsträger ist auf einem *rotierenden Zylinder* aufgespannt, dessen Bewegung die x-Richtung ergibt. Parallel zur Rotationsrichtung vollzieht sich auf einem Schlitten die y-Bewegung des Zeichengerätes. Mit Trommelplottern können sehr hohe Zeichengeschwindigkeiten erreicht werden.

Der *Betrieb eines Zeichenautomaten kann auf zwei Arten erfolgen:* Im Online-Betrieb ist der Zeichenautomat direkt mit der Datenverarbeitungsanlage verbunden, welche die Eingabedaten bis zu den Steuerbefehlen des Zeichenautomaten verarbeitet. Beim Off-line-Betrieb werden durch den Rechner die für den Betrieb des Zeichenautomaten notwendigen Eingabedaten ermittelt und auf einem Datenträger festgehalten, auf dessen Grundlage vom Prozeßrechner der Zeichenanlage die Steuerbefehle für die Fahrbewegungen bestimmt werden.

Was die Zeichengenauigkeit betrifft, konnten seit 1970 gerätemäßig große Fortschritte erzielt werden. Von den meisten graphischen Plottern ist heute die seitens der Kartographie geforderte *absolute Genauigkeit* von ± 0,1 mm als erfüllbar anzusehen. Auch die *Zeichengeschwindigkeit,* welche sich zur erreichbaren Genauigkeit umgekehrt proportional verhält und noch um 1970 zwischen 3 und 50 cm/sec lag (nach E. IMHOF 1972 für Kartenzeichnungen aber höchstens 3 cm/sec und 10 Digitalschritte pro mm), wurde inzwischen ganz wesentlich erhöht.

Abb. 125: a) Isometrisches Blockbild einer statistischen Oberfläche; b) Maschenblockbild einer statistischen Oberfläche (a und b aus ROBINSON, A. H. und R. D. SALE: Elements of Cartography; 3. Aufl., S. 145); c) Perspektivische Darstellung von Groß-Vancouver von SW gesehen; hergestellt von W. D. RASE; Programm SYMVU (aus: TH. K. PEUCKER: Computer Cartography; Washington 1972. Fig. 1).

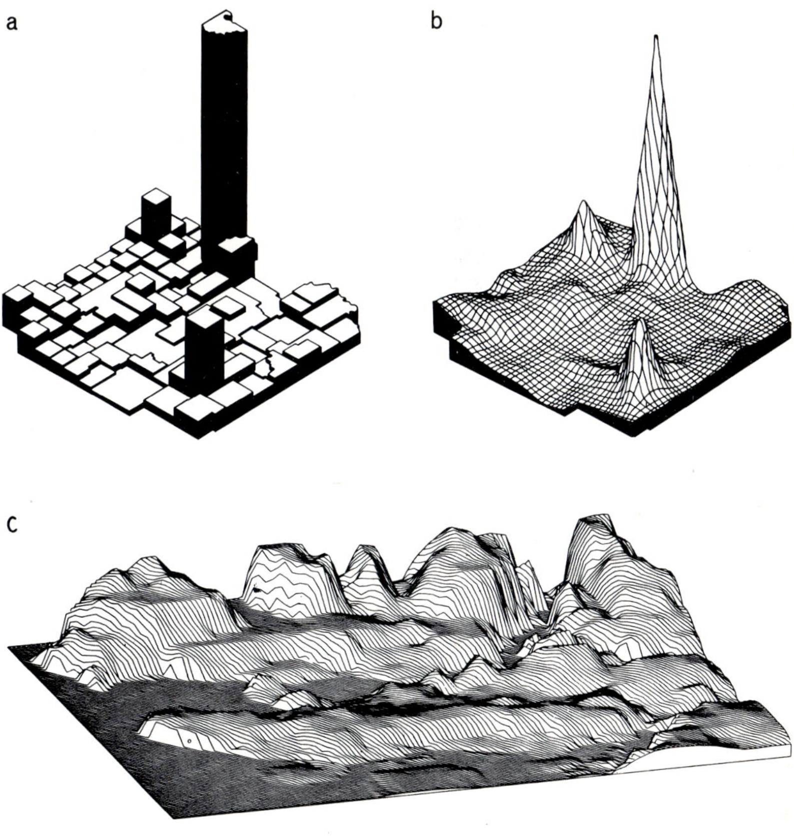

Die *Einsatzmöglichkeit graphischer Plotter* für kartographische Aufgaben ist außerordentlich vielfältig und umfaßt den breiten Fächer der sogenannten „konventionellen" Darstellungen. Elektronische Datenverarbeitung und Plottereinsatz ermöglichen auch die Herstellung kartenverwandter Ausdrucksformen, wie isometrische Blockbilder, Maschenblockbilder, perspektivische Darstellungen von Kontinua und Diskreta (statistische Oberflächen) u. dgl. (s. Abb. 125), was früher wegen des mit solchen Konstruktionen verbundenen unvergleichlich hohen Zeitaufwandes nur sehr selten möglich war.

Jeder Plottereinsatz hat zur Voraussetzung, daß alle Darstellungsinhalte über koordinatengebundene Punkte und Punktfolgen beschreibbar sind. Für die kartographische Plotterausgabe steht eine reiche Software zur Verfügung (s. unter 14.4).

14.3.2.3 Sichtgeräte und Mikrofilmplotter

Sichtgeräte (Bildschirmgeräte, Display units) gestatten die Erzeugung eines Bildes mittels Elektronenstrahl auf einem Bildschirm (s. Abb. 126). Die Herstellung der Bilder geht mit außerordentlich hoher Geschwindigkeit vor sich. Die Bildschirmgröße ist natürlich beschränkt.

Das Bild bleibt jeweils längere Zeit auf dem Bildschirm stehen und kann dann wieder gelöscht werden. Die *Eingabe von Änderungen* ist möglich. Leistungsfähigere Geräte besitzen eine elektronische Bildwiederholungseinrichtung und

Abb. 126: Bildschirmgerät und Hard-copy-Gerät

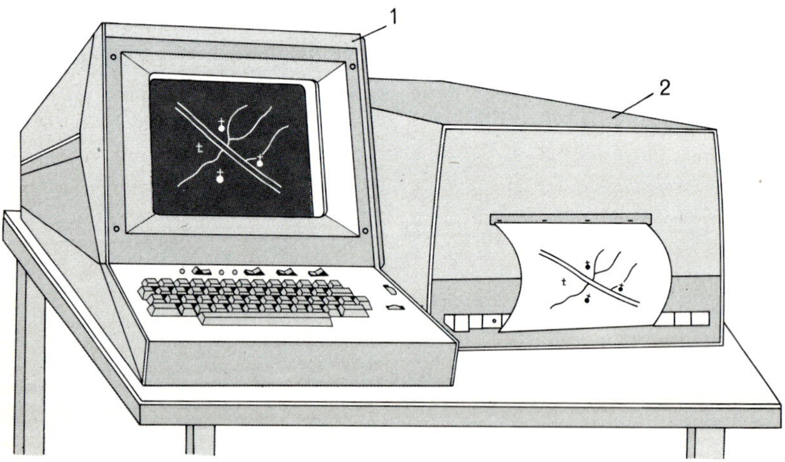

1 - Bildschirm 2 - Hard-copy-Gerät

gestatten einen *Dialogbetrieb.* Die entsprechenden Programme führen den Kathodenstrahl derart, daß die linienhafte Zeichnung sich aus lauter kleinen Vektoren zusammensetzt. Mittels eines „Lichtgriffels" oder anderer Geräte ist ein partielles Löschen und Generieren von Bildteilen in Verbindung mit entsprechenden Befehlseingaben über die Tastatur möglich, wodurch gewünschte Bildänderungen durchgeführt werden können (interaktive Graphik). Über eine angeschlossene Kopiereinrichtung kann das jeweilige Bild als Papierkopie ausgegeben werden (hard-copy).

Die *Mikrofilmplotter* nützen die Eigenschaften der Kathodenstrahlröhre und besitzen dadurch eine außerordentlich hohe Zeichengeschwindigkeit. Sie halten entweder die auf dem Bildschirm erscheinende Abbildung auf einem Mikrofilm (z. B. 16 mm oder 35 mm) photographisch fest, oder es wird die Zeichnung direkt durch den Elektronenstrahl auf dem Mikrofilm vorgenommen. Durch Rückvergrößerung des sehr fein gezeichneten Negativs erhält man Positive in den gewünschten Maßstäben oder Bildformaten. Als besondere Vorteile stechen die verhältnismäßig geringen Kosten der Mikrofilmbilder, ihre raumsparende Archivierung und rasche Herstellung hervor.

14.3.2.4 Andere graphische Ausgabegeräte

Außer den bereits angeführten Geräten wurde noch eine Reihe anderer Plotter und Zusatzeinrichtungen für kartographische Zwecke entwickelt, welche sich inzwischen bereits bewährt haben. K. Oest und P. Knobloch heben unter ihnen besonders hervor[69].

Geospaceplotter: Er vereinigt die Vorteile einer sehr schnellen Bildherstellung und einer großformatigen Ausgabe. Auf eine mit Photopapier bespannte, rotierende Trommel wird mit Hilfe eines Linsensystems das Bild einer Kathodenstrahlröhre projiziert. Die Ergebnisse erreichen natürlich nicht die Exaktheit von Tischplotterbildern.

Rasterplotter: Auch bei diesem Gerät wird das System einer rotierenden Trommel verwendet. Der auf diese gespannte Film wird streifenweise von einem auf- und abblendbaren, oszillierenden Kathodenstrahl punktweise in 16 Grauwerten belichtet. Hohe Zeichengeschwindigkeit ist hier mit sehr guter Auflösung und hoher Genauigkeit kombiniert.

Laserplotter: Dieser arbeitet im Prinzip wie ein Mikrofilmplotter. Ein Laserstrahl wird durch ein computergesteuertes Ablenksystem gerichtet und erzeugt auf Mikrofilm die programmierte Darstellung, welche in vergrößerter Form auf einem Bildschirm betrachtet werden kann. Das Gerät ermöglicht die Verwendung kontinuierlicher Graustufenskalen und die Überlagerung zweier Darstellungen. Es ist für den interaktiven Kartenentwurf geeignet, gestattet die Herstellung von Mikrofilmkopien sowie Papierkopien und vereinigt hohe Zeichengeschwindigkeit (5 m/sec) und Flexibilität mit großer Genauigkeit.

Zuletzt soll noch auf ein Verfahren verwiesen werden, welches in Schweden im Lund Institute of Technology der Universität entwickelt wurde und die rasche Herstellung farbiger Karten mit verhältnismäßig feinem Raster ermöglicht[70]. Der Farbstoff wird mittels feinster Düsen aufgesprüht. Der Arbeitsvorgang besteht aus zwei Stufen: Die Grundlage ist ein Ziffernbild. Mit einem entsprechenden Programm wird vorerst ein numerisches Bild im Computer erzeugt. Dieses wird auf einem Magnetband gespeichert, welches vom Farbbildschreiber gelesen und graphisch transformiert wird. Der color jet plotter ist ein Trommelplotter mit auf Schlitten beweglichen Düsen, der eine graphisch mehrschichtige Darstellungsweise ermöglicht.

14.4 Programme (Software) und ihre Leistungsmerkmale für die Computerkartographie

Überall in der Welt wurden, meist unabhängig voneinander, für die Arbeitsschritte Digitalisierung, Datenverarbeitung und Datenausgabe Programme (Software) entwickelt und laufend verbessert. Die Literatur hierüber ist außerordentlich unübersichtlich und mitunter auch sehr schwer zugänglich.

K. OEST und P. KNOBLOCH verdanken wir eine umfangreiche Durchsicht der einschlägigen Literatur, welche unter dem Titel „Untersuchungen zu Arbeiten aus der Thematischen Kartographie mit Hilfe der EDV“ in zwei Teilbänden veröffentlicht wurde[71]. Der 2. Teil dieser Veröffentlichung enthält eine wertvolle Übersicht über die in der vorhandenen Literatur angeführten und an verschiedenen Stellen zum Einsatz gekommene Software, welche in tabellarischer Form dargeboten wird.

Die Tabelle weist neben dem Programmnamen den Autor bzw. die entsprechende Institution, die wichtigsten Leistungsmerkmale des Programms, die benutzten oder benutzbaren Ausgabegeräte, die Programmiersprache und die einschlägige(n) Veröffentlichung(en) in bibliographischer Zitierung mit Erscheinungsjahr aus. Hinweise auf weitere Arbeiten, die zusätzliche Informationen über das Programm bzw. Programmsystem enthalten, werden nach Notwendigkeit ebenfalls gegeben. Aus Platzmangel konnte eine überarbeitete Übersicht nicht aufgenommen werden.

14.5 Auswirkungen der Computerkartographie im Hinblick auf die bisher verwendeten kartographischen Methoden

Beeindruckt von der Computer-Revolution in der wissenschaftlichen Forschung, welche von der angelsächsischen Welt in der zweiten Hälfte des 20. Jhs. ihren Ausgang genommen hatte, und den nachfolgenden anerkennenswerten

Erfolgen einer Computergraphik, gab es Ende der 60er Jahre Meinungen, welche auch in der Kartographie einen baldigen grundlegenden Wandel kartographischer Darstellungs- und Ausdrucksformen voraussagten und die „konventionelle Kartographie“ als vergangen bezeichneten. Ihre Vertreter scheinen einerseits von der Printerkartographie, andererseits von der erstaunlich raschen Hardware-Entwicklung stark beeindruckt worden zu sein[72].

Diese Euphorie zukunftsträchtiger Spekulationen, die manchmal mit der stillen Hoffnung verbunden war, man könne sich nunmehr das Studium der bisherigen Methoden der Kartographie – die man soeben als konventionell und damit der Vergangenheit angehörend abgetan hat – ersparen, wurde aber durch den nüchternen Realismus jener Fachleute zerstört, die auf dem Gebiet der Computerkartographie tatsächlich Forschungs- und Entwicklungsarbeit leisteten. So stellte F. CHRIST anläßlich der Geodätischen Woche Köln 1975 fest[73]: „Noch um 1970 herrschte die Auffassung vor, daß eine EDV-unterstützte teil- oder vollautomatische Kartenherstellung das graphische Erscheinungsbild unserer heutigen Karten zwangsläufig verändern müsse. Damit wurde einerseits die Hoffnung verbunden, daß arbeitsaufwendige Signaturen und traditionsgebundener Ballast automatisch aus den Karten eliminiert würde, andererseits wurde jedoch eine Vergröberung und Primitivierung des graphischen Kartenbildes befürchtet. Die technische Entwicklung ist seit 1970 so weit fortgeschritten, daß selbst eine Karte mit kompliziertem Zeichenschlüssel nahezu in der gleichen Art und Qualität automatisch, z. B. lichtgezeichnet werden könnte, wie sie bisher manuell graviert wird.“ CHRIST weist weiterhin darauf hin, daß Rationalisierungsgründe dazu führen, die graphischen Methoden den technischen anzupassen, allerdings im Zusammenhang mit einer weiteren Aufgabe, nämlich der *Optimierung der in den Karten dargestellten Informationen* und ihrer graphischen Wiedergabeform nach Gesichtspunkten der Informatik und Nachrichtentechnik. Aus solchen Stellungnahmen spricht aber nicht mehr der Gedanke einer Revolution, sondern einer viel erstrebenswerteren Evolution der Kartographie.

Eine weitere realistische Überlegung, wie weit die Informatik auf dem Gebiet der Kartographie bisher in der Lage war, brauchbare Denkanstöße zu geben, und welche Grundlagen die angewandte Psychologie über die Auffaßbarkeit kartographischer Ausdrucksformen und ihrer Elemente schon zur Verfügung stellen konnte, läßt deutlich erkennen, daß auch die Evolution nicht in einem atemberaubenden Tempo vor sich gehen wird. Allerdings muß uns bewußt werden, welch großer wissenschaftlicher Nachholbedarf vorerst zu erledigen ist, bevor wir an die Lösung der Zukunftsprobleme herangehen.

Erste Ansätze, kartographische Methoden zusammen mit den Diagrammen im Sinne der Informationswissenschaft zu einem System auszubauen, liegen von verschiedenen Seiten vor. An erster Stelle wäre hier die „Graphische Semiologie“ von J. BERTIN[74] zu nennen, die längst bekanntes, graphisches und kartographisches Methodengut sprachlich und systematisch in eine neue *zeichensprachengerechtere Form* gießt. Sicher ist damit auch ein Dienst für die Überlegungen zur Gestaltung elementaranalytischer Aussageformen der Computerkartographie geleistet. Die Überlegungen enden aber bereits dort, wo in der wissenschaftlichen Kartographie der Anfang für die Gestaltung komplexanalytischer Aussageformen in graphisch mehrschichtigen Karten beginnt. Der Wert dieses Bandes beschränkt sich also auf die Gestaltung einfacher Diagramme und Kartogramme.

Überblicken wir heute die vorhandenen kartographischen Ausdrucksformen der Computerkartographie, dann finden wir von der graphischen Methode her gesehen kein einziges wirklich revolutionäres Zeugnis. Der versierte Kartenwissenschaftler wird immer wieder nur feststellen, „alles schon dagewesen". Neu und zukunftsträchtig ist lediglich die technische Herstellungsart, die allerdings mitunter dazu führt, daß die Kartogramme – z. B. über Zeilendruckerherstellung – graphisch unausgewogener als jene nach der herkömmlichen technischen Methode sind. BERTIN'S Beitrag vermag auf diesem Gebiet einen wesentlichen Gestaltungsfortschritt verbunden, mit einer Steigerung der Assoziationsfähigkeit des dargebotenen Inhaltes, zu bringen. Die Plotterkartographie hingegen bedient sich bis heute überhaupt vorwiegend kartographisch herkömmlicher Methoden. So gelangt man immer mehr zur Überzeugung, daß der Meinungsstreit über „konventionelle Kartographie" und „Computerkartographie der Zukunft" aus einer Verwechslung der neuen Möglichkeiten in den einzelnen Wissenschaften, welche sich durch die Verwendung der EDV ergeben, mit der Methodenentwicklung in der Kartographie zu erklären ist.

14.6 Neue Impulse für den Einsatz der kinematographischen Technik in der Kartographie zur Veranschaulichung von Dynamik und Genese durch die Computerkartographie

Dynamische Karten gibt es nicht, da das Wesen der kartographischen Methode statischer Natur ist und bestenfalls in ein und derselben Karte Zeitpunktbilder gegenüberstellt oder durch entsprechende Signaturengestaltung Bewegungen im Raum angedeutet werden können. Es gibt aber eine altbekannte technische Methode, durch raschen Ablauf zeitlich kurz aufeinanderfolgender Zeitpunktbilder den Eindruck von Bewegungen zu vermitteln. Es ist dies die *kinematographische Methode,* die sich die Trägheit der visuellen Auffassung zunutze macht, welche bewirkt, daß rasch aufeinanderfolgende optische Eindrücke, deren jeder weniger als $^1/_{20}$ sec andauert, nicht mehr voneinander getrennt aufgenommen werden, sondern den Eindruck eines geschlossenen Bewegungsablaufes vermitteln.

Mittels der kinematographischen Methode hatte man bereits in der Zeit zwischen den beiden Weltkriegen herrliche kartographisch gestaltete Kulturfilme, z. B. über das Eiszeitalter und den postglazialen Eisrückgang, gedreht, doch mit steigenden Kartographiekosten wurden solche Filme zu teuer und daher auch nicht mehr hergestellt.

Die *Möglichkeit, über Bildschirme* und Mikroplotter den zeitlichen Ablauf für bestimmte Zeitpunkte ausgegeben zu bekommen und für die Zwischenzeiten solche programmgesteuert zu rekonstruieren, läßt hoffen, daß die kinematographische Methode neuerlich Fuß fassen kann. Auf diese Weise könnten viele gesellschaftsrelevante Vorgänge gleichsam in einem „bewegten Kartenbild" durch Filmprojektion veranschaulicht werden, Aussichten, die besonders für Schul- und Erwachsenenbildung einer baldigen Verwirklichung bedürfen.

14.7 Fortführung und Korrektur des Kartenbildes durch Einsatz moderner technischer Verfahren

Die Fortführung eines Kartenbildes ist insbesondere im Bereich des Siedlungsraumes durch die sehr rasch fortschreitenden Veränderungen ein fast unlösbares Problem geworden. Die thematische Kartographie ist davon in mehrfacher Weise betroffen. So muß sie z. B. die topographische Grundlage jeweils dem Zeitpunktstand ihrer thematischen Inhalte anpassen.

Neuere technische Verfahren versprechen in Zukunft eine Erleichterung dieser Aufgabe. Für die Fortführung (Laufendhaltung, Evidenz) der topographischen Grundlage fällt der Entwicklung der *Orthophototechnik* und der durch sie erstellten Orthophotokarten als hervorragend geeignete Fortführungsgrundlage eine besondere Bedeutung zu.

Die bisherige, z. T. noch recht veraltete Form der Einrichtungen von *Fortführungsarchiven* mit Korrekturanweisungen auf den Kartenblättern und Anlage umfangreicher Fortführungskarteien und Sammlungen zweckdienlicher Unterlagen, angefangen von Zeitungsmeldungen bis zu Verordnungsblättern, müßten zumindest in großen kartographischen Anstalten längst der Vergangenheit angehören. Sie sollten längst durch Fortführungsdateien im Rahmen wirtschaftlich vertretbarer technischer Einrichtungen und Datenträger (Lochkarten, Magnetbänder) ersetzt sein, und eine Datenausgabe nach verschiedenen zeitlichen Ständen und Gebietsständen ermöglichen.

Eine solche *Datenfortführung* bietet die Grundlage für eine sehr kostensparende Neuauflage von Kartenwerken und vermag in vielfältiger Weise anderen Kartenentwurfsarbeiten zu dienen; gleichzeitig kann der Zeit- und Kostenaufwand für die Evidenthaltung auf einen Mindestrahmen beschränkt bleiben.

Die Eingriffe in solche Fortführungsdateien bestehen ihrem Wesen nach aus zwei Vorgängen:

Löschen von Daten für einen bestimmten Zeitpunkt.

Ergänzen von Daten für einen bestimmten Zeitpunkt.

Durch diese beiden Vorgänge können sowohl zeitbedingte Änderungen als auch auf Grund von Überprüfungen notwendig werdende Korrekturen des für die Kartenfortführung erforderlichen Datenbestandes vorgenommen werden.

Die im *Dialogwege* durchzuführende Korrekturmöglichkeit mittels Bildschirmgeräte wurde bereits im Kapitel 14.3.2.3 erwähnt. Sie ermöglicht eine rasche Kontrolle der vorgenommenen Änderungen.

14.8 Voraussetzungen und Maßnahmen für einen wirtschaftlich vertretbaren Einsatz der Plotterkartographie

Die Herstellung von Plotterkarten auf dem Sektor der thematischen Kartographie ist meist noch mit zu hohen Kosten verbunden, und Datenzentralen, welche graphische Plotter besitzen, können diese durch kartographische Aufträge auch nicht annähernd auslasten.

Der Grund dafür liegt nicht darin, daß für solche Erzeugnisse kein Bedarf vorhanden wäre, sondern lediglich in dem schweren Mangel, daß gleichartige Bedürfnisse nicht koordiniert sind und daher eine Herstellungskostensenkung auf ein Niveau, welches nicht höher als über herkömmliche manuelle Verfahren, sondern darunter liegt, unmöglich ist. Zur Behebung dieses Mangels müßten folgende Voraussetzungen geschaffen werden:

Einführende Schulung aller Interessengruppen über Einsatz und Möglichkeiten der Computerkartographie.

Schaffung eines einführenden Schrifttums für die Hand des Nicht-EDV-Fachmannes.

Erstellung eines Kataloges *computergerechter Darstellungsinhalte* und Darstellungsweisen und relevanter Software.

Koordinierung aller Stellen mit gleichbleibenden kartographischen Aufgaben im Hinblick auf die Verwendung der Computerkartographie.

Es gibt eine Unmenge thematischer Karten, die allein in Verbindung mit der amtlichen Verwaltungsstatistik in regelmäßigem Abstand und stets in gleichartiger kartographischer Ausführung benötigt werden. Betrachten wir nur die Statistik des Bevölkerungswesens, dann finden sich hier immer wieder folgende Kartenthemen:

- Bevölkerungsverteilung in Punktestreuungsmethode;
- Bevölkerungsdichte bezogen auf Katasterfläche, in Flächenkolorit;
- Bevölkerungsdichte bezogen auf den Siedlungsraum in Flächenkolorit;
- Bevölkerungsveränderungen in den Gemeinden absolut und relativ in Flächenkolorit + Figurendarstellung;
- Typen der Bevölkerungsentwicklung, Signaturendarstellung;
- Bevölkerungsaltersaufbau: Verteilung der Typen des graphischen Bevölkerungsaltersaufbaues;
- Geburtenrate, Sterberate;
- Wanderungsbilanz, Absolutwertdarstellung mittels Figuren.

Dazu kommen noch viele andere Themen, deren Darstellung dringend gebraucht wird und die sicher auch beim Vorhandensein preiswerter und rascher Herstellungsmethoden erstellt werden würden und einen wichtigen Beitrag für die Regionalforschung und Raumplanung leisten könnten[75]. Aber auch auf anderen Gebieten der Verwaltungsstatistik, wie Industrie-, Landwirtschafts-, Verkehrs-, Wohnbau-, Sozialstatistik usw. ist die Karte unentbehrlich, um die seit vielen Jahren immer wieder erhobene Forderung nach einer vernünftigen regionalen Aufbereitung statistischer Zahlenfriedhöfe für eine vertiefte Wertung des Raumes und damit auch ein Anliegen des erst kürzlich verstorbenen Wirtschaftsfachmannes F. WALTER[76] erfüllen zu können.

Vom graphischen Gesichtspunkt aus beschränken sich solche Karten und Kartogramme auf recht einfache, *immer wieder gleichartig wiederkehrende Darstellungsarten* und sind daher für eine Computerkartographie mit wenigen ebenfalls gleichbleibenden Programmen besonders geeignet. Folgende bevorzugte Methoden treten besonders hervor:

- Punktestreuungsdarstellungen für Verbreitungen gestreuter Objekte;
- Figuren- und Signaturendarstellungen für die qualitative und quantitative Kennzeichnung ortsgebundener Objekte;
- Flächenkolorit zur Wiedergabe qualitativer Eigenschaften flächenhaft verbreiteter Objekte;
- Diagrammdarstellungen für qualitativ und quantitativ untergliederte Aussagen oder zur Veranschaulichung von Korrelationen;
- Liniensignaturen zur qualitativen Kennzeichnung linienhaft verbreiteter oder maßstabentsprechend linienhaft reduzierter Objekte;
- Bandsignaturen zur Veranschaulichung streckenbezogener Absolut- und Relativwertaussagen.

In der Bundesrepublik Deutschland erscheinen allein von amtlichen Stellen jährlich einige Tausend solcher thematischer Karten und Kartogramme dieser Art, die mehrere Plotter das ganze Jahr hindurch auslasten könnten.

15 Literaturverzeichnis

15.1 Bibliographien und Fachwörterbücher

ARNBERGER, E.: *Literatur zur Methode der kartographischen Darstellung des Bevölkerungswesens (Verteilung, Dichte, natürliche Entwicklung und Wanderung, ethnische und sprachliche Zusammensetzung, Struktur);* Beiträge aus dem Seminarbetrieb der Lehrkanzel für Geographie und Kartographie, Band 2, Wien 1973, 28 S.

ARNBERGER, E.: *Bibliographie kartographischen Schrifttums;* siehe in *Handbuch der thematischen Kartographie;* Wien, 1966. S. 459–520 und *Enzyklopädie der Kartographie;* Band I, ebenda 1975, bei den einzelnen Abschnitten.

ARNBERGER, E. und P. SÖLLNER: *Jüngere Literatur zur Automation in der thematischen Kartographie;* Beiträge aus dem Seminarbetrieb der Lehrkanzel für Geographie und Kartographie, Band 4, Wien 1973, 39 S.

Bibliographia Cartographica. Internationale Dokumentation kartographischen Schrifttums; Nachfolgebibliographie der bis Heft 29/30, 1972 erschienenen Biblioteca Cartographica. Ab Nr. 1 – 1974. Pullach bei München, 1974 ff.

Bibliographie Cartographique Internationale; ab Band I 1946/47, Paris 1949 ff. (erscheint jeweils etwa 2–2½ Jahre nach dem Berichtsjahr).

Bibliographie Internationale pour l'Enseignement de la Cartographie. International bibliography for education in cartography: Paris, Comité Francais de Cartographie, 1970, 63 S.

Bibliography of Maps Showing Distribution of Population by dotting method; Budapest, National Office of lands and mapping of the Hungarian People's Republic, 1971.

Bibliotheca Cartographica; hrsg. v. d. Bundesanstalt für Landeskunde und Raumforschung in Verbindung mit der Deutschen Gesellschaft für Kartographie, Bad Godesberg ab Heft 1/2 1957 ff bis 29/30 (letztes erschienenes Heft), 1972.

BONACKER, W.: *Das Schrifttum zur Globenkunde;* Leiden 1960.

BONACKER, W.: *Bibliographie der Straßenkarte;* Bonn-Bad Godesberg 1973, 272 S.

CSATI, E.: *Dictionary of Automated Cartography;* Budapest, Hungarian National Committee of the International Cartographic Association, 1971, 108 S.

DAMMHAIN, J.: *Die Kartensammlung der Deutschen Bücherei;* aus: Pet. Geogr. Mitt., 106. Jg., 1962, 3. Quartalsheft. Gotha, S. 226–228.

Datenverarbeitung. Automation; Heft 16 des Fachwörterbuchs: *Bennennungen und Definitionen im deutschen Vermessungswesen mit Hinweisen auf äquivalente englische und französische Benennungen;* Frankfurt/Main 1971.

FRANZ, G.: *Historische Kartographie. Forschung und Bibliographie;* Veröff. d. Akad. f. Raumforschung und Landesplanung Hannover, Abh., Band 29, 104 S.

HENNING, I.: *Bibliographie hydrologischer Karten von Deutschland;* Bibliotheca Cartographica, Sonderheft 3, Bad Godesberg 1969, VIII + 135 S.

HILDEBRANDT, G.: *(Bibliographie über) Anfertigung von Luftbildplänen, Karten und Orthophotos; Analytische Bildmessung, Triangulation;* in: Bibliographie des Schrifttums aus dem Gebiet der forstlichen Luftbildauswertung, 1887–1968, Freiburg i. Br. 1969, S. 112–137.

Institut für Angewandte Geodäsie: Fachwörterbuch – Benennungen und Definitionen im deutschen Vermessungswesen; Heft 6: Topographie; Heft 7: Photogrammetrie, Photointerpretation; Heft 8: Kartographie, Kartenvervielfältigung; Heft 15: Stadtplanung, Raumordnung; Heft 16: Datenverarbeitung, Automation. Frankfurt a. M. 1971.

KOSACK, H.-P.: *Bibliographie von Landnutzungskarten Deutschlands und seiner Teile;* Berichte zur deutschen Landeskunde, Sonderheft 12, Bad Godesberg 1968, 46 S.

KOSACK, H.-P. und K.-H. MEINE: *Die Kartographie 1943–1954. Eine bibliographische Übersicht;* Kartographische Schriftenreihe Band 4, Lahr/Schwarzwald 1955, 216 S.

LOEBEL, G., P. MÜLLER und H. SCHMID: *Lexikon der Datenverarbeitung;* 5. Aufl., München 1973.

Mehrsprachiges Wörterbuch kartographischer Fachbegriffe; Bearbeitet im Rahmen der Commission II der Internationalen Kartogr. Ges. unter E. MEYNEN, Wiesbaden 1973, LXXXIII + 573 S. und 3 Beilagen.

MEINE, K.-H.: *Zeitschriften und Schriftenreihen für Kartographie sowie geodätische und geographische Zeitschriften mit kartographischen Beiträgen, Stand 1967/68;* in: Geogr. Taschenbuch 1966/69, Wiesbaden 1968, S. 26–32.

MEINE, K.-H.: *Bibliographie zur Automation in der Kartographie;* Bonn 1969, 47 S., Manuskriptdruck.

MEINE, K.-H. und U. TANNHAUSEN-PANZERAM: *Internationale Bibliographie des Schrifttums zur Luftfahrtkartographie;* in: Nachrichten aus dem Karten- und Vermessungswesen. Reihe I: *Deutsche Beiträge und Informationen;* Heft Nr. 14, Frankfurt am Main 1959, S. 101–153.

National an Regional Atlases. Sources, Bibliography, Articles; Warsaw, Polish Academy of sciences Institute of Geography, Dokumentacja Geograficzna Nr. 1, 1964, 155 S. mit 3 Kartenbeilagen.

NORDBECK, St.: *Statistical mapping in Sweden during the 19th century;* in: Svensk Geografisk Arsbok, Lund, 40 Jg., 1964, S. 7–18 mit Karten.

OEST, K. und P. KNOBLOCH: *Untersuchungen zu Arbeiten aus der Thematischen Kartographie mit Hilfe der EDV;* Veröffentlichungen der Akademie für Raumforschung und Landesplanung, Abh., 1. Teil, Band 72 mit 258 S.: Hannover 1974, 2. Teil, Band 74 mit 411 S.: ebenda, 1976.

PEUCKER, Th. K.: *Computer Cartography, A Working Bibliography;* University of Toronto, Department of Geography, Discussion Paper No. 12. Toronto, Aug. 1972.

SALISTSCHEW, K. A.: *Die kartographischen Zeitschriften der Erde. Ein vergleichender Überblick;* in: Pet. Geogr. Mitt., 110. Jg., 1966, 2. Quartalsheft, S. 147–159.

SCHAMP, H.: *Ein Jahrhundert amtliche geologische Karten. Verzeichnis der amtlichen geologischen Kartenwerke von Deutschland und Nachweis ihrer Standorte in Bibliotheken und Instituten;* Sonderheft 4 der Berichte zur Deutschen Landeskunde, Bad Godesberg 1961, 536 S. und eine Blattübersicht als Anhang.

SCHNEIDER, C.: *Datenverarbeitungs-Lexikon;* Wiesbaden 1970.

SPERLING, W.: *Literatur (über Schulkartographie);* in: Der Erdkundeunterricht, Heft 11, Stuttgart 1970, S. 92–101.

STINE, G. E.: *Automation terms in cartography (Interim report);* Washington, American Congress on Surveying and Mapping, Cartography Division 1971, 24 S.

TAYLOR, D. R. F.: *Bibliography on Computer Mapping;* Council of Planning Librarians, Exchange Bibliography, 1972, Heft 263.

The Bibliography of Cartography; The Library of Congress, Geography and Map Division, 5 Bände, Boston 1973.

TOTOK, W. und R., WEITZEL: *(Bibliographie der) Kartographie;* in: Handbuch der bibliographischen Nachschlagewerke, 2. Aufl., Frankfurt a. M. 1959, S. 262.

TÜXEN, R. und G. HENTSCHEL: *Bibliographie der Vegetationskarten Deutschlands;* aus: Mitt. der Floristisch-soziologischen Arbeitsgemeinschaft, N. F., 1955, Heft 5, S. 211–247.

TÜXEN, R. und R. STRAUB: *Bibliographie der Vegetationskarten;* Excerpta Botanica 1966, S. 116–177.

ULBRICH, K.: *Allgemeine Bibliographie des Burgenlandes VIII;* Teil: Karten und Pläne. 1. Halbband: Karten. Eisenstadt, Burgenländische Landesregierung, 1970, 994 S., 2. Halbband: Pläne und Register, ebenda 1972, 1099 S.

WAGNER, H.: *Bibliographie der Vegetationskarten Österreichs;* in: Excerpta Botanica, Section B, Band 3, 1961. S. 305–315, Stuttgart 1961.

WINCH, K. L.: *International Maps and Atlases in Print;* London 1974.

WITT, W.: *Planungsatlanten;* in: Kart. Nachr., 8. Jg., 1958, Heft 5, S. 178–181.

WITT, W.: *Neue Planungsatlanten in aller Welt;* in: Informationsdienst der Landesregierung Schleswig-Holstein, Jg. 8, 1960, 16, S. 119–122.

WITT, W.: *Regionalatlanten in der Bundesrepublik Deutschland;* in: Internationales Jahrbuch für Kartographie; III. Band, 1963, Gütersloh 1963, S. 135–156.

15.2 Hand- und Lehrbücher, Monographien, selbständige Publikationen über Teilgebiete der thematischen Kartographie, Sammelwerke

Das Verzeichnis enthält nur selbständige Publikationen, keine Zeitschriftenaufsätze, Einzelarbeiten in Sammelwerken u. dgl. Es beschränkt sich außerdem auf Arbeiten über thematische Kartographie. Publikationen über topographische Kartographie und Automation in der Kartographie wurden nur insoweit aufgenommen, als ihr Inhalt auch auf die thematische Kartographie Bezug nimmt oder für den Entwurf thematischer Karten von ausschlaggebender Bedeutung ist.

ARNBERGER, E.: *Handbuch der thematischen Kartographie;* Wien 1966, XII und 554 S. mit 153 Abb. im Text und 244 Tafeln, davon 13 im Mehrfarbendruck.

ARNBERGER, E. und I. KRETSCHMER: *Wesen und Aufgaben der Kartographie – Topographische Karten. Die Kartographie und ihre Randgebiete. Eine Enzyklopädie der Kartographie;* Band 1. Wien 1975, Textband mit 536 S., zahlreichen Tabellen und Übersichten, Abbildungsband mit 295 S., davon 208 S. Abb. und Karten.

Beiträge zur Theoretischen Kartographie. Studies in Theoretical Cartography. Études de Cartographie Théorique; Festschrift Erik Arnberger, hrsg. unter Schriftleitung von I. KRETSCHMER, Wien 1977.

BERTIN, J.: *Graphische Semiologie. Diagramme, Netze, Karten;* übersetzt und bearbeitet nach der 2. franz. Auflage von G. JENSCH, D. SCHADE und W. SCHARFE, Berlin/New York 1974, 430 S., zahlreiche Abb.

BRUNET, R.: *Le Croquis de Géographie régionale et économique;* Paris, Société d'Enseignement Supérieur, 1962, 249 S., 6 Farbtafeln im Anhang.

BUNGE, W.: *Metacartography;* in: BUNGE, W.: *Theoretical Geography;* Lund Studies in Geography. Serie C. General and Mathematical Geography, Nr. 1. Lund, The Royal University of Lund, 1962, S. 38–71 mit zahlreichen Karten.

CUENIN, R.: *Cartographie générale;* 2 Bände, Paris 1972/1973.

Deutsche Kartographie der Gegenwart in der Bundesrepublik Deutschland; hrsg. v. H. BOSSE, Bielefeld, DGfK, 1970, 158 S., 197 Farbtafeln.

DHEUS, E.: *Geographische Bezugssysteme für regionale Daten;* Stuttgart, 1970, 71 S. und 55 Abb. auf gesonderten Tafeln sowie einer Kartenbeilage.

Diskussionsbeiträge zu einem neuen Atlas von Salzburg (=Festschrift Egon Lendl zum 70. Geburtstag); Schriftenreihe des Salzburger Instituts für Raumforschung, Band 5, 1976.

FEZER, F.: *Karteninterpretation;* in: Das Geogr. Seminar, Praktische Arbeitsweisen, Braunschweig, 1974, 149 S. mit 61 Abb.

Forschungen zur Theoretischen Kartographie; Veröff. d. Inst. f. Kartographie d. Österr. Akad. der Wissenschaften; hrsg. v. E. ARNBERGER, Wien 1971 ff.

FRANČULA, N.: *Die vorteilhaftesten Abbildungen in der Atlaskartographie;* Diss. Bonn, 1971, 103 S. mit Abb.

FREITAG, U.: *Verkehrskarten. Systematik und Methodik der kartographischen Darstellung des Verkehrs mit Beispielen zur Verkehrsgeographie des mittleren Hessen;* Gießener Geogr. Schriften, hrsg. v. Geogr. Inst. der Justus-Liebig-Universität Gießen, Gießen 1966, Heft 8, 112 S., 1 Kartenausschnitt und 25 Skizzen auf 26 Tafeln.

Geodätische Woche Köln 1975; hrsg. unter Schriftleitung von G. KRAUSS, Stuttgart 1976, 396 S. mit zahlreichen Abb.

GIERLOFF-EMDEN, H.-G. und H. SCHROEDER-LANZ: *Luftbildauswertung I, II, III,* Mannheim/Wien/Zürich. B. I. Hochschultaschenbücher, Band 358 a, 1970, (Teil I), S. 13–152; Band 367 a, 1970, (Teil II), S. 155–300; Band 368/a/b, 1971 (Teil III), S. 305–499.

GIERLOFF-EMDEN, H.-G. und U. RUST: *Verwertbarkeit von Satellitenbildern für geomorphologische Kartierungen in Trockenräumen (Chihuahua, New Mexiko, Baja California) Bildinformationen und Geländetest;* in: Münchener Geogr. Abh., Band 5, München 1971, mit 2 Satellitenbildern, 6 Karten, 9 Abb., 17 Photos.

GRAF, U.: *Mathematik für Kartographen;* Erg.-Heft Nr. 244 zu Pet. Geogr. Mitt., Gotha, 1951, VIII + 138 S. mit 214 Abb. im Text.

GRAFENDORFER, W.: *Einführung in die Datenverarbeitung für Informatiker;* Würzburg 1976, 174 S.

GREGORY, S.: *Statistical Methods and the Geographer;* Frome and London 1963, 240 S. mit zahlreichen Abb.

GROHMANN, P.: *Alters- und gesellschaftsspezifische Unterschiede im Einprägen und Wiedererkennen kartographischer Figurensignaturen. Forschungen zur Theoretischen Kartographie;* Band 2, Veröff. d. Inst. f. Kartographie der Österr. Akad. d. Wissenschaften, Wien 1975, 74 S. + 69 Tafeln.

Grundsatzfragen der Kartographie; redigiert von E. ARNBERGER, Wien, Österr. Geogr. Ges. 1970, 307 S. mit zahlreichen Abb., XV Tafeln und 2 Kartenbeilagen.

HAKE, G.: *Kartographie II. Thematische Karten, Atlanten, kartenverwandte Darstellungen, Kartentechnik, Automation, Kartenauswertung, Kartengeschichte;* 2. neubearb. Auflage: Sammlung Göschen, Band 2166, Berlin 1976, 307 S., 112 Abb., 10 Anlagen.

Handbuch der geomorphologischen Detailkartierung; hrsg. v. J. DEMEK, deutsche Übersetzung, Wien 1976, 463 S. mit zahlreichen Abb. und 3 Beilagen.

HSU, M.-L. and A. H. ROBINSON: *The Fidelity of Isopleth Maps. An Experimental Study;* Minneapolis. University of Minnesota Press, 1970, 92 S., 26 Abb., 27 Tafeln.

HÜTTERMANN, A.: *Karteninterpretation in Stichworten;* Kiel 1975, 160 S. mit zahlreichen Abb.

IMHOF, E.: *Thematische Kartographie. Lehrbuch der Allgemeinen Geographie;* Band 10, Berlin-New York 1972, XIV + 360 S. mit 153 Abb. und VI Tafeln im Mehrfarbendruck.

Imhof, Eduard zum 80. Geburtstag; Kartographieheft des vierteljährlichen Fachblattes „Vermessung, Photogrammetrie, Kulturtechnik" des Schweiz. Vereins für Vermessungswesen und Kulturtechnik, der Schweiz. Gesellschaft für Photogrammetrie, der SIA-Fachgruppe für Kultur- und Vermessungsingenieure, LXXIII. Jg., 1975, Heft 1, 100 S. mit 2 Kartenbeilagen.

JENSCH, G.: *Die Erde und ihre Darstellung im Kartenbild;* Das Geogr. Seminar, Braunschweig 1970, 175 S. mit 50 Abb., 13 Tab. und 6 farbigen Beilagen.

Kartengestaltung und Kartenentwurf; Ergebnisse des 4. Arbeitskurses Niederdollendorf der DGfK, hrsg. v. H. BOSSE, Mannheim, 1962, 221 S. und eine 4seitige Farbtafel.

Kartographische Generalisierung; Ergebnisse des 6. Arbeitskurses Niederdollendorf 1966 der DGfK, hrsg. v. H. BOSSE, 1 Textband und 1 Beilagenband, Mannheim 1967, Textband: 301 S., Beilagenband mit 168 Abbildungstafeln zum Großteil im Mehrfarbendruck.

Kartographische Generalisierung – Topographische Karten; Kartographische Schriftenreihe, hrsg. v. d. Schweiz. Gesellschaft für Kartographie, 1975, Ringbuch, 61 S. mit zahlreichen Abb.

Kartographische Studien (= Haack-Festschrift); hrsg. v. H. LAUTENSACH und H.-R. FISCHER, Gotha 1957, 325 S. und 18 Tafeln im Anhang.

KELNHOFER, F.: *Beiträge zur Systematik und allgemeinen Strukturlehre der thematischen Kartographie, ergänzt durch Anwendungsbeispiele aus der Kartographie des Bevölkerungswesens;* Österr. Akad. der Wissenschaften, Veröff. d. Inst. für Kartographie, Forschungen zur Theoretischen Kartographie, Band 1, Wien 1971, Teil I: 155 S., Teil II: 21 S., 15 Beilagen.

KELNHOFER, F.: *Nomogramme in der thematischen Kartographie;* Sonderpublikation, Wien, Österr. Geogr. Ges. 1975, 41 S. und 6 Beilagen.

KELNHOFER, F.: *Die topographische Bezugsgrundlage der Tabula Imperii Byzantini;* Österr. Akad. d. Wissenschaften, phil.-histor. Klasse, Denkschriften, Beiheft zum 125. Band. Wien 1976, 43 S. mit Abbildungen, 2 Kartenbeilagen.

KISHIMOTO, H.: *Cartometric Measurements;* Zürich 1968, 143 S. mit 17 Figuren und 13 Tabellen im Text.

KNOBLOCH, P.: *Grundlagen und Anwendungsmöglichkeiten der Netzplantechnik;* Datenzentrale Schleswig-Holstein, Kiel 1973, 3. Aufl., 29 S. mit 7 Abb. sowie Literatur im Anhang.

KREMLING, H.: *Die Beziehungsgrundlage in thematischen Karten in ihrem Verhältnis zum Kartengegenstand;* Münchner Geogr. Abh., Band 2, München 1970, 88 Textseiten + 40 S. Abb. und Tabellen.

KRETSCHMER, I.: *Die thematische Karte als wissenschaftliche Aussageform der Volkskunde;* Eine Untersuchung zur volkskundlichen Kartographie, Forschungen zur Deutschen Landeskunde, Band 153, 1965, 95 S.

LENDI, M.: *Informationsraster;* Veröff. d. Inst. für Orts-, Regional- und Landesplanung an der Eidgenöss. Techn. Hochschule Zürich, Dokumentations- und Informationsstelle für Planungsfragen (DISP) Nr. 24 (Sondernummer), Zürich 1972.

LOCK, C. B. M.: *Modern Maps and Atlases;* London 1969, 619 S.

MEINE, K.-H.: *Darstellung verkehrsgeographischer Sachverhalte. Ein Beitrag zur thematischen Verkehrskartographie;* Forschungen zur Deutschen Landeskunde, Band 136, Bad Godesberg 1967, XII + 135 S. und 61 Abb. auf 45 Tafeln im Anschluß und 5 Kartenblätter als Anlagen im Mehrfarbendruck.

MEINE, K.-H. und E. REENTS: *Die neuzeitlichen Luftfahrtkarten und ihre Anwendungsbereiche;* Frankfurt a. M. 1957, 148 S., 30 Textabb., 15 Beilagen.
MESENBURG, K. P.: *Ein Beitrag zur Anwendung der Faktorenanalyse auf Generalisierungsprobleme topographischer Karten;* Diss. Bonn 1973, 66 S.
MONKHOUSE, F. J. und H. R. WILKINSON: *Maps and Diagrams. Their compilation and construction;* 3. Aufl., London 1971, 522 S., 237 Abb.
MUEHRCKE, Ph.: *Thematic Cartography;* Resource Paper No. 19, Association of American Geographers, Commission on College Geography, Washington 1972, 66 S. mit 45 Abb.

OGRISSEK, R.: *Die Karte als Hilfsmittel des Historikers. Eine allgemeinverständliche Einführung in Entwurf und Gestaltung von Geschichtskarten;* Geogr. Bausteine. Neue Reihe, Heft 4, Gotha/Leipzig 1968, 102 S. mit 15 Abb. im Text.
Österreich. Geographie, Kartographie, Raumordnung 1945–1975; hrsg. v. d. Österr. Geogr. Ges., Schriftleitung E. LICHTENBERGER, Wien 1975, 268 S.

PEUCKER, Th. K.: *Computer Cartography;* Association of American Geographers, Commission on College Geography. Resource Paper No. 17, Washington 1972, 75 S. mit zahlreichen Abb.
PREOBRAŽENSKIJ, A. I.: *Ökonomische Kartographie;* Gotha 1956, 228 S. und XXX Farbtafeln.
Probleme der thematischen Kartographie; Fachtagung 15. bis 17. Nov. 1967, Kammer der Technik, Verband für Vermessungswesen und Kartographie, VfVK-Reihe, Heft 4, Dresden (1969), 279 S., 20 Abb. und 6 Tabellen im Text, 7 Abb. und 2 Tabellen auf gesonderten Blättern im Text.

RAISZ, E.: *General Cartography;* New York-Toronto-London, 2. Aufl. 1948, 354 S. mit zahlr. Abb.
RAISZ, E.: *Principles of Cartography;* New York 1962, 2. Aufl., 315 S.
RATAJSKI, L. und BOGODAR, W.: *Kartografia ekonomiczna;* Warszawa 1963, 2. Aufl., 273 S.
RIMBERT, S.: *Leçons de cartographie thématique;* Paris 1968, 139 S., Abb.
ROBINSON, A. H. und R. D. SALE: *Elements of Cartography;* New York-London-Sydney-Toronto 1969, 3. Aufl., 415 S. mit zahlreichen Abb., Tabellen und Kartenskizzen.
ROBINSON, A. H. und B. BARTZ PETCHENIK: *The Nature of Maps;* Essays toward Understanding Maps and Mapping, Chicago and London 1976, 138 S.

SALISTSCHEW, K. A.: *Einführung in die Kartographie;* 2 Bände, Gotha/Leipzig, 1. Aufl. 1967, 1. Band: Textband mit 198 Seiten; 2. Band: 8 S. Abb. und 47 Abbildungsblätter mit 115 Abb. z. T. im Mehrfarbendruck.
SALISTSCHEW, K. A.: *Kartographie;* 2. überarbeitete und erweiterte Ausgabe, Moskau 1971.
SCHARFETTER, G. und K.-P. SCHÜTT: *Die automatische Koordinatenerfassung (Digitalisierung). Notwendige Vorarbeiten für den Einsatz des automatischen Zeichengeräts. Entscheidungshilfen für die Planung;* Heft 6, Kiel, Datenzentrale Schleswig-Holstein, 2. Aufl., 1975, 18 S. mit Abb.
SCHLIER, O.: *Das regionale Moment in der Statistik;* Veröff. d. Akad. f. Raumforschung und Landesplanung, Abh. Band 38, Bremen 1961, 84 S. und 2 Übersichten im Anhang.
SCHNEIDER, S.: *Luftbild und Luftbildinterpretation. Lehrbuch der Allgemeinen Geographie, Band XI;* Berlin/New York 1974, 530 S. mit 216 z. T. mehrfarbigen Bildern, 181 Abb., 27 Tabellen und einem Anaglyphenbild.
SCHULZ, G.: *Die Atlaskartographie in Vergangenheit und Gegenwart und die darauf aufbauende Entwicklung eines neuen Erdatlas;* Berliner Geogr. Abh., Heft 20, Berlin 1974, 56 S., 3 Phototafeln, 10 Beilagen.
SCHWEISSTHAL, R.: *Grundlagen, Bearbeitung und Herstellung großmaßstäbiger Luftbildkarten;* Wissenschaftliche Arbeiten der Lehrstühle für Geodäsie, Photogrammetrie und Kartographie der Technischen Hochschule Hannover, Nr. 34, Diss., Hannover 1967, 88 S. mit 86 Abb., 14 Beilagen.
SPIRIDONOW, A. I.: *Geomorphologische Kartographie;* Berlin 1956, 160 S. mit zahlreichen Abb.

TAEGE, G.: *Schablonen (nebst Tabellen und Diagrammen) -Kreis, -Quadrat, -Dreieck, -Sechseck für thematisch-kartographische Entwurfs- und Zeichenarbeiten; Leipzig 1975.*
Thematische Kartographie. Gestaltung, Reproduktion. Ergebnisse des 7. Arbeitskurses Niederdollendorf 1968 der Deutschen Gesellschaft für Kartographie; hrsg. v. H. BOSSE, 1 Textband und ein Beilagenband, Mannheim 1970, Textband 302 Seiten; Beilagenband mit 101 Abbildungstafeln z. T. im Mehrfarbendruck.
Thematische Kartographie und Elektronische Datenverarbeitung. Veröff. d. Akad. für Raumforschung und Landesplanung Hannover, Forschungs- und Sitzungsberichte, Band 115; Hannover 1977, 318 S. und 11 Beilagen.

TOBLER, W. R.: *Selected Computer Programs;* University of Michigan, Department of Geography, Ann Arbor 1970/c.

TOMLINSON, F. R. (Editor): *Geographical Data Handling;* Symposion Edition (A Publication of the International Geographical Union Commission on Geographical Data Sensing and Processing for the Unesco/IGU Second. Symposium on Geographical Information System), Ottawa, Aug. 1972.

TÖPFER, F.: *Kartographische Generalisierung;* Leipzig 1974, 336 S. mit zahlreichen Abb.

TRACHSLER, H.: *Luftbild und Orthophoto als Datenquelle für geographische Informationssysteme. Dargestellt am Beispiel einer gesamtschweizerischen Landnutzungserhebung;* Erlenbach 1974, 146 S. mit 22 Textabb., 2 Falttafeln und 2 Abbildungstafeln.

WALTER, F.: *Regionale Wirtschaftsstatistik nach Betrieben, ihre kartographische Auswertung und deren Bedeutung;* Köln und Opladen 1965, 123 S., 49 mehrfarbige Karten, 18 Abb., 17 Tabellen (= Forschungsberichte des Landes Nordrhein-Westfalen Nr. 1250).

WILHELMY, H.: *Kartographie in Stichworten, Heft III: Thematische Kartographie;* 2. Aufl., Kiel 1972, IV + 184 S. mit 130 Abb.

WITT, W.: *Bevölkerungskartographie;* Band 63, Abh., Veröff. d. Akad. für Raumforschung und Landesplanung, Hannover 1971, 190 S. mit 14 Schwarzweißabbildungen und 5 Farbkarten.

WITT, W.: *Thematische Kartographie. Methoden und Probleme, Tendenzen und Aufgaben;* Veröff. d. Akad. für Raumforschung und Landesplanung, Abh., Band 49, 2. Aufl., Hannover 1970, XII + 576 S. und zahlreiche mehrfarbige Abbildungstafeln.

Untersuchungen zur Automation in der Kartographie; Nachrichten aus dem Karten- und Vermessungswesen, Inst. für Angewandte Geodäsie, Frankfurt am Main: Hefte Nr. 41/1969; 47/1970; 49/1970; 52/1971; 55/1972; 56/1972; 57/1973; 58/1972; 59/1972; 61/1973; 65/1974; 66/1974; 67/1975; 68/1975.

Untersuchungen zur thematischen Kartographie; Veröff. d. Akad. für Raumforschung und Landesplanung Hannover, Forschungs- und Sitzungsberichte: 1. Teil in Band 51 mit 61 S. und einer Beilage; Hannover 1969, 2. Teil in Band 64 mit 187 S. und einer Beilage; ebenda 1971, 3. Teil in Band 86 mit 194 S. mit 8 Beilagen in einer Beilagenmappe; ebenda 1973.

16 Zitate und Hinweise im Text

[1] SCHUMACHER, R. V.: *Zur Theorie der Raumdarstellung;* in: Ztschr. f. Geopolitik, XI. Jg. 1934, II. Halbband, Heft 10, S. 641.

[2] *Zur Wahl der Netzentwürfe in der thematischen Kartographie;* in: Grundsatzfragen der Kartographie, hrsg. v. E. ARNBERGER, Österr. Geogr. Ges., Wien 1970, S. 150–169 und 6 Tafeln mit 8 Abb.

[3] Eine, für die Hand des Geographen und Kartographen geeignete Behandlung der Netzentwürfe enthält der Band 1 der Enzyklopädie der Kartographie und ihrer Randgebiete von E. ARNBERGER und I. KRETSCHMER: *Wesen und Aufgaben der Kartographie – Topographische Karten,* Teil I, S. 120–184 und Teil II, S. 41–68. Wien 1975.

[4] *Evolution of Interrupted Map Projections;* in: Internat. Jahrb. f. Kartographie, II/1962, S. 36–54, zahlreiche Literaturangaben!

[5] WAGNER, K.-H.: *Über das Zusammenfügen von Geographischen Kartennetzen und die Netze der „Deutschen Weltkarte" und „Deutschen Meereskarte";* in: Die Wiss. Redaktion, Heft 2, S. 89–117, Mannheim 1966.

[6] *Die Signaturenfrage in der thematischen Kartographie;* in: Mitt. Österr. Geogr. Ges., Band 105, 1963. S. 202–234 und 24 Tafeln. Siehe auch: *Das topographische, graphische, bildstatistische und bildhafte Prinzip in der Kartographie;* in: Internat. Jahrb. f. Kartographie, IV/1964, S. 30–52.

[7] Die Methode wird eingehend in E. ARNBERGER: *Handbuch der Thematischen Kartographie;* S. 190–193 und 232–237 behandelt, Wien 1966.

[8] Pet. Geogr. Mitt., 104. Jg., 1960, S. 55.

[9] *Zur Geländedarstellung in thematischen Karten;* in: Kartogr. Studien (= Haack-Festschrift), Gotha 1957, S. 101–109.

[10] Siehe u. a. W.-D. RASE: *Kartographische Darstellung dynamischer Vorgänge in computergenerierten Filmen;* in: Kartogr. Nachr. 24. Jg., 1974, Heft 6, S. 210–215.

[11] Von mehreren Arbeiten anderer Autoren möge noch auf nachstehende verwiesen werden: J. TROELS-SMITH: *Karakterisierung af løse jordarter;* in: Danmarks Geologiske Undersøgelse, IV. Raekke, Bd. 3, Nr. 10, Kopenhagen 1955, 73 S. und XIII Tafeln.

[12] Siehe hierüber E. ARNBERGER: *Handbuch der Thematischen Kartographie;* Wien 1966, S. 275–288 und E. ARNBERGER und I. KRETSCHMER: *Wesen und Aufgaben der Kartographie; Topographische Karten;* Band I der Enzyklopädie *„Die Kartographie und ihre Randgebiete";* Wien 1975, S. 220–225 und 230–232.

[13] *Die Farbe in der Kartenkunst. Kartengestaltung und Kartenentwurf;* Ergebnisse des 4. Arbeitskurses Niederdollendorf d. DGfK Mannheim 1962, S. 23–37 mit einer vierseitigen Farbtafel als Beilage. *Das Element Farbe in der thematischenKartographie;* in: Grundsatzfragen der Kartographie, Österr. Geogr. Ges., Wien 1970, S. 247–268 und Farbtafel X bis XIII.

[14] Siehe hierüber in E. ARNBERGER: *Handbuch der Thematischen Kartographie;* S. 104.

[15] Siehe hierüber auch E. ARNBERGER: *Problems of an International Standardization of a Means of Communication through Cartographic Symbols;* in: Internat. Jahrb. f. Kartographie, XIV, 1974, S. 19–35. – Derselbe: *Möglichkeiten, Vorteile und Gefahren einer internationalen Signaturenvereinheitlichung in der Kartographie;* in: Wiener Geogr. Schriften 43/44/45, „Beiträge zur Wirtschaftsgeographie"; I. Teil (= Scheidl Gedenkband), Wien 1975, S. 11–26.

[16] JOLY, F.: *Problèmes de standardisation en cartographie thématique;* in: Internat. Jahrb. für Kartographie, XI, 1971. S. 116–119. – ROBINSON, A.: *An International Standard Symbolism for Thematic Maps. Approaches and Problems;* ebenda XIII, 1973. S. 19–26. – WITT, W.: *Kartographie-Kunst, Semiotik, Kommunikation;* in: Beiträge zur heutigen Humangeographie; Eidgenöss. Techn. Hochschule Zürich – Geogr. Inst., Publikation Nr. 55 (= E. Winkler-Festschrift), Zürich 1975, S. 123–132.

[16a] KRETSCHMER, I.: *Beiträge zur Typenbildung für Fachatlanten;* in: Untersuchungen zur thematischen Kartographie (3. Teil), Forschungs- und Sitzungsberichte d. Akad. für Raumforschung und Landesplanung, Band 86, Hannover 1973, S. 113–129.
KELNHOFER, F.: *Beiträge zur Systematik und allgemeinen Strukturlehre der thematischen Kartographie;* Forschungen zur Theoretischen Kartographie, hrsg. v. Inst. f. Kartographie der Österr. Akad. d. Wiss., Band 1, Wien 1971/72.

[16b] KANNENBERG, E. G.: *Die Bevölkerungsentwicklung in Baden-Württemberg von 1956–1961. Mit einem Beitrag zur Methodik der kartographischen Darstellung;* in: Raumforschung und Raumordnung, 23, 1965, S. 24–28.

[16c] WITT, W.: *Die kartographische Bestandsaufnahme in der Raumforschung und Landesplanung;* in: Informationen des Inst. f. Raumforschung; Jg. 11, 1961, Heft 9, S. 211.

[16d] KÜNZEL, W.: *Die Methoden der räumlichen Gruppenbildung am Beispiel einer Volksdichtekarte vom Freistaat Sachsen;* in: Mitt. des Vereins der Geographen an der Univ. Leipzig, 10/11, 1932, S. 37–42.

[17] In: Die Erde, III. Bd., 1951/52, Heft 3–4, S. 388–397. Das folgende Zitat siehe S. 391.

[18] EKMAN, G., LINDMAN, R. und WILLIAM-OLSSON, W.: *A Psychophysical Study of Cartographic Symbols;* Reports from the Psychological Laboratory. The University of Stockholm, No. 91, Febr. 1961. – Dieselben: *A Psychophysical Study of Cartographic Symbols;* Geografiska Annaler, Band XLV, 1963, Heft 4, S. 262–271.

[19] *Alters- und geschlechtsspezifische Unterschiede im Einprägen und Wiedererkennen kartographischer Figurensignaturen;* Forschungen zur Theoretischen Kartographie, Band 2, Veröff. d. Inst. f. Kartographie d. Österr. Akad. d. Wiss., Wien 1975, 78 S. und 69 Abbildungstafeln.

[20] Siehe in: *Beiträge zur Systematik und allgemeinen Strukturlehre der thematischen Kartographie;* Veröff. d. Inst. f. Kartographie der Österreichischen Akademie der Wissenschaften „Forschungen zur Theoretischen Kartographie"; Band 1, S. 79, Wien 1971/1972.

[21] *Der nichtlineare Maßstab auf angewandten Karten;* in: Die Erde, Band III, 1951/52, Heft 3–4, S. 388–397.

[22] *Nomogramme zur Bestimmung des nichtlinearen Maßstabes auf angewandten Karten;* in: Acta Hydrophysica, Band II, 1954/55, Heft 1, S. 152–157.

[23] In: Geographische Berichte, 9. Jg., 1964, Heft 33, S. 273–293.

[24] Siehe den Abschnitt: Die Berechnung der Figuren- und Signaturengrößen; sicherer und unsicherer Größenvergleich; Arten von Signaturenmaßstäben, Wien 1966, S. 312 ff.

[25] *Nomogramme in der thematischen Kartographie;* Wien 1975, 41 Seiten und 11 Tafeln als Beilagen. Siehe auch in: Mitt. der Österr. Geogr. Ges., Band 116, 1974, Heft III, S. 351–369 und 6 Falttafeln.

Über Anwendungsbeispiele aus der Kartographie des Bevölkerungswesens siehe F. KELNHOFER: *Beiträge zur Systematik und allgemeinen Strukturlehre der thematischen Kartographie;* hrsg. v. Inst. f. Kartographie der Österr. Akad. d. Wiss.; Forschungen zur Theoretischen Kartographie, Band I (Teil 1 und 2), Wien, 1971/1972, S. 96 ff.

[26] Siehe u. a.: ARNBERGER, E.: *Isolinien (Wertlinien) und Wertgrenzen;* in: Handbuch der thematischen Kartographie, Wien 1966, S. 257 ff. – HSU, M.-L. und ROBINSON, A. H.: *The Fidelity of Isopleth Maps;* Minneapolis 1970. – KISHIMOTO, H.: *Die Genauigkeit von Isoplethen-Karten;* Bericht über eine experimentelle Untersuchung; in: Kartogr. Nachr., 20. Jg., 1970, Heft 4, S. 156–158. – *Ein Beitrag zur Klassenbildung in statistischer Kartographie unter besonderer Berücksichtigung der maschinellen Herstellung von Choroplethenkarten;* ebenda, 22. Jg., 1972, Heft 6, S. 224–239. – *Bemerkungen zur Isarithmendarstellung;* in: Geographica Helvetica, 28. Jg., 1973, Heft Nr. 1, S. 19–30. – *Die neue Rolle der Kartographie als analytisches Instrument in der geographischen Forschung seit der Einführung der elektronischen Datenverarbeitung;* in: Thematische Kartographie und EDV, Forschungs- und Sitzungsberichte d. Akad. für Raumforschung und Landesplanung Hannover, im Erscheinen. – ROBINSON, A. H.: *Mapping the Correspondence of Isarithmic Maps;* in: Annales of the Association of American Geographers, Vol. 52, 1962, Nr. 4, S. 414–425. – *The Genealogy of the Isopleth;* in: Cartographic Journal, 8, 1971, S. 49–53. – WITT, W.: *Statistische Oberflächenanalyse und Potentialmodelle;* in: Thematische Kartographie und Elektronische Datenverarbeitung, Forschungs- und Sitzungsberichte d. Akad. für Raumforschung und Landesplanung Hannover, Band 115, S. 215–219.

[27] MORRISON, J. L.: *The Effects of Sampling and Interpolation in Isarithmic Mapping;* Diss., Wisconsin-Univ. 1967 (als Mikrofilmkopie erhältlich).
Derselbe: *A Link between Cartographic Theory and Mapping Practice: The Nearest Neighbor Statistic;* in: Geographical Review, 60, 1970, S. 494–510.

[28] HSU, M.-L. und A. H. ROBINSON: *The Fidelity of Isopleth Maps. An Experimental Study;* Minneapolis 1970.

[29] KISHIMOTO, H.: *Bemerkungen zur Isarithmendarstellung;* in: Geographica Helvetica, 28. Jg., 1973, Heft 1, S. 19–30.

[30] In: Annales of the Association of American Geographers, Vol. 52, 1962, Nr. 4, S. 414–425.

[31] In: Pet. Geogr. Mitt., 103. Jg., 1959, Heft 3, S. 225–232.

[32] In: Kartogr. Nachr., 11. Jg., 1961, Heft 4, S. 89–99.

[33] Siehe: *Fachwörterbuch „Benennungen und Definitionen im deutschen Vermessungswesen";* Heft 8: Kartographie, Kartenvervielfältigung, Frankfurt a. M. 1971. FIG-D 8.220. Siehe auch: *Mehrsprachiges Wörterbuch kartographischer Fachbegriffe;* hrsg. v. d. ICA, Commission II, Wiesbaden 1973, S. 108, 433.1.

[34] In: Geographical Review, 34. Jg., 1944, S. 655 ff.

[35] *Karte des makedonisch-albanischen Grenzgürtels;* in der Arbeit; *Kultur- und politisch-geographische Entwicklung und Aufgaben des heutigen Griechenlands;* Mitt. d. Geogr. Ges. München, Band X, 2. Heft, München 1915, S. 91–171.
Derselbe: *Die Grenzgürtel und die Landschaftseinheiten;* in: Politische Geographie von O. MAULL, Berlin 1925, S. 601–608.
Derselbe: *Die Bedeutung der Grenzgürtelmethode für die Raumforschung;* in: Ztschr. f. Raumforschung, Jg. 1950, Heft 6/7, S. 236–242.

[36] WITT, W.: *Grenzlinien und Grenzgürtelmethode;* in: Grundsatzfragen der Kartographie, redigiert von E. ARNBERGER, Wien 1970, S. 294–307. Das im Text folgende Zitat ist der S. 307 entnommen.

[37] Stuttgart 1970, 71 S., 51 Abbildungstafeln mit 55 Abb. und eine Kartenbeilage im Anhang.

[38] *Geographische Bezugssysteme für regionale Daten;* S. 12 wörtlich zitiert.

[39] *Zur Frage der Berechnung der agraren Dichte;* in: Geogr. Taschenb. 1954/55, Wiesbaden 1955, S. 424–427.

[40] Egärten sind Flächen des Ackerlandes, die im Rahmen der Fruchtfolge als Wiesen genutzt werden (auch Wechsel-, Ackerwiesen genannt). Es können entweder Kunst- oder Naturegärten sein.

[41] Siehe: *Geogr. Taschenb.;* 1956/1957, S. 466 ff.

[42] *Zeitschrift für Geopolitik;* XII. Jg., I. Halbband, 1935, Heft 4, S. 247–265.

[43] *Darstellungsmethoden in Karten der Landeskunde und Landesplanung. 1. Berufsverkehr;* Veröff. d. Nieders. Inst. f. Landeskunde und Landesentwicklung a. d. Univ. Göttingen, Reihe A, Band 77, Heft 1, Göttingen-Hannover 1964.

[44] *Jahrbuch der Kartographie;* 1941, S. 24–34 mit einer dreiteiligen Beilage.

[45] Neudruck in: *Internationales Jahrbuch für Kartographie;* Band II, 1962, S. 13–35, siehe besonders S. 17–19.

[46] *Einführung in die Kartographie;* Band I, Gotha/Leipzig 1967, S. 19.

[47a] *Die Generalisierungsfrage;* in: E. ARNBERGER: *Handbuch der thematischen Kartographie;* Wien 1966, S. 361 ff.
Siehe auch: E. ARNBERGER und I. KRETSCHMER: *Wesen und Aufgabe der Kartographie. Topographische Karten;* Band I der Enzyklopädie: *Die Kartographie und ihre Randgebiete;* Wien 1975, S. 192 ff.

[47b] Über Typenbildung im Hinblick auf die Darstellungsmöglichkeiten in der thematischen Kartographie siehe in: *Untersuchungen zur thematischen Kartographie;* 2. Teil, Forschungs- und Sitzungsberichte der Akademie für Raumforschung und Landesplanung Hannover, Band 64 und 3. Teil; ebenda, Band 86. In letzterem besonders die Arbeit von I. KRETSCHMER: *Beiträge zur Typenbildung für Fachaltanten;* S. 113–129.

[48] *Die Karte als wissenschaftliche Ausdrucksform;* Tagungsbericht und wiss. Abh. des Deutschen Geographentages Würzburg 1957, Wiesbaden 1958, S. 246f.

[49] LOUIS, H.: *Die thematische Karte und ihre Beziehungsgrundlage;* in: Pet. Geogr. Mitt., 104. Jg., 1960, Nr. 1, S. 58–62.

[50] Siehe hierüber auch E. ARNBERGER: *Die Generalisierung thematischer Karten. Generalisierungsmethoden, erklärt an Beispielen aus der Wirtschaftskartographie;* in: Kartographische Generalisierung. Ergebnisse des 6. Arbeitskurses Niederdollendorf 1966 d. DGfK Mannheim 1967, Textband S. 225–238 und Beilagenband Tafeln N 1–N 6.

[51] 14. Jg., 1964, Heft 4, S. 117–121.

[52] Gotha/Leipzig 1974, 336 S. mit zahlreichen Abbildungen.

[53] Siehe z. B. P. MESENBURG: *Ein Beitrag zur Anwendung der Faktorenanalyse auf Generalisierungsprobleme topographischer Karten;* aus den Arbeiten des Inst. f. Kartographie und Topographie der Rheinischen Friedrich-Wilhelms-Universität, Bonn, Diss. 1973.

[54] Tetrade: gr. Tetras „Vierzahl", „Vierergruppe".

[55] Manuskript für Vorlesungszwecke 1976; nicht veröffentlicht.

[56] MÜLLER, D.: *Programmierung elektronischer Rechenanlagen;* in: B. I.-Taschenbücher, Band 49, S. 9.

[57] Vgl. GRAFENDORFER, W.: *Einführung in die Datenverarbeitung für Informatiker;* Würzburg 1976, 174 S.

[58] DWORATSCHEK, S.: *Einführung in die Datenverarbeitung;* Berlin-New York 1973, 5. Aufl., S. 40.

[59] Siehe u. a. H. TRACHSLER: *Luftbild und Orthophoto als Datenquelle für geographische Informationssysteme. Dargestellt am Beispiel einer gesamtschweizerischen Landnutzungserhebung;* Erlenbach 1974, 146 S. und zahlr. Abb.

[60] Siehe GARBE, H.: *Einführung in die Elektronische Datenverarbeitung;* Band 3, München o. J., S. 34.

[61] Siehe PILAT, H.: *Datenbank Österreichisches Statistisches Zentralamt. Zahlenfriedhof oder Arbeitsmittel?;* in: Mitteilungsblatt der Österr. Ges. für Statistik und Informatik, 6. Jg., 1976, Heft 21/22, S. 43–48.

[62] Siehe hierüber auch E. ARNBERGER: *Thematische Computerkartographie heute. Erwartungen, geeignete Kartenaussagen, Voraussetzungen, Wirtschaftlichkeit, kartographische Methode, Zukunftsaspekte;* in: Thematische Kartographie und Elektronische Datenverarbeitung, Veröff. d. Akad. für Raumforschung und Landesplanung Hannover, Forschungs- und Sitzungsberichte, Band 115, 1977, S. 303–315.

[63] *Kartographie II;* Sammlung Göschen, Band 2166, 2. neubearb. Aufl., S. 218 f.

[64] *Automation in Cartography;* Paper given to the European Seminar on Regional Planning Cartography. European Conference of Ministers Responsible for Regional Planning, Cartography Working Parte. ITC, Enschede, Netherlands, 12–16 May, 1975, 17 S.

[65] Komplex-analytische Aussagen bis zu maximal drei Komponenten können – unter der Voraussetzung einer exakten Zentrierung der Druckpositionen – durch farbanteilige Mischung quantitativer Einzelaussagen erzielt werden. Vgl. BRASSEL, K.: *Ein- und mehrfarbige Printerdarstellungen;* in: Kartogr. Nachr. 23, 1973, 5, S. 177–183.

[66] KELNHOFER, F.: *Möglichkeiten und Grenzen in der kartographischen Gestaltung und Anwendung von Printerkarten;* in: Thematische Kartographie und Elektronische Datenverarbeitung, Veröff. d. Akad. für Raumforschung und Landesplanung Hannover, Forschungs- und Sitzungsberichte, Band 115, 1977, S. 268.

[67] SEELE, E. und F. WOLF: *Darstellung thematischer Karten mit Schnelldrucker und Plotter auf der CD 3300;* Mitteilungsblatt des Rechenzentrums der Universität Erlangen-Nürnberg, Nr. 15, 1973.
KELNHOFER, F.: *Methodische und technische Überlegungen zum Einsatz von Printern in der thematischen Kartographie;* in: Mitt. d. Österr. Geogr. Ges., Band 116, 1974, Heft I–II, S. 119–130.
Derselbe: *Möglichkeiten und Grenzen in der kartographischen Gestaltung von Printerkarten;* A. a. O., siehe unter 66.

[68] BRASSEL, K.: *Modelle und Versuche zur automatischen Schräglichtschattierung;* Klosters 1973.

[69] *Thematische Kartographie und Elektronische Datenverarbeitung;* Forschungs- und Sitzungsberichte der Akademie für Raumforschung und Landesplanung Hannover, Band 115/1977, S. 27 f.

[70] BERGSTRÖM, L. A. and M. JERN: *Use of the Color Jet Plotter in Community Planning – the Hard Copy Color Display System;* Lund Institute of Technology, Lund University, Departments of Building Function Analysis and Electrical Measurements and Lund University Computing Center, Report Nr. 4–1974.

[71] enthalten in K. OEST und P. KNOBLOCH: *Untersuchungen zu Arbeiten aus der Thematischen Kartographie mit Hilfe der EDV;* 2. Teil, Veröff. d. Akad. f. Raumforschung und Landesplanung Hannover, Abh., Band 74, Hannover 1976, S. 39–48.

Diese Untersuchungen wurden im Rahmen des Forschungsausschusses und späteren Arbeitskreises „Thematische Kartographie und EDV", welcher sich in den Jahren 1973 bis 1976 unter Leitung von E. ARNBERGER mit den Voraussetzungen und Möglichkeiten einer EDV- und Computer unterstützten Kartographie beschäftigte, als Forschungsauftrag der Akademie an K. OEST und P. KNOBLOCH vergeben.

[72] Siehe auch E. ARNBERGER: *Neue Wege der Kartographie kritisch betrachtet;* in: Vermessung, Photogrammetrie, Kulturtechnik, LXXIII. Jg., 1975, 1. Heft, S. 72–74.

[73] In: Geodätische Woche Köln 1975; hrsg. v. G. KRAUSS, Stuttgart 1976, S. 277.

[74] *Semiologie Graphique;* Paris-La Haye 1967, 431 S. mit zahlr. Abb. in deutscher Sprache: *Graphische Semiologie, Diagramme, Netze, Karten;* übersetzt und bearbeitet nach der 2. franz. Aufl. v. G. JENSCH, D. SCHADE und W. SCHARFE, Berlin/New York 1974, 430 S., zahlr. Abb.

[75] Siehe hierüber W. WITT: *Bevölkerungskartographie;* Abh. d. Akad. f. Raumforschung und Landesplanung Hannover, Band 63, Hannover 1971. – E. ARNBERGER: *Grundlagen und Methoden zur kartographischen Darstellung der Bevölkerungsentwicklung der letzten hundert Jahre in Österreich;* in: Mitt. der Österr. Geogr. Ges., Band 102, 1960, Heft III, S. 271–313.

[76] Seit 1928 hat F. WALTER die kartographische Auswertung von Wirtschaftsstatistiken immer wieder gefordert. So z. B.: *Regionale Statistik und Karte. Eine vertiefte Wertung des Raumes hat eingesetzt;* in: Allg. Statist. Archiv, Band 38, 1954, Heft 2, S. 123–133. *Regionale Wirtschaftsstatistik nach Betrieben, ihre kartographische Auswertung und deren Bedeutung;* Forschungsberichte des Landes Nordrhein-Westfalen, Nr. 1250, Köln und Opladen 1965.

17 Autoren- und Sachregister

17.1 Autorenregister

17.2 Sachregister

Das Geographische Seminar

Herausgeber	Prof. Dr. Edwin Fels (bis 1976)	
	Prof. Dr. Hartmut Leser (seit 1977)	
	Prof. Dr. Ernst Weigt	
	Prof. Dr. Herbert Wilhelmy	
Bände	Prof. Dr. E. Weigt	*Die Geographie*
	Prof. Dr. W. Panzer	*Geomorphologie*
	Prof. Dr. M. Richter	*Geologie*
		**Bodenkunde*
	Prof. Dr. G. Dietrich	*Ozeanographie*
	Prof. Dr. R. Scherhag,	
	Prof. Dr. J. Blüthgen,	*Klimatologie*
	Prof. Dr. W. Lauer	*Hydrologie und Glaziologie*
	Prof. Dr. F. Wilhelm	**Vegetationsgeographie*
	Prof. Dr. J. Illies	*Tiergeographie*
		**Landschaftsökologie*
	Prof. Dr. H. Jäger	*Historische Geographie*
	Prof. Dr. J. Maier,	
	Dr. R. Paesler,	
	Prof. Dr. K. Ruppert,	
	Prof. Dr. F. Schaffer	*Sozialgeographie*
		**Bevölkerungsgeographie*
		**Wirtschaftsgeographie*
		**Agrargeographie*
		**Industriegeographie*
	Prof. Dr. G. Fochler-Hauke	*Verkehrsgeographie*
	Prof. Dr. G. Niemeier	*Siedlungsgeographie*
	Prof. Dr. B. Hofmeister	*Stadtgeographie*
	Dr. R. Gildemeister	*Landesplanung*
	Prof. Dr. G. Jensch	*Kartographie*

** 1977 noch nicht erschienen*

westermann